DISEÑO DE PROGRAMAS
Formalismo y abstracción

Diseño de programas
Formalismo y abstracción
Segunda edición

Ricardo Peña Marí
Profesor titular de Lenguajes y Sistemas Informáticos
Departamento de Sistemas Informáticos y Progamación
Universidad Complutense de Madrid

PRENTICE HALL
Madrid • México • Santafé de Bogotá • Buenos Aires • Caracas • Lima • Montevideo
San Juan • San José • Santiago • São Paulo • White Plains

Datos de catalogación bibliográfica

PEÑA MARÍ, RICARDO
Diseño de Programas. Formalismo y abstracción
PRENTICE HALL, Madrid, 1998

ISBN: 84-8322-003-2
Materia: Informática 681.3

Formato 180 x 240 Páginas: 352

RICARDO PEÑA MARÍ
Diseño de Programas. Formalismo y abstracción

PEARSON EDUCACIÓN, S. A.
C/ Núñez de Balboa, 120
28006 Madrid

ISBN: 84-8322-003-2
Depósito legal: M. 9.547-2001
Última reimpresión, 2001

Editor: Andrés Otero
Editor de producción: Pedro Aguado
Composición: Jesús Soto y Ricardo Peña
Diseño de cubierta: Marcelo Spotti
Impreso por: CLOSAS ORCOYEN, S.L.

IMPRESO EN ESPAÑA - PRINTED IN SPAIN

Este libro ha sido impreso con papel y tintas ecológicos

Índice General

Índice de Figuras

Índice de Tablas

Prólogo a la segunda edición

Estimado lector, el libro que tienes en tus manos es el resultado de una elaboración y depuración llevada a cabo durante numerosos años de docencia en la Universidad Politécnica de Cataluña y en la Universidad Complutense de Madrid, donde el autor ha impartido los temas aquí contenidos. Recoge también aportaciones y críticas de numerosas personas, tanto profesores como alumnos, que han utilizado la primera edición del mismo.

Es, por otra parte, producto de una concepción de la programación como disciplina científica, en contraposición a una concepción artesanal —tan predominante por desgracia en la actividad diaria— en la que el programador construye sus programas por el método de prueba y error. En consecuencia, aquí se priman las actividades de *diseño* y de *razonamiento* frente a las de depuración mediante ejecución. En ocasiones, esta concepción puede resultar algo árdua, pero la recompensa —unos programas con alta garantía de corrección y la satisfacción intelectual de haberlos construido bien desde el principio, sin esperar el veredicto de la máquina— bien merece la pena.

El libro es adecuado para un segundo o tercer curso de programación de Escuelas superiores o técnicas de Informática y de Telecomunicación, así como para Facultades de Matemáticas o Físicas donde se impartan temas de programación en cierta profundidad. Presupone conocimientos elementales de programación, y de algún lenguaje imperativo del tipo de Pascal.

Los cambios de esta segunda edición van en la dirección de hacer el libro más útil y autosuficiente y de atender las demandas de los lectores de la primera edición, muy en especial la de los alumnos de la Universidad de Educación a Distancia, a los que desde aquí pido disculpas por no responder a todos los mensajes electrónicos que me envían.

Las mejoras son las siguientes:

- Se presentan en un apéndice las soluciones de más de la mitad de los ejercicios del texto. Distinguimos entre **ejercicio**, dentro del texto principal, y **problema** adicional, al final de cada capítulo. Todos ellos deberían ser intentados solucionar por el lector antes de acudir al apéndice. Los primeros sirven para completar la explicación del texto y, al menos su enunciado, debería ser retenido antes de proseguir la lectura, ya que el texto subsiguiente hace referencia a ellos. En el apéndice se solucionan los **ejercicios** que involucran alguna *idea feliz* y los **problemas** con numeración par.
- Se han separado las implementaciones de las estructuras de datos en un capítulo adicional y se las ha completado con numerosos algoritmos de acceso. Ello hace al libro más autosuficiente para ser utilizado como texto de un curso de estructuras de datos.
- Se ha incluido un índice analítico que permite buscar conceptos o algoritmos de un modo más eficaz.

Adicionalmente, se ha mejorado la presentación de algunos temas, corregido las erratas, actualizado la bibliografía y ampliado la colección de ejercicios.

La organización del libro es la siguiente: El capítulo 1 introduce los criterios y los conceptos necesarios para medir la eficiencia de los algoritmos. Se presentan las notaciones $\mathcal{O}$, Ω y Θ, y las ideas intuitivas de análisis *en el caso peor* y *en el caso promedio*. Se muestra cómo analizar en la práctica la eficiencia de un programa iterativo y de las familias más frecuentes de programas recursivos. El resto del libro utiliza las nociones de este capítulo para evaluar la eficiencia de cada algoritmo presentado.

El capítulo 2 presenta la lógica de predicados y su uso para especificar formalmente algoritmos mediante una precondición y una postcondición. A partir de este capítulo todo algoritmo que aparece en el libro es especificado formalmente con esta técnica.

El capítulo 3 está dedicado al diseño recursivo de algoritmos y a la verificación de su corrección. Se define un lenguaje funcional puro con el fin de no mezclar la técnica de verificación con dificultades inherentes a la parte imperativa del lenguaje. Posteriormente, en el capítulo 4, sección 4.4, se muestra cómo combinar las técnicas de verificación de ambos paradigmas. El situar el diseño recursivo antes que el iterativo obedece a una decisión deliberada: por un lado, para razonar sobre la corrección de un algoritmo recursivo escrito en un lenguaje funcional puro no son necesarios más predicados que la precondición y la postcondición del algoritmo, a diferencia de la verificación iterativa, que necesita al menos los invariantes de los bucles. Por otro lado, al transformar a iterativo un algoritmo recursivo lineal, se obtienen "gratis" los invariantes de los bucles resultantes. Con ello, la invención de invariantes, "terror" de los estudiantes que se acercan por primera vez a estos temas, pierde su aureola de idea feliz, quedando clara su procedencia. Por último, los programas iterativos aparecen como resultado de "compilar" o transformar programas recursivos semánticamente equivalentes.

El capítulo 4 define axiomáticamente el lenguaje imperativo utilizado informalmente hasta el momento, y muestra cómo verificar formalmente un programa del que se conoce su invariante. El lenguaje utilizado es ficticio, con palabras clave en castellano y fácilmente traducible a Pascal, Modula-2, o Ada. Una vez clarificada la técnica formal, el énfasis se pone en la *derivación* formal de bucles al estilo Dijkstra-Gries, mostrando que lleva menos esfuerzo pensar primero los invariantes y después los bucles que han de satisfacerlos, que hacerlo a la inversa.

El capítulo 5 introduce, primero informalmente y luego formalmente, el concepto de *tipo abstracto de datos*, esencial para independizar las decisiones de diseño de un programa grande y para posibilitar el razonamiento formal cuando intervienen tipos de datos diferentes de los elementales del lenguaje. La técnica de formalización se conoce como *especificación algebraica* de tipos abstractos de datos. En la sección 5.7 se muestra cómo combinar las técnicas de verificación formal con predicados explicada en el capítulo 4, con las de especificación algebraica explicadas en éste.

En el capítulo 6, se especifican algebraicamente la mayoría de las estructuras de datos que aparecen en la programación, estimulando una visión externa de las mismas que ignora los aspectos de implementación.

Finalmente, el Capítulo 7 discute las posibles implementaciones de cada una. Para cada implementación, se da la representación en términos de tipos más simples, la implementación, recursiva o iterativa, de las operaciones más importantes, y el coste de las mismas.

Reconocimientos

Los temas incluidos en el libro, y la forma de presentarlos, son el resultado de la experiencia del autor en la docencia de las asignaturas *Tecnología de la Programación* y *Estructura de la Información* del antiguo plan de estudios de la Facultad de Informática de Barcelona, y de la asignatura *Estructuras de Datos y de la Informacón* de la Escuela Superior de Informática de la Universidad Complutense de Madrid. Recoge aportaciones de los profesores Albert LLamosí, Fernando Orejas, José Luis Balcázar y Celestí Rosselló, con los que el autor coloboró en Barcelona, y del profesor David de Frutos con el que colabora en Madrid. Por otra parte, el libro se ha beneficiado de los comentarios de los profesores Luis Antonio Galán, Luis Llana, Narciso Martí y Cristóbal Pareja, de la Universidad Complutense de Madrid, que han aportado críticas, detección de erratas y ejercicios. A todos ellos, mi más sincero agradecimiento.

Agradecimiento que hago extensivo a todos los alumnos que han —¿debería decir sufrido o disfrutado?— *utilizado* el libro y que han contribuido decisivamente a su depuración y mejora.

Madrid, 20 de Agosto de 1997

CAPITULO 1

La eficiencia de los algoritmos

1.1 INTRODUCCIÓN

El fenómeno de la creciente potencia de cálculo de los computadores es algo familiar a informáticos y no informáticos desde la aparición comercial de estas máquinas a finales de los 50. Cada pocos años se duplica el número de instrucciones por segundo que son capaces de ejecutar. Ello puede inducir a muchos programadores a pensar que basta esperar algunos años para que problemas que hoy necesitan muchas horas de cálculo puedan resolverse en pocos segundos.

Este capítulo pretende deshacer tal error, mostrando que el factor predominante que delimita lo que es soluble en un tiempo razonable de lo que no lo es, es precisamente el algoritmo elegido para resolver el problema. Más aún, que el advenimiento de nuevos y más capaces computadores no será sino un estímulo mayor para buscar algoritmos más eficientes.

A modo de ejemplo, es posible ordenar crecientemente un vector de 100.000 enteros en sólo 17 segundos empleando un computador personal y un buen algoritmo (el algoritmo *quicksort* explicado en la sección 4.4.1), mientras que se tardarán aproximadamente 17 minutos en ordenar el mismo vector utilizando un computador VAX 9000, 100 veces más rápido que un PC, y un mal algoritmo (el algoritmo conocido como de la *burbuja*). Es decir, el factor de ganancia del primer algoritmo con respecto al segundo es del orden de 6.000. Más aún, dicho factor crece aproximadamente de modo lineal con el tamaño del vector. Por ejemplo, para un vector de 200.000 enteros, la combinación PC-*quicksort* sería unas 12.000 veces más veloz que la combinación VAX-*burbuja*.

El programador es responsable, con los matices que se indican más adelante, de utilizar los recursos del computador de la forma más eficiente posible. De este modo, fijada una máquina concreta, se podrán tratar con ella problemas más grandes. En este punto surge la necesidad de determinar cómo se ha de medir la eficiencia de un algoritmo, de forma que sea posible compararlo con otros que resuelven el mismo problema y decidir cuál de todos es el más eficiente.

El siguiente programa ordena un vector $a[1..n]$, con $n \geq 0$, por el método de selección:

(1) **para** i **desde** 1 **hasta** $n-1$ **hacer**
  { $pmin$ sera la posición del mínimo de $a[i..n]$ }
(2) $pmin := i$;
(3)   **para** j **desde** $i+1$ **hasta** n **hacer**
(4)   **si** $a[j] < a[pmin]$ **entonces** $pmin := j$ **fsi**
    fpara ;
(5) $intercambiar(a[i], a[pmin])$
  fpara

donde las variables y el procedimiento *intercambiar* se suponen declarados apropiadamente.

Una manera de medir la eficiencia de este programa es contar cuántas instrucciones de cada tipo se ejecutan, multiplicar este número por el tiempo que emplea la instrucción en ejecutarse, y realizar la suma para los diferentes tipos. Sean

$$\begin{aligned} t_a &= \text{tiempo de una asignación de enteros} \\ t_c &= \text{tiempo de una comparación de enteros} \\ t_i &= \text{tiempo de incrementar un entero} \\ t_v &= \text{tiempo de acceso a un elemento de un vector} \end{aligned} \tag{1.1}$$

- La instrucción (1) da lugar a una asignación, $n-1$ incrementos y n comparaciones, es decir, a un tiempo $t_a + (n-1)t_i + nt_c$.
- La instrucción (2) da lugar a un tiempo $(n-1)t_a$.
- El bucle interior **para** se ejecuta $n-1$ veces, cada una con un valor diferente de i. Para cada valor de i y siguiendo el cálculo hecho para la (1), la instrucción (3) da lugar a un tiempo $t_a + (n-i)t_i + (n-i+1)t_c$.
- La instrucción (4) da, para cada valor de i, un tiempo mínimo de $(n-i)(2t_v + t_c)$, suponiendo que la rama del **entonces** nunca se ejecuta. A ello hay que sumar $(n-i)t_a$ en el caso más desfavorable en que dicha rama se ejecute

todas las veces. El caso promedio tendrá un tiempo de ejecución entre estos dos.

- Finalmente, despreciando el tiempo de llamada al procedimiento *intercambiar*, la instrucción (5) dará lugar a un tiempo $(n-1)(2t_v + 3t_a)$.

El tiempo del bucle interior **para** , en el caso más desfavorable, se calcula mediante el siguiente sumatorio:

$$\sum_{i=1}^{n-1}(t_a + t_c + (n-i)(t_i + 2t_v + t_a + 2t_c))$$

Para no cansar al lector con tediosos cálculos, concluiremos que la suma de todos estos tiempos da lugar a dos polinomios de la forma

$$T_{min} = An^2 - Bn + C$$
$$T_{max} = A'n^2 - B'n + C'$$

para los tiempos de ejecución mínimo y máximo, respectivamente, del algoritmo, siendo los coeficientes A, A', B, B', C y C' expresiones reales positivas que dependen linealmente de los tiempos elementales descritos en 1.1.

En este sencillo ejemplo se observan claramente los tres factores de los que en general depende el tiempo de ejecución de un algoritmo

1. El *tamaño* de los datos de entrada, simbolizado aquí por la longitud n del vector.
2. El *contenido* de los datos de entrada, que en el ejemplo hace que el tiempo para diferentes vectores del mismo tamaño oscile entre los valores T_{min} y T_{max}.
3. El código generado por el *compilador* y el *computador* concreto utilizados, que afectan a los tiempos elementales 1.1 de las instrucciones del lenguaje fuente.

Comenzando por el segundo factor, la estrategia comúnmente adoptada y la que emplearemos en la mayoría de los ejemplos de este libro es la de analizar la eficiencia del algoritmo *en el caso peor*; es decir, fijado un tamaño del problema, la eficiencia de aquellos *ejemplares* de dicho tamaño en los que el algoritmo emplea más tiempo. De este modo se obtiene una cota superior del tiempo de ejecución para cualquier ejemplar. Otra posibilidad aparentemente más realista es realizar un análisis de la eficiencia *en el caso promedio*. Para ello es necesario no sólo conocer el tiempo de ejecución de cada posible ejemplar, sino también la frecuencia con que se presenta cada uno de ellos, esto es, su distribución de probabilidades. En la práctica es difícil conocer dicha distribución, por lo que se han de realizar hipótesis cuya fiabilidad es discutible. Aun conociéndola, las manipulaciones matemáticas necesarias para realizar el cálculo pueden llegar a hacer éste impracticable en muchos casos. Por todo ello, el análisis en el caso promedio se estudia mucho menos que el análisis en el caso peor. En lo que sigue, salvo indicación en contra, siempre realizaremos análisis de eficiencia en el caso peor.

En cuanto a la dependencia del tercer factor (potencia del computador y eficiencia del compilador empleados en la ejecución del algoritmo) adoptaremos el criterio de ignorarla a todos los efectos. Esta posición recibe el nombre de *criterio asintótico* (y no el adjetivo *insensata*, que quizás podría parecer más apropiado) y se justifica del modo siguiente:

- Se pretende analizar la eficiencia de los algoritmos de un modo totalmente independiente de las máquinas y lenguajes existentes. En este sentido es apropiado señalar la diferencia entre *programa* y *algoritmo*. El primero es una implementación concreta del segundo sujeta a una serie de limitaciones, tales como tamaño de la memoria, de los enteros que es posible representar, etc., que no son inherentes al segundo.
- Diferentes implementaciones de un mismo algoritmo diferirán en sus tiempos de ejecución a lo sumo en una *constante multiplicativa* positiva, para tamaños del problema suficientemente grandes. Más precisamente, si $t_1(n)$ y $t_2(n)$ son los tiempos de dos implementaciones, siempre existen un real positivo c y un natural n_0 tales que para todo tamaño $n \geq n_0$ se cumple $t_1(n) \leq ct_2(n)$.

En otras palabras, un factor constante de 10, 100 ó 1000 en los tiempos de ejecución no se considera en general importante frente a una diferencia en la dependencia del tamaño n del problema, ya que, para tamaños suficientemente grandes, es dicha dependencia quien establece la diferencia real.

Esto es lo que sucede en el ejemplo anterior: el tiempo promedio de ejecución del algoritmo *quicksort* es proporcional a $n \log n$, mientras que el del algoritmo *burbuja* es proporcional a n^2.

Aunque la constante multiplicativa del VAX 9000 sea 100 veces más pequeña que la de un PC, siempre es posible encontrar valores de n suficientemente altos para los que dicha ventaja sea ampliamente sobrepasada por la mayor bondad del primer algoritmo.

Resumiendo, la única dependencia que consideraremos importante, en la mayoría de los casos, para medir la eficiencia de un algoritmo, es la del tamaño del problema n. Casi siempre es fácil determinar quién es dicha n en cada problema concreto. Cuando la entrada son vectores o ficheros, n será la mayoría de las veces la longitud de los mismos; si son matrices cuadradas, su dimensión; etc. En el caso de algoritmos numéricos, es frecuente que n represente el *valor* de la entrada en lugar de su longitud (que sería el logaritmo del valor).

En algunos casos no es posible encontrar un solo parámetro n que describa el tamaño del problema (por ejemplo, si la entrada es una matriz no cuadrada o dos vectores de longitudes no relacionadas entre sí). Cuando suceda esto, se indicará cómo generalizar los resultados de este capítulo a esas situaciones.

La conclusión de lo dicho hasta el momento es que el programador ha de confiar en sus conocimientos y habilidad para encontrar mejores algoritmos y no en la capacidad de cálculo de los computadores. Por otra parte, analizará cómo depende del tamaño del problema el coste de sus algoritmos, ignorando las constantes multiplicativas.

Ciertas dependencias reciben nombres propios: *lineal*, si es proporcional a n, *cuadrática*, si es proporcional a n^2, etc. Además, estudiará generalmente el caso peor. Ambos criterios contribuyen a simplificar el cálculo de la eficiencia sin perder, en la mayoría de las ocasiones, lo esencial, que es obtener una medida que permita comparar diferentes algoritmos y establecer un criterio claro de bondad relativa.

Por último, diremos que, aunque esta introducción se ha centrado en el aspecto tiempo de la eficiencia, las mismas consideraciones y criterios son aplicables al consumo de memoria o de otros recursos de cálculo por parte de los algoritmos. Así, es correcto decir que la memoria ocupada por un algoritmo crece lineal o cuadráticamente con el tamaño del problema.

En este punto es conveniente advertir que la eficiencia en tiempo y en espacio son frecuentemente objetivos contrapuestos. Muchas veces se puede mejorar el tiempo de ejecución a costa de incrementar el espacio ocupado por el algoritmo, y viceversa. Será el buen juicio del programador, en función del uso pretendido del algoritmo y de los recursos disponibles, quien dictará el compromiso adecuado entre ambas magnitudes.

En este libro nos ocuparemos principalmente del análisis del tiempo de ejecución de los algoritmos que aparezcan. Sólo cuando sea especialmente relevante incluiremos también el análisis del espacio ocupado.

1.2 MEDIDAS ASINTÓTICAS

En esta sección se formalizan las medidas de eficiencia mencionadas en la sección anterior y se introducen las notaciones que van a ser utilizadas a lo largo de todo el libro para razonar sobre la eficiencia de los algoritmos.

Denotaremos por $\mathcal{N}$ al conjunto de los números naturales y por $\mathcal{R}^+$al conjunto de los reales estrictamente positivos.

Definición 1.1.

Sea $f : \mathcal{N} \longrightarrow \mathcal{R}^+ \cup \{0\}$. El conjunto de las funciones *del orden de* $f(n)$, denotado $\mathcal{O}(f(n))$, se define como sigue:

$$\mathcal{O}(f(n)) = \{g : \mathcal{N} \longrightarrow \mathcal{R}^+ \cup \{0\} \mid \exists c \in \mathcal{R}^+, n_0 \in \mathcal{N}. \\ \forall n \geq n_0 . g(n) \leq cf(n)\}$$

Asimismo, diremos que una función g *es del orden de* $f(n)$ cuando $g \in \mathcal{O}(f(n))$.

La definición establece que una función pertenece al conjunto $\mathcal{O}(f(n))$ cuando está acotada superiormente por $f(n)$ para valores de n *suficientemente grandes* y haciendo abstracción de posibles constantes multiplicativas. Generalizando esta definición, a veces diremos que una función negativa o indefinida para un número finito de valores de n también pertenece al conjunto $\mathcal{O}(f(n))$ si, escogiendo un n_0 suficientemente grande, satisface la definición 1.1.

La definición garantiza que, si el tiempo de ejecución de una implementación concreta de un algoritmo está descrito por una función $g(n)$ del orden de $f(n)$, el tiempo $g'(n)$ empleado por cualquier otra implementación del mismo, que difiera de la anterior en el lenguaje, el compilador, o/y la máquina empleada, también será del orden de $f(n)$. En general, diremos que el tiempo de ejecución del algoritmo (y por tanto de todas sus implementaciones en cualquier lenguaje o máquina) es del orden de $f(n)$. Diremos que el conjunto $\mathcal{O}(f(n))$ define un *orden de complejidad*. Escogeremos como representante del orden $\mathcal{O}(f(n))$ la función $f(n)$ más sencilla posible dentro del mismo. Así, el orden de complejidad *lineal* será el conjunto $\mathcal{O}(n)$, el de complejidad *cuadrática* el conjunto $\mathcal{O}(n^2)$, el de las funciones *constantes* el conjunto $\mathcal{O}(1)$, etc.

Ejemplo 1.1.

Demostraremos que todo polinomio en n de grado m cuyo coeficiente correspondiente al mayor grado sea positivo, denotado por $P(n, m)$, es del orden de n^m, es decir, siempre que $a_m \in \mathcal{R}^+$ se cumple

$$P(n, m) = a_m n^m + \cdots + a_1 n + a_0 \in \mathcal{O}(n^m)$$

Primeramente veremos que $\mathcal{O}(n^p) \subset \mathcal{O}(n^{p+1})$: sea $g \in \mathcal{O}(n^p)$; es decir, existen n_0 y c tales que para toda $n \geq n_0$, se cumple $g(n) \leq cn^p$. Esas mismas c y n_0 garantizan que $g(n) \leq cn^{p+1}$. Para comprobar que la inclusión es estricta, basta ver que $n^{p+1} \notin \mathcal{O}(n^p)$. Si no fuera así, tendríamos que existen constantes c' y n'_0 tales que $\forall n \geq n'_0 . nn^p \leq c'n^p$, es decir, $\forall n \geq n'_0 . c' \geq n$, lo cual es imposible.

Seguidamente, veamos que $\mathcal{O}(f(n))$ es cerrado bajo la operación de suma: sean n_1, c_1 y n_2, c_2 las constantes que respectivamente garantizan la pertenencia de dos funciones g_1 y g_2 al orden $\mathcal{O}(f(n))$. Basta tomar $n_0 = \max(n_1, n_2)$ y $c = c_1 + c_2$ para demostrar que la función $g_1 + g_2$ también pertenece al orden. Esta regla se generaliza en el ejercicio 1.6 con el nombre de *Regla de la suma*.

Finalmente, eliminemos del polinomio los términos con coeficientes negativos, ya que es obvio que si $P(n,m) \in \mathcal{O}(f(n))$, entonces $P(n,m) - P'(n,m') \in \mathcal{O}(f(n))$ para cualquier polinomio $P'(n,m')$ con $m' < m$. Todos los términos del polinomio resultante están en el orden $\mathcal{O}(n^m)$, según lo dicho dos párrafos más arriba. Al ser los órdenes cerrados bajo suma, y no depender de n el número de sumandos, la suma también lo estará. ■

Ejercicio 1.1.

Demostrar las siguientes afirmaciones:

1. Si $f(n) \in \mathcal{O}(g(n))$ y $g(n) \in \mathcal{O}(h(n))$, entonces $f(n) \in \mathcal{O}(h(n))$
2. $\mathcal{O}(f(n)) = \mathcal{O}(g(n))$ sii $f(n) \in \mathcal{O}(g(n))$ y $g(n) \in \mathcal{O}(f(n))$
3. $\mathcal{O}(f(n)) \subset \mathcal{O}(g(n))$ sii $f(n) \in \mathcal{O}(g(n))$ y $g(n) \notin \mathcal{O}(f(n))$ ■

Ejercicio 1.2.

Demostrar

$$\lim_{n\to\infty} \frac{f(n)}{g(n)} = 0 \Rightarrow \mathcal{O}(f(n)) \subset \mathcal{O}(g(n))$$ ■

La implicación inversa no es, en general, cierta como puede verse en el siguiente contraejemplo:

$$f(n) = \begin{cases} n^2 & \text{, si } n \text{ es par} \\ n^3 & \text{, si } n \text{ es impar} \end{cases} \qquad g(n) = \begin{cases} n^2 & \text{, si } n \text{ es par} \\ n^5 & \text{, si } n \text{ es impar} \end{cases}$$

que cumple $\mathcal{O}(f(n)) \subset \mathcal{O}(g(n))$ y, sin embargo, no existe el límite de $f(n)/g(n)$.

Ejercicio 1.3 (Jerarquía de órdenes de complejidad).

Utilizando el ejercicio 1.2, demostrar las siguientes inclusiones estrictas:

$$\mathcal{O}(1) \subset \mathcal{O}(\log n) \subset \mathcal{O}(n) \subset \mathcal{O}(n^2) \subset \cdots \subset \mathcal{O}(n^a) \subset \cdots \subset \mathcal{O}(2^n) \subset \mathcal{O}(n!)$$ ■

La notación $\mathcal{O}(f(n))$ nos da una cota superior al tiempo de ejecución $T(n)$ de un algoritmo, tanto si estamos realizando un análisis en el caso peor como si el análisis es en el caso promedio. Normalmente estaremos interesados en la *menor* función $f(n)$, tal que $T(n) \in \mathcal{O}(f(n))$. Una forma de realizar un análisis más completo es encontrar además la *mayor* función $g(n)$ que sea una cota inferior de $T(n)$. Para ello introducimos la siguiente medida.

Definición 1.2.

Sea $f : \mathcal{N} \longrightarrow \mathcal{R}^+ \cup \{0\}$. El conjunto $\Omega(f(n))$, leído *omega de* $f(n)$, se define:

$$\Omega(f(n)) = \{g : \mathcal{N} \longrightarrow \mathcal{R}^+ \cup \{0\} \mid \exists c \in \mathcal{R}^+, n_0 \in \mathcal{N}. \\ \forall n \geq n_0 . g(n) \geq cf(n)\}$$

Las notaciones $\mathcal{O}(f(n))$ y $\Omega(f(n))$ son independientes de que el análisis realizado sea en el caso peor o en el caso promedio. Si $T(n) \in \Omega(f(n))$ representa el tiempo de ejecución de un algoritmo, la medida $\Omega(f(n))$ no se refiere al caso mejor del mismo —confusión bastante frecuente—, sino a una cota inferior del tiempo $T(n)$. Si estamos realizando un análisis en el caso peor, $T(n)$ representa el tiempo del peor ejemplar de tamaño n. Entonces, $f(n)$ representaría una cota inferior al caso peor. Refiriéndonos a este tipo de análisis, hay, pues, una asimetría entre las medidas $\mathcal{O}(f(n))$ y $\Omega(f(n))$. La primera establece una cota superior al caso peor y, por tanto, a todos los ejemplares de tamaño n, mientras que la segunda, al establecer una cota inferior al caso peor, permite que puedan existir infinitos ejemplares de tamaño n con un tiempo mejor que $f(n)$.

Ejercicio 1.4.

Demostrar que $f(n) \in \mathcal{O}(g(n))$ sii $g(n) \in \Omega(f(n))$. ■

Sucede con frecuencia que una misma función $f(n)$ es a la vez cota superior e inferior del tiempo $T(n)$. Para tratar estos casos, introducimos la siguiente abreviatura:

Definición 1.3.

El conjunto de funciones $\Theta(f(n))$, leído *del orden exacto de* $f(n)$, se define como

$$\Theta(f(n)) = \mathcal{O}(f(n)) \cap \Omega(f(n))$$

El ejercicio siguiente muestra una forma práctica de comprobar si una función f está en el conjunto del orden exacto de $g(n)$.

Ejercicio 1.5.

Demostrar

$$\lim_{n\to\infty} \frac{f(n)}{g(n)} = k > 0 \Rightarrow f(n) \in \Theta(g(n))$$ ■

Operaciones entre órdenes de complejidad

Cuando se analiza el tiempo de ejecución de un programa, es frecuente tener que calcular la eficiencia total a base de combinar la eficiencia de las diferentes partes del mismo. Para facilitar estos cálculos son útiles las siguientes definiciones y reglas.

Definición 1.4.

Suma de órdenes de complejidad

$$\begin{aligned}\mathcal{O}(f(n)) + \mathcal{O}(g(n)) = \{h : \mathcal{N} \longrightarrow \mathcal{R}^+ \cup \{0\} \mid \exists f' \in \mathcal{O}(f(n)),\\ g' \in \mathcal{O}(g(n)), n_0 \in \mathcal{N}. \forall n \geq n_0.\\ h(n) = f'(n) + g'(n)\}\end{aligned}$$

Esta definición se extiende de modo similar a la suma de órdenes Ω y Θ.

Definición 1.5.

Producto de órdenes de complejidad

$$\begin{aligned}\mathcal{O}(f(n)).\mathcal{O}(g(n)) = \{h : \mathcal{N} \longrightarrow \mathcal{R}^+ \cup \{0\} \mid \exists f' \in \mathcal{O}(f(n)),\\ g' \in \mathcal{O}(g(n)), n_0 \in \mathcal{N}.\\ \forall n \geq n_0. h(n) = f'(n).g'(n)\}\end{aligned}$$

Esta definición se extiende de modo inmediato a la suma de órdenes Ω y Θ.

Ejercicio 1.6 (Regla de la suma).

Demostrar

$$\Theta(f(n)) + \Theta(g(n)) = \Theta(f(n) + g(n)) = \Theta(\max(f(n), g(n)))$$

Observar que la igualdad también es cierta sustituyendo las Θ por $\mathcal{O}$, o las Θ por Ω. ■

Ejercicio 1.7 (Regla del producto).

Demostrar

$\Theta(f(n)).\Theta(g(n)) = \Theta(f(n).g(n))$

Observar que la igualdad también es cierta sustituyendo las Θ por $\mathcal{O}$, o las Θ por Ω. ■

Las dos reglas pueden generalizarse a un número cualquiera k de órdenes de complejidad, siempre que k no dependa del tamaño n del problema.

1.3 ÓRDENES DE COMPLEJIDAD

La jerarquía de órdenes de complejidad establecida en el ejercicio 1.3 merece ser comentada más ampliamente. La figura 1.1 muestra el aspecto de las funciones representativas de dichos órdenes. A simple vista no se aprecian quizás las implicaciones prácticas de dicha figura. Para ilustrar mejor las diferencias, supongamos que tenemos diferentes algoritmos para un problema dado con tiempos tales que su menor cota superior en el peor caso está respectivamente en los órdenes $\mathcal{O}(\log n)$, $\mathcal{O}(n)$, $\mathcal{O}(n \log n)$, $\mathcal{O}(n^2)$, $\mathcal{O}(n^3)$ y $\mathcal{O}(2^n)$. Supongamos asimismo que, para un tamaño del problema de $n = 100$, todos ellos tardan un tiempo $T = 1$ *hora* en ejecutarse con un computador y lenguaje determinados. Haremos dos ejercicios diferentes: por un lado, duplicaremos el tamaño del problema, $n = 200$, y calcularemos el tiempo necesario para ejecutar cada algoritmo con ejemplares de dicho tamaño; por otro, duplicaremos el tiempo disponible, $T = 2$ *horas* (también puede entenderse como que mantenemos el mismo tiempo, pero duplicamos la velocidad del computador), y calcularemos el tamaño del mayor problema que es posible tratar en dicho tiempo con cada algoritmo.

El resultado del primer ejercicio puede verse en la tabla 1.1, y el del segundo en la tabla 1.2. Ambas son bastante ilustrativas de las enormes diferencias entre unos y otros algoritmos.

Los que se comportan de un modo más acorde con las expectativas de un usuario no informático son los de complejidad lineal y $\mathcal{O}(n \log n)$: al duplicar el tamaño del problema se duplica aproximadamente el tiempo empleado, y al duplicar el tiempo disponible, el tamaño que es posible tratar también se duplica.

El algoritmo de complejidad logarítmica tiene un comportamiento excepcionalmente bueno: doblar el tamaño del problema apenas afecta al tiempo de ejecución, mientras que doblar el tiempo disponible permite tratar problemas enormes en relación con el original.

Los órdenes $\mathcal{O}(n^2)$ y $\mathcal{O}(n^3)$ tienen un comportamiento claramente inferior al lineal. En la tabla 1.2 se observa que un incremento del 100 % en el tiempo disponible

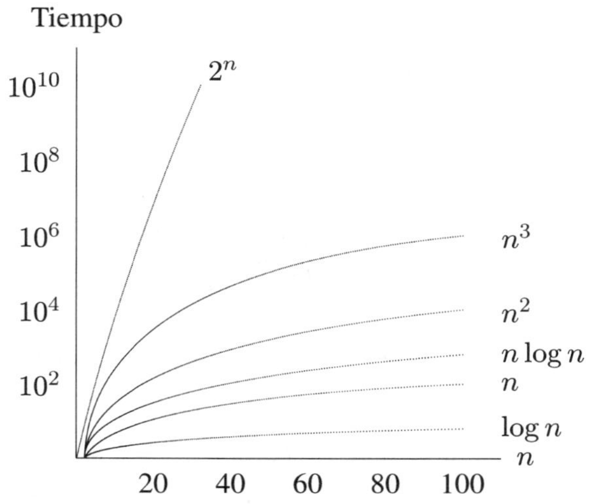

Figura 1.1. Representación gráfica de las tasas de crecimiento más frecuentes

sólo consigue incrementos respectivamente del 41 % y del 26 % en el tamaño del problema. En general, dado un algoritmo del orden de $\mathcal{O}(n^a)$, multiplicar el tiempo disponible (o la velocidad del computador) por un factor k multiplica el tamaño del problema que es posible tratar por un factor $\sqrt[a]{k}$. Estos cálculos llevan a la conclusión de que no es posible tratar problemas demasiado grandes con algoritmos con estas tasas de crecimiento.

No obstante, los algoritmos cuyas tasas de crecimiento están acotadas superiormente por n^a —para cualquier a— se dicen, en conjunto, de complejidad *polinomial*, y los problemas que resuelven se llaman problemas *tratables*, aunque ya se han comentado las diferencias existentes entre ellos.

La situación es muy distinta para los problemas de complejidad *exponencial* o mayor, que reciben el apelativo de *intratables*. Se llaman así los problemas cuyos mejores algoritmos conocidos tienen tiempos en $\Omega(2^n)$. Un algoritmo de tiempo de ejecución exponencial permite tratar problemas muy pequeños, independientemente de la velocidad del computador. Véase en la tabla 1.2 que duplicar la velocidad del procesador apenas afecta al tamaño del problema tratado, y en la tabla 1.1 que "simplemente" duplicar el tamaño del problema conduce, en este ejemplo, a tiempos de ejecución del orden de varios billones de veces la edad del universo (un siglo son aproximadamente 10^6 horas).

Estas consideraciones nos llevan a la conclusión de que es una buena inversión dedicar tiempo a encontrar algoritmos con mejores tasas de crecimiento. Por ejemplo, pasar de un algoritmo $\mathcal{O}(n^2)$ a otro $\mathcal{O}(n \log n)$ ha de considerarse una gran mejora; encontrar un algoritmo $\mathcal{O}(\log n)$ para problemas que se resolvían en $\mathcal{O}(n)$ es una

$T(n)$	$n = 100$	$n = 200$
$k_1 \log n$	$1h.$	$1,15h.$
$k_2 n$	$1h.$	$2h.$
$k_3 n \log n$	$1h.$	$2,30h.$
$k_4 n^2$	$1h.$	$4h.$
$k_5 n^3$	$1h.$	$8h.$
$k_6 2^n$	$1h.$	$1,27 \times 10^{30}h.$

Tabla 1.1. Efecto de duplicar el tamaño del problema

$T(n)$	$t = 1h.$	$t = 2h.$
$k_1 \log n$	$n = 100$	$n = 10.000$
$k_2 n$	$n = 100$	$n = 200$
$k_3 n \log n$	$n = 100$	$n = 178$
$k_4 n^2$	$n = 100$	$n = 141$
$k_5 n^3$	$n = 100$	$n = 126$
$k_6 2^n$	$n = 100$	$n = 101$

Tabla 1.2. Efecto de duplicar el tiempo disponible

inmensa suerte, y encontrar un algoritmo polinomial para problemas cuyos mejores algoritmos conocidos sean exponenciales, es un logro merecedor del premio Turing (el equivalente en Informática al premio Nobel). Desgraciadamente, existen muchos problemas interesantes que han permanecido hasta la fecha en la categoría de exponenciales pese a los esfuerzos de numerosos investigadores, por lo que se sospecha con gran convicción que tales algoritmos polinomiales no existen. Habrá que buscar, pues, otra manera de pasar a la posteridad.

En sentido contrario, invertir tiempo en ahorrar ésta o aquella variable en un programa, o en mejorar algún caso particular, no cambia generalmente la tasa de crecimiento del algoritmo, sino tan sólo disminuye ligeramente la constante multiplicativa. Además, suele oscurecer su comprensión. No es, por tanto, una inversión rentable e incluso puede ser contraproducente.

1.4 REGLAS PRÁCTICAS PARA EL CÁLCULO DE LA EFICIENCIA

Cuando se analiza en la práctica la eficiencia de un algoritmo, casi nunca se realizan cálculos tan detallados como los que se hicieron en el ejemplo de la ordenación por selección de la sección 1.1. La teoría presentada en la sección 1.2 permite simplificar notablemente el cálculo. A continuación se enumeran algunas reglas que se desprenden de dicha teoría:

1. A las instrucciónes de asignación, a las de entrada/salida, o a las expresiones aritméticas, siempre que no involucren variables estructuradas u operandos aritméticos cuyos tamaños dependan del tamaño n del problema, se les asignará un coste constante, es decir, un coste en $\Theta(1)$.
2. Para calcular el coste de una composición secuencial de instrucciones, se aplicará la regla de la suma del ejercicio 1.6. Es decir, si el coste de S_1 está en $\Theta(f_1(n))$ y el de S_2 está en $\Theta(f_2(n))$, entonces el coste de $S_1; S_2$ está en $\Theta(f_1(n)) + \Theta(f_2(n)) = \Theta(\max(f_1(n), f_2(n)))$.
3. Para calcular el coste de una instrucción condicional

   si B **entonces** S_1 **si no** S_2 **fsi**

   trataremos por separado las cotas superiores y las inferiores. Si el coste de evaluar B está en $\mathcal{O}(f_B(n))$, el de S_1 en $\mathcal{O}(f_1(n))$ y el de S_2 en $\mathcal{O}(f_2(n))$, entonces el coste de la instrucción condicional está en

   $$\mathcal{O}(\max(f_B(n), f_1(n), f_2(n)))$$

   Recordamos que estamos suponiendo un análisis en el caso peor. Si no fuera así, habría que estimar con qué frecuencia ejecuta el algoritmo S_1 y S_2 y realizar el correspondiente promedio f de f_1 y f_2. Entonces, el coste estaría en $\mathcal{O}(max(f_B(n), f(n)))$. La cota inferior al caso peor será la de la peor rama —es decir, $max(f_1(n), f_2(n))$— en secuencia con la evaluación de $B(n)$. Según la regla de la suma del ejercicio 1.6 se tomará de nuevo el máximo. En definitiva, el coste de la instrucción condicional en el caso peor está en

   $$\Omega(\max(f_B(n), f_1(n), f_2(n)))$$

   y de $\Omega(\max(f_B(n), f(n)))$, en el caso promedio.
4. Para calcular el coste de una instrucción iterativa

   mientras B **hacer** S **fmientras**

   aplicaremos la regla del producto del ejercicio 1.7 particularizada para la notación $\mathcal{O}$: si el coste de evaluar B, más el de ejecutar S, está en $\mathcal{O}(f_{B,S}(n))$ y el número de iteraciones es una función de n en $\mathcal{O}(f_{iter}(n))$, el coste total del bucle estará en $\mathcal{O}(f_{B,S}(n).f_{iter}(n))$. Si el coste de una iteración varía mucho de unas a otras, un análisis más fino exigiría realizar una suma, desde 1 a $f_{iter}(n)$, de los costes individuales.

En ocasiones, estas normas no son suficientes y, aun empleándolas, se obtienen expresiones con sumatorios más o menos complejos que pueden resolverse con algo de experiencia.

Aplicaremos las reglas descritas al algoritmo de ordenación por el método de selección de la página 2:

- La instrucción más interna es una instrucción condicional que sólo tiene rama del **entonces** en la cual hay una asignación simple. Los costes de evaluar la expresión y de la asignación son ambos constantes. Aplicando la regla 3, obtenemos $\mathcal{O}(\max(1,1,1)) = \mathcal{O}(1)$. También, el coste estará en

  $$\Omega(\max(1, \min(1,1))) = \Omega(1).$$

  En definitiva, el coste está en $\Theta(1)$.
- La evaluación de la condición del bucle **para** más interno (es decir, de la expresión $j \leq i+1$) está también en $\Theta(1)$. La función que describe el número de iteraciones de este bucle es $f_{iter} = n - i$. Aplicando la regla 4 obtenemos que el coste del bucle interior está en $\mathcal{O}(n-i)$. Es obvio ver que también está en $\Theta(n-i)$.
- Las instrucciones (2) y (5) y la condición de control del bucle **para** más externo tienen todas un coste en $\Theta(1)$. Aplicando la regla 2, se obtiene como coste de cada iteración del bucle más externo una expresión en $\Theta(n-i)$. Nótese que no podemos obviar la i, ya que el valor de ésta es distinto en cada iteración del bucle externo y, por tanto, conduce a costes diferentes del bucle interno. En este ejemplo particular, si despreciásemos la i y tomáramos $\Theta(n)$ como el coste de toda iteración del bucle interno, llegaríamos al mismo resultado. Pero, en general, puede no suceder así.
- Para calcular el coste total, hemos de sumar el coste de cada iteración del bucle externo, obteniendo la siguiente expresión:

  $$\sum_{i=1}^{n-1}(n-i) = \sum_{i=1}^{n-1} n - \sum_{i=1}^{n-1} i = (n-1)n - \frac{n(n-1)}{2}$$

  expresión que da un polinomio de grado n^2, por lo que, según el ejemplo 1.1, está en $\Theta(n^2)$.

Todavía se puede simplificar más el cálculo si hacemos uso del concepto de *instrucción crítica* . Se denomina así a la instrucción elemental que más veces se ejecuta dentro de un programa. Obteniendo la expresión $f(n)$ que calcula dicho número de veces, se tiene directamente el orden de complejidad del algoritmo. De nuevo se está aplicando aquí el criterio asintótico: para valores de n suficientemente grandes, el coste del resto del programa perderá importancia frente al coste de repetir $f(n)$ veces la instrucción crítica, por muy elemental que ésta sea.

La elección de la instrucción crítica ha de realizarse correctamente. A veces, la intuición falla al no tomar en consideración la evaluación de las condiciones asociadas a los bucles y a las instrucciones condicionales. En el ejemplo del algoritmo de selección, el candidato más obvio sería la instrucción **si** del bucle interno, pero podemos escoger otras más simples, como la evaluación de la condición del **si** , o la evaluación de la condición de control del bucle **para** más interno. En todos los casos, el número de veces que se repite la instrucción crítica viene dado por el sumatorio $\sum_{i=1}^{n-1}(n-i)$ calculado más arriba. Se obtendría igualmente un tiempo en $\Theta(n^2)$.

El criterio asintótico es una herramienta muy útil para comparar, *en primera aproximación*, la eficiencia de distintos algoritmos, pero tiene sus limitaciones que conviene tener en cuenta. Por ejemplo, el programador puede hacerse la siguiente pregunta: cuál es mejor, ¿un algoritmo cuyo tiempo de ejecución es $T_1 = 3n^3$, u otro cuyo tiempo es $T_2 = 600n^2$? En primera aproximación, el segundo es preferible al primero, dado que, $\Theta(n^2) \subset \Theta(n^3)$. Sin embargo, no hay que olvidar que el significado de esta clasificación es que, *para valores de n suficientemente grandes*, el segundo es más rápido que el primero. En este ejemplo, su ventaja no empieza a manifestarse hasta que $n \geq 200$. Si el programador sabe que la mayoría de los problemas a los que va a ser aplicado tienen un tamaño inferior, deberá escoger el primero. Si desea un algoritmo lo más eficiente posible para todo tamaño, deberá combinar ambos en un programa que, en función del tamaño a tratar, invoque a uno o a otro algoritmo.

Las siguientes consideraciones matizan la clasificación realizada, atendiendo exclusivamente al criterio asintótico:

- La bondad teórica de algunos algoritmos esconde, en ocasiones, una constante multiplicativa tan grande que en la práctica son preferibles algoritmos teóricamente más ineficientes. Como ejemplo de ello, diremos que existen algunos algoritmos para multiplicar matrices que empiezan a ser más rápidos que el tradicional (de complejidad $\Theta(n^3)$, siendo $n \times n$ la dimensión de las matrices), para valores de n superiores a 500.

- Si un programa se va a usar pocas veces, puede resultar preferible un algoritmo más ineficiente, pero más rápido de desarrollar, que otro mejor pero más complicado. A este respecto conviene no olvidar que el coste de un programa ha de incluir no sólo su explotación, sino también su desarrollo y mantenimiento posterior.

- A veces, la ganancia en el tiempo de ejecución se produce a costa de incrementar el espacio ocupado. Este coste puede ser inaceptable, o bien implicar el uso de memoria externa, en cuyo caso los costes en tiempo habría que rehacerlos con otras constantes multiplicativas más grandes.

El programador, como cualquier otro ingeniero que diseña productos, habrá de considerar todos los factores enumerados (tamaño de los problemas, frecuencia de uso del programa, recursos disponibles o deseables, costes de desarrollo y mantenimiento, etc.) y adoptar una solución que establezca un compromiso razonable entre todos ellos. Para este fin, podrá utilizar las herramientas de análisis presentadas en este capítulo, pero, por encima de todo, deberá utilizar su experiencia y su buen juicio.

1.5 RESOLUCIÓN DE RECURRENCIAS

Cuando se analiza la eficiencia de un programa recursivo es frecuente la aparición de funciones de coste también recursivas, es decir, expresiones del tipo $T(n) = E(n)$, donde, en la expresión E, puede aparecer la propia función T. Estas ecuaciones reciben el nombre de *relaciones recurrentes* o, más abreviadamente, *recurrencias*. Resolver una recurrencia consiste en encontrar una expresión no recursiva para la función $T(n)$. En general, nos contentaremos con conocer el orden de complejidad al que pertenece $T(n)$, ignorando las posibles constantes multiplicativas o aditivas.

Por ejemplo, la recurrencia que define el coste del cálculo recursivo del factorial de un natural n, tomando como tamaño del problema el propio valor de n, es la siguiente:

$$T(n) = \begin{cases} k_1 & , \text{si } n = 0 \\ T(n-1) + k_2 & , \text{si } n > 0 \end{cases}$$

donde k_1 y k_2 representan, respectivamente, el coste constante de devolver un 1 y de realizar una multiplicación. Si $n > 0$, la expresión de $T(n)$ puede desdoblarse $n+1$ veces, dando lugar a:

$$T(n) = T(n-1) + k_2 = T(n-2) + k_2 + k_2 = \cdots = n.k_2 + k_1 \in \Theta(n)$$

La resolución de recurrencias no es, en general, tarea sencilla. Las ecuaciones e inecuaciones obtenidas en el análisis de un programa complejo pueden hacer su tratamiento matemático inmanejable. Se requiere una cierta dosis de intuición y experiencia. En esta sección se resuelven dos familias de recurrencias que cubren la inmensa mayoría de los ejemplos de este libro. Para un tratamiento más especializado del tema, el lector deberá acudir a las referencias bibliográficas.

Reducción del problema mediante sustracción

Este tipo de recurrencias aparece al calcular el coste de programas recursivos en los que el tamaño del problema decrece en una cantidad constante de una activación recursiva a las siguientes. El problema del factorial de un número es un ejemplo de ello: el tamaño decrece en 1 de una llamada a la siguiente. El aspecto general de la ecuación recurrente es el siguiente:

$$T(n) = \begin{cases} cn^k & \text{, si } 0 \leq n < b \\ aT(n-b) + cn^k & \text{, si } n \geq b \end{cases} \quad (1.2)$$

donde $a, c \in \mathcal{R}^+$, $k \in \mathcal{R}^+ \cup \{0\}$ y $n, b \in \mathcal{N}$.

La constante a representa el número de llamadas recursivas que se realizan, para un problema de tamaño n, en cada activación del programa; $n - b$ es el tamaño de los subproblemas generados; n^k representa el coste de las instrucciones del programa que no son llamadas recursivas. La solución que se va a obtener es aplicable también si se sustituyen las expresiones n^k de 1.2 por cualquier función en $\Theta(n^k)$.

Suponiendo $n \geq b$, desdoblamos la expresión $T(n)$, obteniendo:

$$\begin{aligned} T(n) &= aT(n-b) + cn^k \\ &= a(aT(n-2b) + c(n-b)^k) + cn^k \\ &\vdots \\ &= a^m T(n-mb) + \sum_{i=0}^{m-1} a^i c(n-ib)^k \\ &= \sum_{i=0}^{m} a^i c(n-ib)^k \end{aligned}$$

siendo $0 \leq n - mb < b$, es decir, $m = n \textbf{ div } b$. Si / representa la división en $\mathcal{R}^+$ y dividimos por b en la expresión $n - ib$, obtenemos

$$T(n) = \sum_{i=0}^{m} cb^k a^i (n/b - i)^k$$

y, dado que $m \leq n/b < m + 1$, tenemos

$$cb^k \sum_{i=0}^{m} a^i (m-i)^k \leq T(n) < cb^k \sum_{i=0}^{m} a^i (m+1-i)^k$$

Distinguiremos tres casos, según el valor de a:

$a < 1$

$$\begin{aligned} T(n) &< cb^k \sum_{i=0}^{m} a^i (m+1-i)^k \leq cb^k \sum_{i=0}^{m} a^i (m+1)^k \\ &\leq cb^k (m+1)^k \sum_{i=o}^{\infty} a^i \end{aligned}$$

Sabiendo que la suma de una serie geométrica $\sum_{i=0}^{\infty} a_0 r^i$ de razón $r < 1$ es $\frac{a_0}{1-r}$, obtenemos

$$T(n) \leq cb^k (m+1)^k \frac{1}{1-a} \in \mathcal{O}(m^k) = \mathcal{O}(n^k)$$

Por otro lado,

$$\begin{aligned} T(n) &\geq cb^k \sum_{i=0}^{m} a^i (m-i)^k \\ &\geq cb^k a^0 (m-0)^k = cb^k m^k \in \Omega(m^k) = \Omega(n^k) \end{aligned}$$

por tanto, $T(n) \in \Theta(n^k)$.

$a = 1$ En este caso,

$$cb^k \sum_{i=0}^{m} (m-i)^k \leq T(n) < cb^k \sum_{i=0}^{m} (m+1-i)^k$$

aplicando el problema 1.4 (véase la Sección 1.6), ambas expresiones están en $\Theta(m^{k+1})$, luego $T(n) \in \Theta(n^{k+1})$.

$a > 1$ En este caso trataremos de conseguir una serie convergente dividiendo por a^{m+1}, es decir,

$$T(n) \leq cb^k \sum_{i=0}^{m} a^i (m+1-i)^k = cb^k a^{m+1} \sum_{i=0}^{m} \frac{(m+1-i)^k}{a^{m+1-i}}$$

Realizamos el cambio de índice $j = m + 1 - i$ y obtenemos

$$T(n) \leq cb^k a^{m+1} \sum_{j=1}^{m+1} \frac{j^k}{a^j} \leq cb^k a^{m+1} \sum_{j=1}^{\infty} \frac{j^k}{a^j} = cb^k a^{m+1} s$$

siendo s la suma de la serie convergente. Entonces $T(n) \in \mathcal{O}(a^{m+1}) = \mathcal{O}(a^m) = \mathcal{O}(a^{n \,\mathbf{div}\, b})$. Por otro lado,

$$T(n) \geq cb^k \sum_{i=0}^{m} a^i (m-i)^k \geq cb^k a^{m-1} \in \Omega(a^{m-1}) = \Omega(a^{n \,\mathbf{div}\, b})$$

Resumiendo los tres casos, tenemos finalmente:

$$\boxed{T(n) \in \begin{cases} \Theta(n^k) & \text{, si } a < 1 \\ \Theta(n^{k+1}) & \text{, si } a = 1 \\ \Theta(a^{n \,\mathbf{div}\, b}) & \text{, si } a > 1 \end{cases}} \tag{1.3}$$

El caso $a < 1$ se da por completitud, pero carece de utilidad práctica.

Reducción del problema mediante división

Este tipo de recurrencias es típico de los programas recursivos que responden al esquema *divide y vencerás*. En este esquema, una llamada al programa con un problema de tamaño n genera a llamadas recursivas con subproblemas de tamaño n/b. Es decir, cada subproblema tiene un tamaño que es una fracción del tamaño original. Resueltos los subproblemas, se combinan sus soluciones para producir la solución del problema original. Responden a este esquema programas tan conocidos como el de la búsqueda dicotómica en un vector ordenado (véase la sección 3.3) o los métodos de ordenación rápida (ver sección 4.4.1) y mediante fusión. La ecuación recurrente es la siguiente:

$$\boxed{T(n) = \begin{cases} cn^k & \text{, si } 1 \leq n < b \\ aT(n/b) + cn^k & \text{, si } n \geq b \end{cases}} \tag{1.4}$$

donde $a, c \in \mathcal{R}^+$, $k \in \mathcal{R}^+ \cup \{0\}$, $n, b \in \mathcal{N}$ y $b > 1$. La expresión cn^k de la segunda línea representa el coste de descomponer el problema inicial en a subproblemas y el de componer sus soluciones para calcular la solución del problema original. La solución de la recurrencia es la misma si sustituimos esta expresión y la de la primera línea por cualquier función en $\Theta(n^k)$. Tampoco varía la solución si sustituimos la división real / por una división entera con redondeo, de forma que la suma de los tamaños obtenidos sea igual al tamaño original n. El lector puede demostrar estas generalizaciones como ejercicios.

Desdoblamos la expresión $T(n)$, dando lugar a

$$\begin{aligned} T(n) &= aT(n/b) + cn^k \\ &= a(aT(n/b^2) + c(n/b)^k) + cn^k \\ &\vdots \\ &= a^m T(n/b^m) + \sum_{i=0}^{m-1} a^i c(n/b^i)^k \\ &= \sum_{i=0}^{m} a^i c(n/b^i)^k \end{aligned}$$

siendo $1 \leq n/b^m < b$, es decir, $b^m \leq n < b^{m+1}$ o, lo que es lo mismo, $m = \lfloor \log_b n \rfloor$. Tras una simple manipulación, obtenemos

$$T(n) = cn^k \sum_{i=0}^{m} (\frac{a}{b^k})^i$$

Distinguiremos tres casos:

$a < b^k$ El sumatorio está acotado superiormente por una constante independiente de n, ya que $\frac{a}{b^k} < 1$ y

$$\sum_{i=0}^{\infty}(\frac{a}{b^k})^i = \frac{1}{1-\frac{a}{b^k}}$$

Por tanto, $T(n) \in \Theta(n^k)$.

$a = b^k$ El sumatorio vale simplemente $m+1$, por tanto, $T(n) \in \Theta(n^k \log n)$.

$a > b^k$ Se trata de aplicar la fórmula de la suma de una progresión geométrica: $a_0 + a_0 r + \cdots + a_0 r^n = a_0 \frac{r^{n+1}-1}{r-1}$. Es decir,

$$\sum_{i=0}^{m}(\frac{a}{b^k})^i = \frac{(\frac{a}{b^k})^{m+1} - 1}{\frac{a}{b^k} - 1}$$

En este caso, pues, $T(n) \in \Theta(n^k(\frac{a}{b^k})^m)$. Se puede hacer la siguiente simplificación:

$$n^k(\frac{a}{b^k})^{\log_b n} = n^k \frac{a^{\log_b n}}{b^{k \log_b n}} = n^k \frac{n^{log_b a}}{n^k} = n^{log_b a}$$

Resumiendo los tres casos, tenemos finalmente:

$$\boxed{T(n) \in \begin{cases} \Theta(n^k) & , \text{si } a < b^k \\ \Theta(n^k \log n) & , \text{si } a = b^k \\ \Theta(n^{log_b a}) & , \text{si } a > b^k \end{cases}} \tag{1.5}$$

La solución obtenida merece ser memorizada, o estar disponible fácilmente porque, además de servir para calcular *a posteriori* el coste de una función recursiva, puede utilizarse también como elemento *a priori* para guiar el diseño. Permite anticipar el coste de una cierta descomposición recursiva del problema. En particular, obsérvese que el coste es menor cuanto más pequeñas son a y k y más grande es b. Es decir, una descomposición recursiva es tanto mejor cuantos menos subproblemas genere (a es más pequeña), cuanto mayor sea el factor de reducción del tamaño de los mismos (b es más grande) y cuanto menor sea el coste asociado a las tareas de descomposición y composición (k es más pequeña).

1.6 PROBLEMAS ADICIONALES

Problema 1.1.

Demostrar

$$\begin{aligned} f(n) \in \Theta(g(n)) \Leftrightarrow \exists c, d \in \mathcal{R}^+,\\ c \leq d, n_0 \in \mathcal{N}.\\ \forall n \geq n_0 . c g(n) \leq f(n) \leq d g(n) \end{aligned}$$

■

Problema 1.2.

Dar un ejemplo de función $f(n)$ tal que $f(n) \in \mathcal{O}(g(n))$, pero $f(n) \notin \Omega(g(n))$. Demostrarlo. ■

Problema 1.3.

Un algoritmo emplea 2 segundos en resolver un ejemplar de tamaño 1000 de un cierto problema. ¿Cuánto tardará en resolver un ejemplar de tamaño 3000,

1. si el coste del algoritmo está en $\Theta(n^2)$?
2. si el coste del algoritmo está en $\Theta(n \log n)$?
3. si el coste del algoritmo está en $\Theta(2^n)$? ■

Problema 1.4.

Demostrar

1. $\forall a, b > 1. \log_a n \in \Theta(\log_b n)$
2. $\sum_{i=1}^{n} i^k \in \Theta(n^{k+1})$ ■

Problema 1.5.

El siguiente programa ordena un vector $a[1..n]$, con $n \geq 0$, por el método de inserción:

para i **desde** 2 **hasta** n **hacer**
    { p es la posición del candidato a hueco }
    $p := i$; $x := a[i]$; *seguir* := *cierto;*
    mientras $p > 1$ **y** *seguir* **hacer**
        si $x < a[p-1]$ **entonces** $a[p] := a[p-1]$ **si no** *seguir* := *falso* **fsi**
        $p := p - 1$
    fmientras
    $a[p] := x$
fpara

Calcular manualmente los polinomios correspondientes a sus tiempos de ejecución en el caso mejor y en el caso peor. Decir el orden de complejidad al que pertenece la función del tiempo en el caso peor. Repetir el cálculo utilizando las técnicas de la sección 1.4, incluyendo la de la instrucción crítica. ■

Problema 1.6.

Un algoritmo tarda n^2 horas en resolver un ejemplar de tamaño n de un cierto problema. Otro algoritmo tarda n^3 segundos en resolver ese mismo ejemplar. Calcular el umbral n_0 a partir del cual el primer algoritmo se ejecuta más rápido que el segundo. ■

Problema 1.7.

Expresar en forma de programas los algoritmos aprendidos en la escuela para sumar y restar dos números de varias cifras. Suponiendo que ambos tienen n cifras, cuál es el coste de cada algoritmo. Expresar ahora dicho coste en función del *valor* de los números. ¿Cambia dicho coste si las operaciones se realizan en base 2? Justificar la respuesta. ■

Problema 1.8.

El siguiente programa calcula el n-ésimo elemento de la sucesión de Fibonacci, cuya definición matemática es la siguiente:

$$f_n = \begin{cases} 1 & \text{, si } n = 0 \text{ o } n = 1 \\ f_{n-2} + f_{n-1} & \text{, si } n \geq 2 \end{cases}$$

$a := 1; b := 1;$
para i **desde** 0 **hasta** $n - 1$ **hacer**
  { a es el i-ésimo número de Fibonacci }
  $t := b;\ b := a + b;\ a := t$
fpara
dev a

Calcular el orden de complejidad del algoritmo en función del valor de n, (a) suponiendo que la suma $a + b$ realizada dentro del bucle necesita un tiempo constante. (b) suponiendo que el tiempo de dicha suma está en $\Theta(i)$. ■

1.7 NOTAS BIBLIOGRÁFICAS

El nivel escogido en este capítulo para presentar las técnicas de análisis de la eficiencia es introductorio y de carácter predominantemente práctico. El área es mucho más amplia y tiene una vertiente teórica, el análisis de la complejidad de los *problemas*, no mencionada aquí.

El primer intento de normalización de las notaciones asintóticas es de [Knu76]. La notación empleada en este libro, en la que $\mathcal{O}$, Ω y Θ denotan conjuntos de funciones, se ha tomado de [BB87]. Esta obra, con traducción al castellano en [BB90], es ideal para ampliar las técnicas de análisis dadas aquí, además de ofrecer un amplio catálogo de familias de algoritmos. Los autores han ampliado todavía más el espacio dedicado al análisis de algoritmos en la obra posterior [BB96], con traducción al castellano [BB97], que no es una nueva edición de [BB87] sino un libro mucho más amplio y con un nivel más adecuado para pregraduados.

La demostración de la recurrencia en la que el tamaño del problema se reduce mediante división, también llamada recurrencia *divide y vencerás*, procede de [Man89], y la demostración de la otra se ha tomado de C. Rosselló [Ros89a]. En [BB87, BB90, BB96, BB97], así como en [Lue80, AHU83, Man89], pueden encontrarse las soluciones de otras recurrencias y diferentes métodos para resolver recurrencias en general.

CAPITULO 2

Especificación de problemas

2.1 INTRODUCCIÓN

En una adecuada metodología de la programación, la secuencia a seguir en el desarrollo de un programa es la siguiente: primeramente, *especificar* y después *implementar*. Muchos programadores noveles, y no tan noveles, tienen dificultades para distinguir entre ambas actividades, produciendo documentos donde se mezclan continuamente los dos conceptos. Una frase prototípica de este tipo de documentos podría ser la siguiente: "El usuario teclea la orden x. El programa principal llama entonces al módulo y que comprueba si se produce la condición z. Si no es así, almacena en el *array* a la orden tecleada y produce el mensaje m. El usuario entonces ...".

Especificar consiste en esencia en contestar a la pregunta *¿qué* hace el programa?, sin dar detalle alguno sobre cómo consigue dicho efecto. Implementar, por el contrario, consiste en contestar a este segundo aspecto, es decir, *cómo* se consigue la función pretendida, suponiendo que dicha función está perfectamente clara. Separar estos dos aspectos es una de las tareas más importantes del buen programador. Esta separación es útil tanto si se trata de especificar grandes programas o sistemas como si se trata de pequeños procedimientos o funciones que van a ser usados por otras partes de un programa más grande. Llamaremos *usuario* al entorno externo del programa especificado, es decir, a los posibles usuarios humanos o a los posibles programas usuarios que van a utilizar los servicios del programa especificado y que, en principio, están interesados en saber lo *que* hace el programa, pero muy poco o nada en saber *cómo* lo hace.

En este capítulo nos concentraremos en la tarea de especificar pequeños algoritmos, dejando para capítulos posteriores la tarea de documentar el diseño interno de los mismos. Las técnicas para especificar grandes programas quedan más allá de los propósitos de este libro.

La especificación de un algoritmo tiene un doble destinatario:

- Los *usuarios* del algoritmo. En ese sentido, debe recoger todo lo necesario para un uso correcto del mismo. En particular, ha de detallar las obligaciones del usuario al invocar dicho algoritmo y el resultado producido por el mismo, en caso de ser invocado correctamente.
- El *implementador* del algoritmo. En ese sentido, define los requisitos que cualquier implementación válida debe satisfacer; es decir, las obligaciones del implementador. Ha de dejar suficiente libertad para que éste escoja la implementación que estime más adecuada con los recursos disponibles. Todo detalle de implementación que aparezca en la especificación se traduce en una merma innecesaria de dicha libertad y, por tanto, en una restricción sobre las posibles soluciones.

Una vez establecida la especificación, el trabajo del usuario y del implementador pueden proseguir por separado: el primero, sabiendo las propiedades que satisface el algoritmo; propiedades que puede utilizar para razonar sobre el programa que lo usa, y que son fiables cualquiera que sea la implementación del algoritmo. El segundo, sabiendo las propiedades que debe garantizar su implementación y que son independientes de cualquier uso que vaya a hacerse de la misma.

La especificación actúa, según se aprecia, como una *barrera* que permite independizar los razonamientos de corrección de los distintos componentes de un programa grande y descomponer, por tanto, la tarea de razonar en unidades manejables que corresponden a la estructura modular del programa.

Para que estas afirmaciones sean realidad, la especificación ha de ser lo suficientemente *precisa* para responder a cualquier pregunta sobre el uso del algoritmo sin tener que acudir a la implementación del mismo en busca de la respuesta (los programadores con experiencia saben que la realidad cotidiana dista mucho de esta situación ideal). La mayoría de las especificaciones que se escriben en la práctica industrial de la programación están hechas en lenguaje natural. El lenguaje natural no permite la precisión requerida si no es sacrificando otra propiedad que ha de tener toda buena especificación: la *brevedad*. Veamos un ejemplo de ello:

Supongamos declarado en alguna parte el siguiente tipo de datos:

$$\textbf{tipo}\ vect = \textbf{vector}\ [1..1000]\ \textbf{de}\ entero \qquad (2.1)$$

Queremos en nuestro sistema una función que, dado un vector a de tipo $vect$ y un entero n, devuelva un valor booleano que indique si el valor de alguno de los elementos $a[1], \ldots, a[n]$ es igual a la suma de todos los elementos que le preceden en el vector. Sintácticamente, se tendría:

$$\textbf{fun}\ essuma\ (a : vect; n : entero)\ \textbf{dev}\ (b : booleano)$$

Además de esta especificación sintáctica, una especificación en lenguaje natural incluiría un apartado explicando el efecto de la función con una frase similar a la del párrafo precedente.

Esta especificación adolece de varias imprecisiones. En primer lugar, no quedan claras todas las obligaciones del usuario. En concreto, ¿serían admisibles llamadas a $essuma$ con valores negativos de n?; ¿y con $n = 0$?; ¿y con $n > 1000$? En caso afirmativo, ¿cuál ha de ser el valor devuelto por la función? Tampoco están del todo claras las obligaciones del implementador. Por ejemplo, si $n \geq 1$ y $a[1] = 0$ la función, ¿ha de devolver *cierto* o *falso*? La ambigüedad procede en este caso de que no queda claro si ha de considerarse que la suma de cero elementos (los que preceden al $a[1]$) es o no cero. Tratar de explicitar todas estas situaciones en lenguaje natural llevaría sin duda a una especificación más extensa que el propio código de la función $essuma$.

La consecución de ambos objetivos, precisión y brevedad, requiere una *especificación formal*. En este capítulo se presenta una técnica de especificación formal de funciones y procedimientos basada en el uso de la lógica de predicados, también conocida como técnica *pre/post*. En el Capítulo 5 se presenta otra técnica formal diferente, las llamadas *especificaciones algebraicas*, más apropiadas para especificar tipos de datos.

Otra de las ventajas de utilizar una técnica formal de especificación es que permiten aplicar el razonamiento formal para garantizar la corrección de los programas así especificados. Sin especificación formal no puede haber razonamiento formal, y sin éste la corrección de los programas estará siempre en precario. Los Capítulos 3 y 4 presentan, respectivamente, técnicas de verificación formal de programas recursivos e iterativos basadas en la especificación con predicados. Al final del Capítulo 4 se incluyen algunas reflexiones sobre el uso de métodos formales en programación.

La técnica pre/post se basa en considerar que un algoritmo, contemplado como una caja negra de la cual sólo nos es posible observar sus parámetros de entrada y de salida, actúa como una función de estados en estados: comienza su ejecución en un *estado inicial* válido, descrito por el valor de los parámetros de entrada y, tras un cierto tiempo cuya duración no es relevante a efectos de la especificación[1],

[1]Las especificaciones que se están describiendo reciben a veces el nombre de *funcionales* porque sólo se ocupan de estos aspectos. Otro tipo de especificaciones, llamadas de *eficiencia* se ocuparían de

termina en un *estado final* en el que los parámetros de salida contienen los resultados esperados. Obviamente, el estado final depende de cuál haya sido el estado inicial. Si S representa la función a especificar, Q es un predicado que tiene como variables libres los parámetros de entrada de S, y R es un predicado que tiene como variables libres los parámetros de entrada y de salida de S, la notación

$$\{Q\}S\{R\}$$

representa la especificación formal de S y ha de leerse del modo siguiente: "Si S comienza su ejecución en un estado descrito por Q, S termina, y lo hace en un estado descrito por R".

El predicado Q recibe el nombre de *precondición* y caracteriza el conjunto de estados iniciales para los que está garantizado que el algoritmo funciona correctamente. Describe las obligaciones del usuario. Si éste llama al algoritmo en un estado no definido por Q, no es posible afirmar qué sucederá. La función puede no terminar, terminar con un resultado absurdo o hacerlo con un resultado "razonable" a pesar de las circunstancias.

El predicado R recibe el nombre de *postcondición* y caracteriza la relación entre cada estado inicial, supuesto éste válido, y el estado final correspondiente alcanzado por el algoritmo. Describe las obligaciones del implementador, supuesto que el usuario ha cumplido las suyas.

A pesar de que aun no se han introducido ni la sintaxis ni el significado de los predicados, objeto del siguiente apartado, ofrecemos a continuación la especificación funcional de la función *essuma* comentada más arriba:

$$\{Q \equiv 0 \leq n \leq 1000\}$$
$$\textbf{fun}\ essuma\ (a : vect; n : entero)\ \textbf{dev}\ (b : booleano)$$
$$\{R \equiv b = \exists \alpha \in \{1..n\}.a[\alpha] = \textstyle\sum_{\beta=1}^{\alpha-1} a[\beta]\}$$

En esta especificación quedan respondidas (apelamos momentáneamente a la fe del lector) las preguntas realizadas más arriba, en el siguiente sentido:

1. Las llamadas con n negativo o con $n > 1000$ son incorrectas.
2. Las llamadas con $n = 0$ son correctas y, en ese caso, la función ha de devolver $b = falso$.
3. Las llamadas con $n \geq 1$ y $a[1] = 0$ han de devolver $b = cierto$.

los requisitos de tiempo o de memoria, en el caso de que estos aspectos sean especialmente críticos para el programa, como ocurre en los sistemas de tiempo real.

2.2 LÓGICA DE PREDICADOS

2.2.1 Sintaxis

La siguiente definición recursiva establece las reglas sintácticas de formación de predicados. Usaremos las letras mayúsculas P, Q, R ... para designar predicados y las letras minúsculas a, b, ..., x, y, ..., α, β, ... para designar variables.

Definición 2.1.

Una *fórmula* en lógica de predicados o, más brevemente, un *predicado*, es:

1. Una fórmula *atómica*
2. Una *negación* $(\neg P)$, siendo P un predicado
3. Una *conjunción* $(P \wedge Q)$, siendo P y Q predicados
4. Una *disyunción* $(P \vee Q)$, siendo P y Q predicados
5. Un *condicional* $(P \rightarrow Q)$, siendo P y Q predicados
6. Un *bicondicional* $(P \leftrightarrow Q)$, siendo P y Q predicados
7. Una *cuantificación universal* $(\forall \alpha \in D.P)$, siendo D el nombre de un *dominio* de valores y P un predicado
8. Una *cuantificación existencial* $(\exists \alpha \in D.P)$, siendo D el nombre de un *dominio* de valores y P un predicado

La sintaxis de un predicado atómico se ha dejado intencionadamente ambigua ya que admitiremos como tal cualquier expresión matemática suficientemente precisa cuyo tipo de datos sea booleano. Ejemplos de tales predicados atómicos son:

- Las constantes booleanas $cierto$ y $falso$.
- Una simple variable booleana b.
- Las expresiones aritméticas relacionales tales como $x + y = 7$, $i \neq n - 1$ y $x/y < z$.
- Una función matemática conocida, o especificada formalmente, que devuelva un resultado booleano, tales como $primo(x)$, $eof\,(f)$ y $vacia(p)$ ($primo$ indica si el entero x es primo, *eof* es la función de Pascal que devuelve $cierto$ si el cursor del fichero f está más allá del último elemento y $vacia$ es una función que devuelve $cierto$ si la pila p es la pila vacía).

Los nombres D de dominios de valores han de corresponder a dominios conocidos (p.e. $\mathcal{N}$ para los naturales o $\mathcal{Z}$ para los enteros) o a nombres de tipos de datos predefinidos en el lenguaje o definidos por el programador. Como veremos en el apartado de semántica, estos nombres han de tener una interpretación única que coincide, normalmente, con la habitual en matemáticas. En cualquier caso, no debe haber ambigüedad en su interpretación. En ocasiones usaremos, en lugar de nombres de dominios, conjuntos explícitos, tales como $\{1..n\}$ o $\{n \mid n \in \mathcal{N} \wedge par(n)\}$.

Ejemplo 2.1.

Los siguientes son ejemplos de predicados sintácticamente correctos:

1. $cierto$
2. $(\exists \alpha \in \mathcal{N}.(\forall \beta \in \{1..n\}.a[\beta] \leq \alpha))$
3. $(1 \leq i \wedge i \leq n)$
4. $(j = 0 \rightarrow (\forall \alpha \in \{1..n\}.a[\alpha] \neq x)) \wedge (j \neq 0 \rightarrow (j \in \{1..n\} \wedge a[j] = x))$ ■

Como se aprecia, en un predicado pueden aparecer variables de diferentes tipos de datos. La mayoría de las veces la intención es que dichas variables correspondan a variables del programa que estamos especificando. En ese caso diremos que son variables *libres* en el predicado en cuestión. Otras veces las variables van asociadas a un cuantificador universal, existencial o a otros cuantificadores matemáticos, tales como sumatorios o productos. Tales variables cumplen un papel muy distinto, ya que la intención no es que denoten variables del programa, sino que sirvan para poder decir algo acerca de todos los valores de un cierto dominio. Diremos que son variables *mudas* o *ligadas*.

La siguiente definición precisa cómo distinguir sintácticamente las variables libres y ligadas. Usaremos el símbolo $\diamond$ para denotar cualquiera de las conectivas binarias del conjunto $\{\wedge, \vee, \rightarrow, \leftrightarrow\}$ y el símbolo ∂ para denotar cualquiera de los cuantificadores $\forall$ y $\exists$.

Definición 2.2.

Los conjuntos $libres(P)$ y $ligadas(P)$, respectivamente, de variables libres y de variables ligadas de un predicado P, se definen recursivamente a partir de la estructura sintáctica de P del modo siguiente:

1. $libres(P) = variables(P)$; $ligadas(P) = \emptyset$, si P es atómico
2. $libres(\neg P) = libres(P)$; $ligadas(\neg P) = ligadas(P)$
3. $libres(P \diamond Q) = libres(P) \cup libres(Q)$;
   $ligadas(P \diamond Q) = ligadas(P) \cup ligadas(Q)$
4. $libres(\partial x \in D.P) = libres(P) - \{x\}$;
   $ligadas(\partial x \in D.P) = ligadas(P) \cup \{x\}$

Ejemplo 2.2.

Sean los predicados $P \equiv (x + y + z > 0)$, $Q \equiv (\exists y \in \mathcal{N}.P)$ y $R \equiv (\forall x \in \mathcal{N}.Q)$, es decir

$$R \equiv (\forall x \in \mathcal{N}.(\exists y \in \mathcal{N}.x + y + z > 0))$$

aplicando la definición 2.2, se obtiene inmediatamente:

$$\begin{array}{ll} libres(P) = \{x, y, z\} & ligadas(P) = \varnothing \\ libres(Q) = \{x, z\} & ligadas(Q) = \{y\} \\ libres(R) = \{z\} & ligadas(R) = \{x, y\} \end{array}$$ ■

Las variables ligadas se denominan así porque están asociadas a un cuantificador. En particular lo están al cuantificador más interno en cuyo ámbito se encuentran. Más precisamente, en el predicado $Q \equiv (\partial x \in D.P)$, las apariciones de la variable x que eran libres en P son las que pasan a estar ligadas al cuantificador ∂ en Q. Si hubiera apariciones de x ligadas en P, continúan estando ligadas en Q, pero no al cuantificador más externo ∂ de Q, sino al que ya estuvieran previamente ligadas en P. Nótese, pues, que un mismo identificador puede denotar distintas variables en un predicado.

Ejemplo 2.3.

Sea el predicado

$$\forall x \in D_1.(f(x) \wedge (\exists x \in D_2.g(x)))$$

La aparición de x en $f(x)$ está ligada al cuantificador más externo $\forall$, mientras que la aparición de x en $g(x)$ está ligada al cuantificador más interno $\exists$. Ambas apariciones de x son ligadas, pero lo están a distintos cuantificadores. Nótese además que en el subpredicado $f(x) \wedge (\exists x \in D_2.g(x))$ el identificador x denota, a la vez, una variable libre y otra ligada. ■

Como veremos en el siguiente apartado, el significado de un predicado no cambia por el hecho de renombrar consistentemente las apariciones, ligadas a un mismo cuantificador, de una variable ligada. Así, el predicado del ejemplo 2.3 puede reescribirse del modo siguiente:

$$\forall x \in D_1.(f(x) \wedge (\exists y \in D_2.g(y)))$$

en cambio, no sería consistente renombrar en el predicado

$$\forall x \in \mathcal{N}.(par(x) \leftrightarrow (\exists y \in \mathcal{N}.x = y + y))$$

las apariciones de x por y, dando lugar a

$$\forall y \in \mathcal{N}.(par(y) \leftrightarrow (\exists y \in \mathcal{N}.y = y + y))$$

ya que el significado del predicado cambia totalmente. Para evitar este tipo de conflictos, lo seguro al renombrar una variable ligada es escoger un nombre diferente a los del resto de las variables libres o ligadas del predicado.

Definición 2.3 (Renombramiento de una variable).

Dado un predicado P y una variable $y \notin variables(P)$, denotamos por $P[y/x]$ al predicado resultante de sustituir en P todas las apariciones libres de x por y.

Dada la inexplicable tendencia de muchos estudiantes a confundir las variables libres con las ligadas y, en particular, a nombrar las variables ligadas con nombres que corresponden a variables del programa, en este libro usaremos sistemáticamente letras griegas para nombrar las variables ligadas[2] (que sepamos, no hay hasta la fecha ningún lenguaje de programación que permita usar identificadores con el alfabeto griego).

La sintaxis introducida en la definición 2.1 exige el uso de numerosos paréntesis. La mayoría de éstos pueden ser eliminados con un convenio adecuado de precedencia de las conectivas y cuantificadores, que elimine cualquier ambigüedad de interpretación. El que utilizaremos aquí se muestra en la siguiente lista, ordenada de mayor a menor prioridad:

$$\langle \neg, \wedge, \vee, \rightarrow, \leftrightarrow, \partial \rangle$$

donde ∂ denota indistintamente $\forall$ o $\exists$. Teniendo en cuenta que las conectivas $\wedge$ y $\vee$ son asociativas (véase la sección siguiente), evitaremos también paréntesis innecesarios en expresiones del tipo $P_1 \wedge P_2 \wedge P_3$.

Ejemplo 2.4.

Suponiendo que $P_1, \ldots, P_6$ son predicados atómicos, el predicado

$$\forall \alpha \in D_1.\forall \beta \in D_2.P_1 \wedge P_2 \vee \neg P_3 \rightarrow P_4 \leftrightarrow P_5 \vee P_6$$

es una abreviatura sintáctica para el predicado

$$(\forall \alpha \in D_1.(\forall \beta \in D_2.((((P_1 \wedge P_2) \vee (\neg P_3)) \rightarrow P_4) \leftrightarrow (P_5 \vee P_6))))$$ ■

La precedencia entre conectivas equivale a definir una gramática jerarquizada para la sintaxis de los predicados, en lugar de la gramática plana de la definición 2.1.

[2] Acertada idea que el autor ha tomado prestada del profesor José Luis Balcázar.

Cuando existan dudas sobre cómo interpretar sintácticamente un predicado, se utilizará la siguiente gramática que define la sintaxis abreviada de los mismos:

$$\begin{array}{lll} Pred & ::= & Cuantif\ Pred \mid PredSimple \\ Cuantif & ::= & \{\forall \mid \exists\}\ Ident \in Ident\ . \\ PredSimple & ::= & ParteBicond\ [\leftrightarrow ParteBicond] \\ ParteBicond & ::= & ParteCond\ [\rightarrow ParteCond] \\ ParteCond & ::= & Termino\ \{\vee\ Termino\}^* \\ Termino & ::= & Factor\ \{\wedge\ Factor\}^* \\ Factor & ::= & \neg Factor \mid PredAtomico \mid (Pred) \end{array}$$

donde, como es habitual, $\{\ldots\}^*$ denota cero o más repeticiones, $[\ldots]$ denota cero o una repetición y $\{\ldots\}$ denota exactamente una repetición, de lo encerrado entre las llaves o los corchetes. El símbolo | denota alternativa.

2.2.2 Semántica

Intuitivamente, un predicado expresa una afirmación que puede ser verdadera o falsa. Para dar significado a un predicado, introducimos el conjunto $\mathcal{B} = \{V, F\}$ de los valores veritativos. V denota el valor $verdad$ y F el valor $falsedad$.

Para poder afirmar si un predicado es verdadero o falso necesitamos conocer el valor de las variables libres que aparecen en el mismo. Por ejemplo, el predicado $x > 0$ será verdadero si $x = 7$. En cambio, será falso si $x = -9$. Diremos que necesitamos conocer el *estado*.

Denotaremos por *ID* al conjunto de todos los identificadores posibles de variables y por *LP* al conjunto de todos los predicados sintácticamente correctos. Supuesto que cada variable v_i tiene asociado un tipo de datos de nombre D_i, cuyo dominio semántico llamaremos $\mathcal{D}_i$, sea $\mathcal{D}$ la unión disjunta $\biguplus_i \mathcal{D}_i$ de todos los dominios semánticos $\mathcal{D}_i$ distintos correspondientes a los tipos de datos de dichas variables.

Definición 2.4.

Se denomina *estado* a toda aplicación

$$\sigma : ID \longrightarrow \mathcal{D}$$

que asocie a cada identificador de variable un valor del dominio semántico correspondiente a su tipo de datos. Denotaremos $\sigma(x)$ al valor que corresponde a x en el estado σ y por $\mathcal{E}$ al conjunto de todos los estados posibles; es decir, al conjunto de todas las aplicaciones de *ID* en $\mathcal{D}$.

Supondremos que cada dominio semántico $\mathcal{D}_i$ contiene un valor adicional $\perp_i$ que representa el valor *indefinido* de ese dominio. Esto permite hablar de estados en los que ciertas variables no tienen asociado un valor definido.

Fijado σ, se puede evaluar un predicado P, dando como resultado un valor veritativo. Denotaremos por $[\![P]\!]\,\sigma$ a la evaluación de P en el estado σ. $[\![\_]\!]$ puede verse como una función que, dado un predicado P, devuelve una función de estados en valores veritativos. Antes de definir formalmente dicha función, denominada *función semántica*, necesitamos algunos conceptos.

Definición 2.5.

Dado un estado $\sigma : ID \longrightarrow \mathcal{D}$, una variable $x \in ID$ y un valor $v \in \mathcal{D}$ del tipo de datos de x, designaremos por $\sigma[v/x]$ al siguiente estado

$$\sigma[v/x](y) = \begin{cases} v & \text{, si } y = x \\ \sigma(y) & \text{, en otro caso} \end{cases}$$

es decir, a un estado igual a σ excepto por el valor que corresponde a la variable x.

La evaluación de un predicado P en un estado σ comenzará por los predicados atómicos P_i de P. Dado que no hemos definido una sintaxis precisa para los mismos, tampoco podemos dar una definición semántica precisa. Diremos tan sólo que su evaluación consiste en sustituir las variables que allí aparecen por sus respectivos valores en σ y en realizar, a continuación, las operaciones indicadas. Si el tipo de datos de las expresiones es correcto, el resultado ha de ser un valor veritativo al que, como se ha indicado, designaremos por $[\![P_i]\!]\,\sigma$.

Ejemplo 2.5.

Dadas x, y de tipo entero, supongamos un estado σ tal que $\sigma(x) = 9$ y $\sigma(y) = 1$. Evaluamos los siguientes predicados atómicos:

1. $[\![x \textbf{ div } y > 0]\!]\,\sigma = V$
2. $[\![x > y + 7]\!]\,\sigma = V$
3. $[\![x < 0]\!]\,\sigma = F$ ■

Obsérvese que, al haber admitido en las expresiones atómicas tipos de datos y funciones cualesquiera, dichas funciones pueden ser *parciales*, es decir, no estar definidas para ciertos valores de sus argumentos. También puede suceder que dichos argumentos estén indefinidos en un cierto estado.

Definición 2.6.

Diremos que un predicado P está *bien definido* en un estado σ si todas sus variables v_i tienen asignado un valor distinto de $\perp_i$ y todas las funciones que aparecen en P están definidas en σ.

En caso contrario diremos que P está *indefinido* en σ.

En matemáticas y en programación aparecen con mucha frecuencia funciones parciales. He aquí algunos ejemplos:

Ejemplo 2.6.

div, mod: $\mathcal{Z} \times \mathcal{Z} \longrightarrow \mathcal{Z}$, no están definidas si su segundo argumento es 0 ■

Ejemplo 2.7.

$cima : PilaDeElem \longrightarrow Elem$, función que devuelve el elemento en la cima de una pila, no está definida cuando su argumento es la pila vacía ■

Ejemplo 2.8.

$\_[\_] : Vector \times Indice \longrightarrow Elem$, operación que, dados un vector a y un índice i, devuelve el elemento $a[i]$ del vector, no está definida si el valor del índice está fuera del rango del vector ■

El tratamiento totalmente formal de funciones parciales exigiría complicar la semántica de los predicados para tener en cuenta los estados en que un predicado está indefinido.

Las lógicas de predicados resultantes (no hay una solución única al problema) caen más allá del ámbito de este libro.

En lo que sigue nos contentaremos con adoptar el siguiente convenio de notación que simplifica una parte del problema:

- $[\![P]\!]\,\sigma = V$ o $[\![P]\!]\,\sigma = F$ significan que P está definido en el estado σ y que el resultado de su evaluación es V o F.
- $[\![P]\!]\,\sigma$=$[\![Q]\!]\,\sigma$ significa que P y Q están ambos bien definidos en el estado σ y sus respectivas evaluaciones coinciden.

Definición 2.7 (Semántica de un predicado).

La función

$$\llbracket \_ \rrbracket : LP \longrightarrow (\mathcal{E} \longrightarrow \mathcal{B})$$

que da la semántica de un predicado se define recursivamente del modo siguiente:

$$\llbracket cierto \rrbracket\, \sigma = V, \text{ cualquiera que sea } \sigma$$

$$\llbracket falso \rrbracket\, \sigma = F, \text{ cualquiera que sea } \sigma$$

$$\llbracket P \rrbracket\, \sigma \quad \text{evaluación de } P \text{ en } \sigma \text{ , si } P \text{ es atómico}$$

$$\llbracket \neg P \rrbracket\, \sigma = \begin{cases} F & \text{si } \llbracket P \rrbracket\, \sigma = V \\ V & \text{si } \llbracket P \rrbracket\, \sigma = F \end{cases}$$

$$\llbracket P \wedge Q \rrbracket\, \sigma = \begin{cases} V & \text{si } \llbracket P \rrbracket\, \sigma = V \text{ y } \llbracket Q \rrbracket\, \sigma = V \\ F & \text{si } \llbracket P \rrbracket\, \sigma = F \text{ o } \llbracket Q \rrbracket\, \sigma = F \end{cases}$$

$$\llbracket P \vee Q \rrbracket\, \sigma = \begin{cases} V & \text{si } \llbracket P \rrbracket\, \sigma = V \text{ o } \llbracket Q \rrbracket\, \sigma = V \\ F & \text{si } \llbracket P \rrbracket\, \sigma = F \text{ y } \llbracket Q \rrbracket\, \sigma = F \end{cases}$$

$$\llbracket P \rightarrow Q \rrbracket\, \sigma = \begin{cases} F & \text{si } \llbracket P \rrbracket\, \sigma = V \text{ y } \llbracket Q \rrbracket\, \sigma = F \\ V & \text{si } \llbracket P \rrbracket\, \sigma = F \text{ o } \llbracket Q \rrbracket\, \sigma = V \end{cases}$$

$$\llbracket P \leftrightarrow Q \rrbracket\, \sigma = \begin{cases} V & \text{si } \llbracket P \rrbracket\, \sigma = \llbracket Q \rrbracket\, \sigma \\ F & \text{si } \llbracket P \rrbracket\, \sigma \neq \llbracket Q \rrbracket\, \sigma \end{cases}$$

$$\llbracket \forall \alpha \in D_i . P \rrbracket\, \sigma = \begin{cases} V & \text{si para todo } v \in \mathcal{D}_i \; \llbracket P \rrbracket \sigma[v/\alpha] = V \\ F & \text{si existe algún } v \in \mathcal{D}_i \\ & \text{tal que } \llbracket P \rrbracket \sigma[v/\alpha] = F \end{cases}$$

$$\llbracket \exists \alpha \in D_i . P \rrbracket\, \sigma = \begin{cases} V & \text{si existe algún } v \in \mathcal{D}_i \\ & \text{tal que } \llbracket P \rrbracket \sigma[v/\alpha] = V \\ F & \text{si para todo } v \in \mathcal{D}_i \\ & \llbracket P \rrbracket \sigma[v/\alpha] = F \end{cases}$$

Satisfactibilidad, Consecuencia lógica y Equivalencia

El interés de la lógica de predicados radica en que permite deducir afirmaciones acerca de los estados a partir de otras afirmaciones. En este apartado se enuncian las *leyes básicas* que satisfacen los predicados y las *reglas de inferencia* que permiten deducir nuevas leyes. Serán suficientes para realizar todas las demostraciones formales de los siguientes capítulos.

Definición 2.8.

Diremos que un estado σ *satisface* un predicado P, denotado $\sigma \models P$, si $[\![P]\!]\,\sigma = V$. En caso contrario, diremos que σ *no satisface* P, denotado $\sigma \not\models P$. Asimismo, diremos que P es *satisfactible* si existe algún estado $\sigma \in \mathcal{E}$ tal que $\sigma \models P$.

Definición 2.9.

Un predicado P es *universalmente válido*, en breve *válido*, si para todo estado $\sigma \in \mathcal{E}$, $\sigma \models P$. Un predicado es *contradictorio*, o es *una contradicción*, si para todo estado $\sigma \in \mathcal{E}$, $\sigma \not\models P$.

Definición 2.10.

Un predicado Q es *consecuencia lógica* de otro predicado P, denotado $P \models Q$, si todo estado $\sigma \in \mathcal{E}$ que satisface P también satisface Q.

La noción de consecuencia lógica permite *deducir* nuevas afirmaciones, supuesta la validez de otra u otras. Es fácil comprobar que $\models$ es una relación de orden parcial en el conjunto de los predicados. Habitualmente, usaremos la notación $P \Rightarrow Q$ con el mismo significado que $P \models Q$. El concepto puede extenderse a conjuntos de predicados. Escribiremos

$$\{P_1, \ldots, P_n\} \models P$$

si todo estado que satisface a la vez a $P_1, \ldots, P_n$ también satisface P. En particular, $\varnothing \models P$, abreviado $\models P$, significa que P es universalmente válido.

La relación entre consecuencia lógica y la conectiva condicional $\rightarrow$ se clarifica en el siguiente

Lema 2.1 (Lema de deducción).

$\{P_1, \ldots, P_n\} \models P$ y $\models P \rightarrow Q$ si y sólo si

$$\{P_1, \ldots, P_n, P\} \models Q$$

En consecuencia,

$$\{P_1, \ldots, P_n\} \models P \text{ si y sólo si } \models P_1 \wedge \ldots \wedge P_n \rightarrow P$$

Definición 2.11.

Dos predicados P y Q son *equivalentes*, denotado $P \equiv Q$, si los satisfacen los mismos estados; es decir, para todo estado $\sigma \in \mathcal{E}$ se cumple $[\![P]\!]\,\sigma = [\![Q]\!]\,\sigma$.

La relación $\equiv$ es de equivalencia en *LP*. Su relación con las conectivas $\leftrightarrow$ y $\rightarrow$ y con la noción de consecuencia lógica, se expresa en el siguiente lema.

Lema 2.2.

Las siguientes afirmaciones son equivalentes:

1. $P \equiv Q$
2. $\models P \leftrightarrow Q$
3. $\models (P \rightarrow Q) \wedge (Q \rightarrow P)$
4. $P \models Q$ y $Q \models P$

Leyes de equivalencia

La lógica de predicados satisface un amplio conjunto de leyes que, para facilitar su uso en demostraciones, damos aquí agrupadas en familias.

Leyes conmutativas, asociativas y de idempotencia de $\wedge$ y $\vee$

1. $P \wedge Q \equiv Q \wedge P$
2. $P \vee Q \equiv Q \vee P$

3. $P \wedge (Q \wedge R) \equiv (P \wedge Q) \wedge R$
4. $P \vee (Q \vee R) \equiv (P \vee Q) \vee R$
5. $P \wedge P \equiv P$
6. $P \vee P \equiv P$

Leyes distributivas, de absorción y de elemento neutro

1. $P \wedge (Q \vee R) \equiv (P \wedge Q) \vee (P \wedge R)$
2. $P \vee (Q \wedge R) \equiv (P \vee Q) \wedge (P \vee R)$
3. $P \wedge (P \vee Q) \equiv P$
4. $P \vee (P \wedge Q) \equiv P$
5. $P \wedge falso \equiv falso$
6. $P \vee cierto \equiv cierto$
7. $P \wedge cierto \equiv P$
8. $P \vee falso \equiv P$

Leyes de la negación

1. $\neg\neg P \equiv P$
2. $P \vee \neg P \equiv cierto$
3. $P \wedge \neg P \equiv falso$

Leyes de De Morgan

1. $\neg(P \vee Q) \equiv \neg P \wedge \neg Q$
2. $\neg(P \wedge Q) \equiv \neg P \vee \neg Q$

Leyes de $\rightarrow$ y $\leftrightarrow$

1. $P \rightarrow Q \equiv \neg P \vee Q$
2. $P \leftrightarrow Q \equiv (P \rightarrow Q) \wedge (Q \rightarrow P)$

Leyes de $\forall$ y $\exists$

1. $(\forall \alpha \in D_i.P) \equiv cierto$, si $\mathcal{D}_i = \varnothing$
2. $(\exists \alpha \in D_i.P) \equiv falso$, si $\mathcal{D}_i = \varnothing$
3. $\neg(\forall \alpha \in D.P) \equiv (\exists \alpha \in D.\neg P)$
4. $\neg(\exists \alpha \in D.P) \equiv (\forall \alpha \in D.\neg P)$
5. $(\partial \alpha \in D.P) \equiv (\partial \beta \in D.P[\beta/\alpha])$, siempre que $\beta \notin variables(P)$
6. $\forall \alpha \in D_1.\forall \beta \in D_2.P \equiv \forall \beta \in D_2.\forall \alpha \in D_1.P$
7. $\exists \alpha \in D_1.\exists \beta \in D_2.P \equiv \exists \beta \in D_2.\exists \alpha \in D_1.P$

El cálculo de predicados

Las leyes enunciadas proporcionan un conjunto de equivalencias básicas que junto con dos sencillas *reglas de inferencia*, obvias por sí mismas, permiten deducir otras equivalencias válidas en la lógica de predicados. Las reglas se enuncian con la siguiente notación

$$\frac{E_1, \ldots, E_n}{E}$$

donde las E_i y E representan equivalencias. La interpretación de este esquema de regla es la siguiente: "De la veracidad de las equivalencias $E_1, \ldots, E_n$ se infiere la veracidad de E".

Regla 1 (Transitividad)

$$\frac{P_1 \equiv P_2, P_2 \equiv P_3}{P_1 \equiv P_3}$$

Regla 2 (Sustitución)

$$\frac{P_1 \equiv P_2}{Q(P_1) \equiv Q(P_2)}$$

donde $Q(P)$ representa un predicado Q que contiene a otro predicado P como subpredicado.

La regla 1 se deriva del hecho de que $\equiv$ es una relación de equivalencia. La regla 2 expresa que siempre es posible sustituir iguales por iguales en el interior de una fórmula. Otra forma de expresarlo es diciendo que $\equiv$ es una *congruencia* con respecto a las conectivas del lenguaje. Su corrección es inmediata razonando en términos de estados.

Cambiando el punto de vista, el conjunto de leyes presentadas, junto con las dos reglas de inferencia precedentes, proporcionan un *cálculo* para razonar con predicados, alternativo al razonamiento en términos de estados. Las leyes se toman como *axiomas* del cálculo y las reglas como un *procedimiento de deducción* para obtener nuevas leyes. Se demuestra que dicho cálculo es *correcto*, lo que quiere decir que toda equivalencia deducida por él es válida en la lógica de predicados. Desgraciadamente, cuando se admiten dominios de valores cualesquiera, el cálculo no es *completo*, lo que significa que no toda equivalencia válida en la lógica de predicados es deducible mediante el cálculo.

2.3 ESPECIFICACIÓN CON PREDICADOS

En la Sección 2.1 se ha dicho que un algoritmo puede especificarse como una función de estados en estados y que los predicados pueden utilizarse para caracterizar estados.

Esta es la visión que adoptaremos en esta sección: en lugar de hablar de estados que satisfacen o no un predicado P, diremos que todo predicado P *define* un conjunto de estados, a saber, todos aquellos que lo satisfacen.

Definición 2.12.

El conjunto de estados *definido* por un predicado P, denotado $estados(P)$, es el conjunto

$$estados(P) = \{\sigma \in \mathcal{E} \mid \sigma \models P\}$$

Ejemplo 2.9.

Suponiendo que x e y son variables enteras, el predicado

$$P \equiv (x \ \textbf{div} \ y > 1)$$

define el subconjunto de $\mathcal{Z} \times \mathcal{Z}$ formado por aquellos pares en los cuales el segundo elemento es distinto de cero (es decir, está definida la expresión x **div** y), ambos elementos del par tienen el mismo signo, y el valor absoluto del primer elemento es al menos el doble que el del segundo.

$(2,1), (-2,-1), (5,2), (-7,-3), \ldots$	pertenecen a $estados(P)$
$(2,0), (2,2), (-2,1), (5,-2), \ldots$	no pertenecen a $estados(P)$

■

Estrictamente hablando, los estados de este ejemplo no son simplemente pares de $\mathcal{Z} \times \mathcal{Z}$, ya que pueden existir otras variables distintas de x y de y que tengan valores asignados. En ese caso, los estados son tuplas de valores (uno por cada variable) cuyos elementos correspondientes a x y a y satisfacen lo expresado más arriba. Recordemos que en la definición de estado (véase la definición 2.4) se exige que cada variable del conjunto *ID* de identificadores posibles tenga asignado un valor, aun cuando éste pueda ser el valor indefinido $\perp_i$. En la práctica, *ID* representará el conjunto de identificadores del algoritmo que estemos especificando o verificando en cada momento. Aun así, en un predicado P puede aparecer tan sólo un subconjunto de dichas variables. Se entiende, entonces, que las variables no nombradas pueden tener asignado cualquier valor.

Cuanto mayor sea el conjunto de estados que define un predicado, diremos que *más débil* es dicho predicado. A la inversa, cuanto menor sea el conjunto de estados que define, diremos que *más fuerte* o *más restrictivo* es el mismo. Ello permite establecer una relación de orden parcial entre los predicados, la de ser "más fuerte que" (o "más débil que"). Esta idea no es sino un nombre distinto para la noción de consecuencia lógica definida en la Sección 2.2.2 (véase definición 2.10). Precisando,

Definición 2.13.

Se dice que un predicado P es *más fuerte* (resp. *más débil*) que otro predicado Q, si $estados(P) \subseteq estados(Q)$ (resp. $estados(P) \supseteq estados(Q)$).

Obviamente, P es más fuerte que Q si y sólo si $P \Rightarrow Q$.

Ejercicio 2.1.

Razonar que $x > 0 \Rightarrow x \geq 0$ y que $x \geq 0 \not\Rightarrow x > 0$. Encontrar, en este segundo caso, un estado que esté en el antecente de la implicación pero no en el consecuente. ■

Ejercicio 2.2.

Emplear la notación gráfica $P \longrightarrow Q$ para indicar que "P es más fuerte que Q" y dibujar la relación $\longrightarrow$ para el siguiente conjunto de predicados:

1. $P_1 \equiv x > 0$
2. $P_2 \equiv (x > 0) \wedge (y > 0)$
3. $P_3 \equiv (x > 0) \vee (y > 0)$
4. $P_4 \equiv y \geq 0$
5. $P_5 \equiv (x \geq 0) \wedge (y \geq 0)$

Indicar cuáles de dichos predicados son *incomparables* (P es incomparable con Q si $P \not\Rightarrow Q$ y $Q \not\Rightarrow P$). ■

En ocasiones, hablaremos de *reforzar* un predicado P para expresar la idea de construir a partir de P un predicado más fuerte que él. Nótese que ello siempre es posible añadiendo a P una conjunción, ya que, para cualquier predicado Q, siempre es cierto que $P \wedge Q \Rightarrow P$. Igualmente, se puede *debilitar* un predicado P añadiéndole una disyunción, ya que, para cualquier Q, $P \Rightarrow P \vee Q$.

Otra técnica de debilitamiento que emplearemos en los Capítulos 3 y 4 consiste en sustituir, en un predicado P, una constante por una variable del mismo tipo, cuyo dominio de valores permitidos incluya a dicha constante. Así, diremos que P es más fuerte que P', siendo

$$P \equiv s = (\sum_{i=1}^{10} a[i]) \text{ y } P' \equiv (s = \sum_{i=1}^{j} a[i]) \wedge (0 \leq j \leq 10)$$

Hablando estrictamente, P y P' son incomparables ya que P, al no poner restricciones a los valores de j, admite para ella cualquier valor, incluidos valores fuera del conjunto $\{0..10\}$. Por otra parte, P' admite para s valores no permitidos por P. Abusando de la notación, diremos en estos casos que $P \Rightarrow P'$, habida cuenta de que los valores de s permitidos por P son un caso particular de los permitidos por P' y los valores de j no son importantes en P.

La relación $\Rightarrow$ tiene un elemento máximo —el predicado *falso*— más fuerte que cualquier otro predicado, que define el conjunto *vacío* de estados, y un elemento mínimo, —el predicado *cierto*— más débil que cualquier otro predicado, que define el conjunto de *todos* los estados posibles. Otra forma de expresarlo es, para todo predicado P,

$$falso \models P \text{ y } P \models cierto$$

Convenios sobre cuantificadores y sustituciones

En los predicados donde aparecen cuantificadores será frecuente utilizar como dominio de la variable ligada al cuantificador expresiones conjuntistas de la forma $\{1..n\}$ o, más en general, de la forma $\{a..b\}$ donde n, a y b son constantes o variables de tipo entero. Con esta notación convenimos en designar el siguiente conjunto:

$$\{a..b\} = \begin{cases} \varnothing & \text{, si } a > b \\ \{a\} \cup \{a+1..b\} & \text{, si } a \leq b \end{cases}$$

Cuando el dominio $\mathcal{D}$ de la variable ligada al cuantificador sea el conjunto vacío, la evaluación del predicado $\forall \alpha \in D.P$ en cualquier estado es V y la del predicado $\exists \alpha \in D.P$ es F (véase la Sección 2.2.2). Así, suponiendo $n = 0$, se tendría

$$(\forall \alpha \in \{1..n\}.a[\alpha] \neq x) \equiv cierto, \text{ y } (\exists \alpha \in \{1..n\}.a[\alpha] \geq x) \equiv falso$$

Nótese que $cierto$ es el elemento neutro de la conectiva $\wedge$ y que un predicado cuantificado con $\forall$ puede entenderse como un $\wedge$ generalizado a todos los valores del dominio, es decir

$$(\forall \alpha \in \{1..n\}.a[\alpha] \neq x) \equiv (a[1] \neq x) \wedge \ldots \wedge (a[n] \neq x)$$

adoptando los convenios de notación correspondientes cuando $n = 0$ ó $n = 1$. Análogamente, $falso$ es el elemento neutro de la conectiva $\vee$, y un predicado cuantificado con $\exists$ puede entenderse como un $\vee$ generalizado.

Estos convenios pueden extenderse a otros cuantificadores matemáticos que aparecerán con frecuencia en las especificaciones de programas. En este libro usaremos *sumatorios* (cuantificador $\sum$), *productos* (cuantificador $\prod$) y el llamado cuantificador *de conteo* (denotado N). Podemos emplear para ellos la misma sintaxis definida para los predicados, es decir $(\partial \alpha \in D.E)$, donde ∂ designa $\sum, \prod$ o N. En los dos primeros, E ha de ser una expresión entera o real, y el resultado de la expresión cuantificada es, respectivamente, un entero o un real. En el caso del cuantificador de conteo, E ha de ser un predicado y el resultado de la expresión cuantificada es un natural. La definición recursiva de estas expresiones cuantificadas es como sigue:

$$\sum \alpha \in \{a..b\}.E(\alpha) \quad = \quad \begin{cases} 0 & \text{, si } a > b \\ E(a) + (\sum \alpha \in \{a+1..b\}.E(\alpha)) & \text{, si } a \leq b \end{cases}$$

$$\prod \alpha \in \{a..b\}.E(\alpha) \quad = \quad \begin{cases} 1 & \text{, si } a > b \\ E(a) * (\prod \alpha \in \{a+1..b\}.E(\alpha)) & \text{, si } a \leq b \end{cases}$$

$$N\alpha \in \{a..b\}.P(\alpha) \quad = \quad \begin{cases} 0 & \text{, si } a > b \\ f(a) + (N\alpha \in \{a+1..b\}.P(\alpha)) & \text{, si } a \leq b \end{cases}$$

donde $f(a) = 1$ si $[\![P(a)]\!] = V$ y $f(a) = 0$ si $[\![P(a)]\!] = F$. Se entiende que tanto las expresiones E como a, b y el predicado P se evalúan en un cierto estado $\sigma \in \mathcal{E}$.

Nótese que, cuando el dominio de cuantificación es vacío, el resultado de la expresión cuantificada es 0 o 1, elementos neutros respectivamente de las operaciones $+$ y $*$.

Como se desprende de su definición, el cuantificador de conteo N se utilizará cuando interese *contar* el número de veces que una cierta propiedad P se satisface en un dominio.

Para los cuantificadores $\sum$ y $\prod$ utilizaremos indistintamente la sintaxis propuesta o la más convencional

$$\sum_{\psi=a}^{b} E(\psi)$$

y

$$\prod_{\psi=a}^{b} E(\psi)$$

Las definiciones de variables libres y ligadas realizadas en la Sección 2.2.1 se extienden igualmente a los nuevos cuantificadores. Nótese en las definiciones recursivas presentadas que el hecho de cambiar el nombre de la variable ligada ψ por otro nombre que no colisione con los de las variables libres o ligadas de las expresiones E y P no tiene efecto alguno en la semántica de la expresión cuantificada.

También con los nuevos cuantificadores usaremos letras griegas para nombrar a las variables ligadas, reservando los identificadores normales para las variables libres. En el contexto de la especificación de programas, las variables libres de los predicados completos se refieren siempre a variables del programa especificado.

Finalmente, estableceremos un convenio de notación sobre sustituciones en predicados. Será frecuente, en los Capítulos 3 y 4, construir predicados mediante la sustitución, en un predicado dado P, de variables libres por expresiones.

Definición 2.14 (Sustitución textual).

Denotamos por P_x^E al predicado que resulta de sustituir en P todas las apariciones libres de la variable x por la expresión E. La expresión E no ha de nombrar variables ligadas de P y ha de ser del mismo tipo de datos que x.

En general, $P_{x_1,\ldots,x_n}^{E_1,\ldots,E_n}$ denota el predicado resultante de sustituir en P, *simultáneamente*, las apariciones libres de x_1, $\ldots$, x_n por las expresiones E_1, $\ldots$, E_n. Las expresiones E_i están sujetas a las mismas restricciones expresadas en el párrafo anterior.

Ejemplo 2.10.

Si $P \equiv \forall\psi \in \{1..n\}.a[\psi] = x + 2y$, entonces

1. $P_x^{y+1} \equiv \forall\psi \in \{1..n\}.a[\psi] = y + 1 + 2y$
2. $P_{x,y}^{y,x} \equiv \forall\psi \in \{1..n\}.a[\psi] = y + 2x$
3. $P_z^{x+y} \equiv \forall\psi \in \{1..n\}.a[\psi] = x + 2y \equiv P$
4. $P_\psi^{\psi+1}$, es incorrecto por ser ψ una variable ligada ■

Especificaciones de problemas

Tenemos ya todos los elementos para acometer la especificación de problemas concretos. En primer lugar, consideraremos que un algoritmo representa una *abstracción funcional* y que lo que nos importa del mismo es la función que realiza, no los detalles de implementación. En consecuencia, especificaremos los algoritmos como si fueran procedimientos o funciones independientemente de si lo son de hecho o bien forman parte de un procedimiento más grande. Esta visión permite clarificar cuáles son las variables que forman la *interfaz* del algoritmo con el resto del programa, cuáles de ellas aportan valores de entrada, cuáles pueden ser modificadas y cuáles suministran los resultados del algoritmo. Emplearemos la siguiente notación:

$$\textbf{fun}\ nombre\ (p_1 : t_1; \ldots ; p_n : t_n)\ \textbf{dev}\ (q_1 : r_1; \ldots ; q_m : r_m)$$

donde las p_i son los nombres de las variables que aportan valores de entrada al algoritmo, pero no pueden ser modificadas por éste, las t_i son sus tipos de datos asociados, las q_j son los nombres de las variables que contienen los resultados a la terminación del algoritmo, cuyo valor inicial es irrelevante para el mismo, y las r_j son sus tipos de datos.

Denominaremos *parámetros* al conjunto de las variables que forman la interfaz del algoritmo, distinguiendo entre parámetros de entrada (las p_i), y de salida (las

q_j). Como veremos inmediatamente, las únicas variables libres que se permiten en los predicados que especifican un algoritmo, son sus parámetros. La notación **fun** se empleará siempre que los parámetros de entrada y de salida formen dos conjuntos disjuntos.

En ocasiones, a un algoritmo se le permite modificar una variable, es decir, el valor inicial de la misma es relevante para el algoritmo y su valor final, posiblemente distinto, es relevante para el usuario (un caso típico es un algoritmo que ordena crecientemente un vector a). En esos casos la variable se considera un parámetro de entrada/salida. Introducimos entonces la notación:

$$\textbf{accion}\ nombre\ (p_1 : \textbf{cf}\ t_1; \ldots ; p_n : \textbf{cf}\ t_n)$$

donde el cualificador **cf** puede ser **ent** —o estar ausente— para indicar parámetro sólo de entrada, puede ser **sal** para indicar parámetro sólo de salida, o puede ser **ent/sal** para indicar parámetro de entrada/salida.

Definición 2.15.

La *especificación formal* de un algoritmo consiste en una terna $\{Q\}S\{R\}$ donde Q y R son predicados y S una cabecera del tipo **fun** o **accion**. El predicado Q se denomina *precondición* y sus únicas variables libres son los parámetros de entrada o de entrada/salida de S. El predicado R se denomina *postcondición* y sus únicas variables libres son los parámetros, de cualquier clase, de S.

La interpretación que daremos a una especificación $\{Q\}S\{R\}$ es la siguiente: "Si el algoritmo S comienza su ejecución en alguno de los estados definidos por la precondición Q, se garantiza que el algoritmo termina y lo hace en alguno de los estados definidos por la postcondición R".

La especificación no dice nada sobre lo que sucederá si el algoritmo es activado en un estado inicial que no satisface la precondición. El implementador no está obligado a nada en ese caso, ni siquiera a que el algoritmo termine. En cuanto al estado final, puede no ser único para un estado inicial válido dado.

El implementador, en ese caso, cumple la especificación si su algoritmo termina en cualquiera de los estados permitidos o, incluso, si realiza un programa no determinista que termina aleatoriamente en cualquiera de ellos. Veamos a continuación algunos ejemplos de buenas y malas especificaciones.

La división entera

Queremos especificar un algoritmo que calcule el cociente por defecto y el resto de la división entera. La especificación de la interfaz tendría el siguiente aspecto:

fun $divide\ (a, b : entero)$ **dev** $(q, r : entero)$

La precondición habría de excluir los estados en los que el divisor es cero. Por otra parte, sabemos que, sumando el resto al producto del cociente y el divisor, ha de salir el valor del dividendo. Un primer intento sería, pues

$$Q \equiv \{b \neq 0\}, R \equiv \{a = b * q + r\}$$

El especificador ha de imaginar que el implementador es un ser malévolo (y despreciable) cuyo objetivo es satisfacer la especificación del modo más simple posible, respetando la "letra" pero no el "espíritu", si puede, de la especificación. Ante esta especificación, nuestro implementador podría escribir el siguiente programa:

$$q := 0; r := a$$

que obviamente satisface la postcondición cualesquiera que sean los valores iniciales de a y b, pero no calcula lo pretendido. El culpable de que sea admisible este programa es el especificador, por haber escrito una postcondición demasiado débil: los estados finales deseados la satisfacen pero también lo hacen otros estados no deseados. Reforzaremos la precondición en el sentido de admitir sólo valores no negativos y reforzaremos también la postcondición exigiendo que el resto sea menor que el divisor:

$$Q \equiv \{(a \geq 0) \wedge (b > 0)\}, R \equiv \{(a = b * q + r) \wedge (0 \leq r) \wedge (r < b)\}$$

Por conocimientos elementales de matemáticas sabemos que, dados a y b satisfaciendo Q, sólo existen dos números naturales que satisfacen lo que exigimos para q y r en R. De hecho, ésta es la definición matemática de "cociente" y "resto" por lo que, ante esta especificación, el implementador está obligado a calcular exactamente el cociente y el resto de dividir a entre b. Ello nos hace reflexionar que el empleo de notaciones formales en las especificaciones es el único modo de expresar con precisión los requisitos que un programa debe satisfacer.

Cálculo del máximo de un vector

El siguiente ejemplo consiste en especificar un algoritmo que calcule el máximo de un vector de enteros. Suponemos definido el tipo de datos $vect$ de la Sección 2.1. Se trata de encontrar el valor máximo de los primeros n elementos de un vector a.

Obviamente, ese valor no está definido si $n = 0$ por lo que exigiremos en la precondición que $n \geq 1$. Nuestro primer intento de especificación es

$$\begin{array}{l} \{Q \equiv 1 \leq n \wedge n \leq 1000\} \\ \textbf{fun}\, maximo\,(a : vect; n : entero)\ \textbf{dev}\ (x : entero) \\ \{R \equiv (\forall \alpha \in \{1..n\}.x \geq a[\alpha])\} \end{array} \tag{2.2}$$

¿Hemos especificado lo que pretendíamos? De nuevo hemos sido débiles en la postcondición. Nuestro implementador malévolo puede salir del paso con cualquier programa de la forma:

$$x := K$$

con $K > maximo(a[1], \ldots, a[n])$, que no calcula el máximo de $a[1..n]$ pero sí satisface la postcondición. El reforzamiento de R consistirá claramente en exigir, además, que x sea un valor contenido en el vector

$$\begin{array}{l} \{Q \equiv 1 \leq n \wedge n \leq 1000\} \\ \textbf{fun}\, maximo\,(a : vect; n : entero)\ \textbf{dev}\ (x : entero) \\ \{R \equiv (\forall \alpha \in \{1..n\}.x \geq a[\alpha]) \wedge (\exists \beta \in \{1..n\}.x = a[\beta])\} \end{array} \tag{2.3}$$

Modifiquemos ligeramente la función pidiendo que, en lugar del valor máximo, nos informe de la posición donde se halla dicho valor. Antes de acometer la especificación, hay que decir que el problema está mal planteado, ya que no es correcto hablar de *la* posición del máximo cuando puede haber más de una posición que contenga el máximo del vector. En el caso extremo en que todos los elementos sean iguales, cada posición del vector contiene el máximo. Reformularemos el problema pidiendo que el algoritmo calcule *una* posición del máximo. La especificación resultante podría ser:

$$\begin{array}{l} \{Q \equiv 1 \leq n \wedge n \leq 1000\} \\ \textbf{fun}\, pos\_maximo\,(a : vect; n : entero)\ \textbf{dev}\ (j : entero) \\ \{R \equiv (1 \leq j) \wedge (j \leq n) \wedge (\forall \alpha \in \{1..n\}.a[j] \geq a[\alpha])\} \end{array} \tag{2.4}$$

Nótese que ahora ya no es necesaria la cláusula $\exists$ de 2.3 ya que, debido a las dos primeras conjunciones de R, se garantiza que el máximo, $a[j]$, es un elemento del vector. En lo sucesivo, abreviaremos $(1 \leq j) \wedge (j \leq n)$ por $(1 \leq j \leq n)$. Por otra parte, el estado final no está completamente determinado para un estado inicial válido. Si existen varias posiciones conteniendo el máximo, el implementador tiene libertad para escoger, por ejemplo, siempre la más a la izquierda, o siempre la más a la derecha, o bien una distinta en cada ejecución del algoritmo. Nuestra última modificación de este ejemplo pide un algoritmo que devuelva la posición más a la izquierda del máximo del subvector $a[1..n]$. En ese caso, habremos de reforzar aun más la postcondición dando lugar a:

$$\begin{array}{l} \{Q \equiv 1 \leq n \leq 1000\} \\ \textbf{fun}\ pos\_primer\_maximo\ (a : vect; n : entero)\ \textbf{dev}\ (j : entero) \\ \{R \equiv (1 \leq j \leq n) \wedge (\forall \alpha \in \{1..n\}.a[j] \geq a[\alpha]) \\ \quad \wedge (\forall \alpha \in \{1..j-1\}.a[j] > a[\alpha])\} \end{array} \tag{2.5}$$

La pregunta que podríamos hacernos ante esta especificación es si no expresará algo incorrecto cuando la posición más a la izquierda sea justamente 1. Ello no es así pues, en ese caso, el dominio de la segunda α ligada en la postcondición de 2.5 sería vacío, con lo que la tercera conjunción sería equivalente a $cierto$, lo que es igual a no exigir requisito alguno para $a[j]$.

Modificación de un vector

El siguiente algoritmo involucra variables de entrada/salida. Dado un vector a, un natural n, y dos enteros x e y, se trata de sustituir en el subvector $a[1..n]$ todas las apariciones del valor x por el valor y. En esta ocasión admitiremos $n = 0$ como válido. El efecto sobre a en ese caso sería nulo. También sería nulo si el valor x no aparece en el vector. Dado que a es a la vez parámetro de entrada y de salida, emplearemos la cabecera **accion** . He aquí nuestro primer intento:

$$\begin{array}{l} \{Q \equiv 0 \leq n \leq 1000\} \\ \textbf{accion}\ sustituir\ (a : \textbf{ent/sal}\ vect; n, x, y : entero) \\ \{R \equiv (\forall \alpha \in \{1..n\}.a[\alpha] = x \rightarrow a[\alpha] = y)\} \end{array} \tag{2.6}$$

Evidentemente, algo funciona mal en esta especificación. Si $a[\alpha] = x$ para un cierto índice α, la conectiva condicional $\rightarrow$ exige que también sea cierto que $a[\alpha] = y$, lo cual sólo es posible si $x = y$, y ésta es una cuestión que no podemos garantizar ya que no se exige nada para x e y en la precondición. La única forma de satisfacer la postcondición cuando $x \neq y$ es asegurar, para cada índice α, que el elemento $a[\alpha]$ es distinto de x. Ésto deja a nuestro implementador malévolo muchas posibilidades totalmente alejadas del efecto que se pretende (por ejemplo, podría asignar a cada elemento del vector un valor z cualquiera, con tal que $z \neq x$).

El error en esta especificación proviene del hecho de que cualquier aparición del vector a en la postcondición se refiere al estado de a a la *terminación* del algoritmo y aquí necesitamos referirnos también al valor de a *antes* de ejecutarse el mismo. El predicado que queremos construir, puesto en palabras, debería expresar la siguiente idea: "Si $a[\alpha]$ valía x *antes* de ejecutar la acción, entonces $a[\alpha]$ ha de valer y *despues* de ejecutar la misma". Para poder referirnos en la postcondición al valor de un parámetro p antes de ejecutar el algoritmo, emplearemos el siguiente convenio: en la precondición se da un nombre al valor de dicho parámetro añadiendo una conjunción de la forma $p = P$, donde entenderemos que P es el nombre del valor inicial de p (lo más cómodo es emplear el nombre del parámetro escrito en mayúsculas pero podría emplearse cualquier otro nombre, p.e. p_{pre} o p_{inic}). En la postcondición se empleará dicho nombre siempre que queramos referirnos al valor inicial del parámetro. Con este convenio, la especificación de $sustituir$ se escribiría:

$$\begin{array}{l}\{Q \equiv (0 \leq n \leq 1000) \wedge (a = A)\} \\ \textbf{accion}\ sustituir\ (a : \textbf{ent/sal}\ vect; n, x, y : entero) \\ \{R \equiv (\forall \alpha \in \{1..n\}.A[\alpha] = x \rightarrow a[\alpha] = y)\}\end{array} \tag{2.7}$$

Ahora se expresa justamente lo que más arriba está expresado con palabras. Sin embargo, la postcondición sigue siendo demasiado débil, pues no se exige nada sobre los elementos del vector que, antes de ejecutar el algoritmo, son distintos de x. Dejamos así libertad al malévolo implementador para modificar a su antojo dichos elementos, cuando la intención es que permanezcan inalterados. La especificación definitiva ha de tener entonces el siguiente aspecto:

$$\begin{array}{l}\{Q \equiv (0 \leq n \leq 1000) \wedge (a = A)\} \\ \textbf{accion}\ sustituir\ (a : \textbf{ent/sal}\ vect; n, x, y : entero) \\ \{R \equiv \forall \alpha \in \{1..n\}.(A[\alpha] = x \rightarrow a[\alpha] = y) \\ \quad \wedge (A[\alpha] \neq x \rightarrow a[\alpha] = A[\alpha]))\}\end{array} \tag{2.8}$$

Cómo especificar la moda

El problema siguiente ilustra lo que podríamos llamar "método de especificación mediante refinamientos sucesivos": Cuando una especificación resulta demasiado compleja empleando directamente el lenguaje de la lógica de predicados, la estrategia a seguir será la de enriquecer dicho lenguaje con funciones o predicados auxiliares adaptados al problema que se está especificando, de forma que la especificación quede compacta y legible. Los predicados y funciones auxiliares se *refinarán* separadamente mediante predicados de más bajo nivel. Se procederá de este modo hasta llegar a funciones auxiliares que puedan ser directamente especificadas en términos de la lógica de predicados.

Las especificaciones, al igual que los programas, las leen humanos y los humanos tenemos dificultades para entender conceptos que involucran demasiados detalles al tiempo. Así, un predicado que ocupase tres líneas e incluyera media docena de cuantificadores resultaría de difícil comprensión. La introducción de funciones auxiliares *jerarquiza* la tarea de comprensión, haciendo que en cada etapa se estudien sólo los detalles relevantes. Las funciones auxiliares son funciones introducidas para clarificar la especificación y *no tienen* relación alguna con la implementación posterior del algoritmo. Lo único que exigimos para ellas es que estén especificadas con suficiente precisión.

Dada una colección de valores, se denomina *moda* al valor que más veces aparece repetido en dicha colección. Queremos especificar una función que, dado un vector de enteros y un entero $n \geq 1$, devuelva la moda del subvector $a[1..n]$.

Llamando x al valor devuelto por la función, se podría construir un predicado que hiciera uso de los cuantificadores N y $\forall$ y que expresara lo siguiente:

> *El número de veces que aparece x en la colección $a[1..n]$ es mayor o igual que el número de veces que aparece cualquier elemento $a[\alpha]$ de $a[1..n]$ en la colección $a[1..n]$.*

El lector puede escribir dicho predicado y tratar de entenderlo pasados unos dias. Verá que le resulta algo difícil.

Por ello, introduciremos una función auxiliar *frec* que nos da la frecuencia de un valor entero cualquiera en la colección $a[1..n]$. Con su ayuda, la especificación de la función que calcula la moda se convierte en algo trivial y evidente por sí misma:

$$\begin{array}{l} \{Q \equiv (1 \leq n \leq 1000)\} \\ \textbf{fun}\ moda\ (a : vect; n : entero)\ \textbf{dev}\ (x : entero) \\ \{R \equiv (\forall \alpha \in \mathcal{Z}.frec(x, a, n) \geq frec(\alpha, a, n))\} \end{array} \tag{2.9}$$

Nótese que hemos empleado un predicado R no calculable, lo cual constituye un ejemplo de cómo a veces resulta más elegante, o incluso inevitable, emplear expresiones lógicas no calculables para especificar programas (que, obviamente, pretendemos sí sean funciones calculables).

La especificación de la función *frec* puede hacerse directamente con el lenguaje de la lógica de predicados, utilizando el cuantificador de conteo:

$$frec(y, a, n) = (N\beta \in \{1..n\}.a[\beta] = y) \tag{2.10}$$

Si la función *frec* no fuera sencilla de especificar, se introducirían nuevas funciones auxiliares que a su vez serían objeto de posterior refinamiento. La estrategia permite, por tanto, especificar algoritmos complejos sin que ello lleve aparejado una especificación inmanejable. El uso de la función *frec* en 2.9 no prejuzga que la realización del algoritmo haya de basarse en la existencia de un programa que implemente dicha función.

Las funciones introducidas por razones de especificación "no cuestan nada" ni han de ser eficientes de programar, ya que no hay obligación de programarlas. La única virtud que se les exige es que su definición sea precisa.

2.4 PROBLEMAS ADICIONALES

Problema 2.1.

Usando la función *frec* especificada en la ecuación 2.10, construir un predicado $perm(a, b, n)$, donde a y b son vectores de tipo $vect$ declarado en la ecuación 2.1 y $0 \leq n \leq 1000$, que exprese que el subvector $a[1..n]$ es una permutación de los elementos del subvector $b[1..n]$. ■

Problema 2.2.

Construir un predicado $ord(a, i, j)$ que exprese que el subvector $a[i..j]$ está ordenado crecientemente. ¿Tiene sentido $ord(a, 7, 6)$? Sabiendo que a es del tipo $vect$ declarado en 2.1, ¿qué restricciones exigirías para i y j? ■

Problema 2.3.

Usando los predicados $perm$ y ord de los problemas 2.1 y 2.2, especificar un algoritmo que ordene crecientemente el subvector $a[1..n]$, siendo el rango de n, $0 \leq n \leq 1000$. ■

Problema 2.4.

Especificar una función que devuelva un valor booleano que indique si el subvector $a[1..n]$ está o no ordenado crecientemente. Poner en la precondición límites apropiados para n. ■

Problema 2.5.

Dados dos enteros no negativos x e y, especificar dos funciones, una que calcule el máximo común divisor de x e y, y otra que calcule su mínimo común múltiplo. Introducir las funciones auxiliares que se consideren necesarias. ■

Problema 2.6.

Dado un subvector $a[1..n]$, ordenado crecientemente hasta la posición $n-1$, especificar un algoritmo que "inserte" el elemento $a[n]$ en el lugar que le corresponda del subvector $a[1..n-1]$ de forma que el vector $a[1..n]$ resultante esté ordenado crecientemente. Poner en la precondición límites apropiados para n. ■

Problema 2.7.

Especificar una función que, dado un natural a, devuelva la raíz cuadrada entera de a. ■

Problema 2.8.

Diremos que un número natural es *guay*, si es igual a la suma de un cierto número de naturales consecutivos comenzando en 1. Los tres primeros números guay son 1, $3 = 1 + 2$ y $6 = 1 + 2 + 3$. Especificar una función que, dado un natural n, decida si es o no un número guay. ■

Problema 2.9.

Un vector $a[1..n]$ de enteros, con $n \geq 0$, se dice que es *melchoriforme* si alguno de sus elementos es *rubio*. Diremos que un elemento es rubio si su valor coincide con la suma de los restantes elementos de $a[1..n]$. Especificar una función que, dados a y n, decida si $a[1..n]$ es o no melchoriforme. ¿Qué debe devolver la función cuando $n = 0$? ■

Problema 2.10.

Un vector $a[1..n]$ de enteros, con $n \geq 0$, se dice que es *gaspariforme* si todas sus sumas parciales son no negativas y la suma total es igual a cero. Se llama suma parcial a toda suma $a[1] + \cdots + a[i]$, con $1 \leq i \leq n$. Especificar una función que, dados a y n, decida si $a[1..n]$ es o no gaspariforme. ¿Qué debe devolver la función cuando $n = 0$? ■

Problema 2.11.

Dados un vector a y un entero n especificar una función que indique si $a[1..n]$ es capicúa. Permitir el caso $n = 0$. ■

Problema 2.12.

Especificar un algoritmo que calcule la imagen especular de un vector. Precisando, el valor que estaba en $a[1]$ pasa a estar en $a[n]$, el que estaba en $a[2]$ pasa a estar en $a[n-1]$, etc. Permitir el caso $n = 0$. ■

Problema 2.13.

Especificar una función que, dadas dos matrices a y b de $n \times n$ elementos, devuelva una matriz c con el producto matricial de a y b. Repetir la especificación considerando que el resultado se devuelve en la propia matriz a. ■

Problema 2.14.

Inspirándose en el problema 2.1, definir un predicado $perm(c, n)$ que exprese que la secuencia c es una permutación de los naturales $\{1..n\}$. Definir una función $\succeq$

que establece un orden total en el conjunto de las permutaciones de $\{1..n\}$. Dadas dos permutaciones c_1 y c_2, diremos que $c_1 \succeq c_2$ si lexicográficamente es c_1 mayor o igual que c_2 (el orden lexicográfico es el que se emplea para ordenar las palabras en un diccionario). Definir, en función de $\succeq$, las relaciones $\succ$, $\preceq$ y $\prec$. ■

Problema 2.15.

Usando las relaciones definidas en el problema 2.14 definir predicados que expresen respectivamente que una permutación c es la menor de todas, la mayor de todas, y que la permutación c_2 es la inmediatamente siguiente en el orden $\prec$ a la permutación c_1, es decir, $c_1 \prec c_2$, y c_2 es la menor de las permutaciones mayores que c_1. ■

Problema 2.16.

Usando los problemas 2.14 y 2.15, especificar un algoritmo que, dados a vector y n entero, tales que en $a[1..n]$ se contiene una permutación de $\{1..n\}$ que no es la mayor de todas, devuelve en el propio vector a la *siguiente* permutación a la dada. ■

2.5 NOTAS BIBLIOGRÁFICAS

El tema de especificación de algoritmos mediante predicados aparece en numerosos trabajos dedicados a la verificación formal de programas. En consecuencia, los que aquí se citan serán útiles también en el Capítulo 4. Los trabajos seminales en este área son de Hoare, [Hoa69], y Dijkstra, [Dij75, Dij76]. Siguiendo la línea de estos dos últimos, aparecen en apretada secuencia [Gri81, Bac86, DF88, Coh90] y [Kal90]. De ellos, sólo el primero y el tercero aportan ideas nuevas, limitándose el resto a aumentar la colección de ejemplos verificados formalmente. Casi todos los libros citados incluyen capítulos introductorios a la lógica de predicados. Aquí hemos tratado la semántica de un predicado y las nociones de satisfactibilidad y consecuencia lógica, más formalmente que en esas obras, siguiendo el esquema de presentación de [RAL92].

CAPITULO 3

Diseño recursivo

3.1 CONCEPTOS BÁSICOS, TERMINOLOGÍA Y NOTACIÓN

La recursividad es una característica de la mayoría de los lenguajes de programación en virtud de la cual se permite que un procedimiento o función hagan referencia a sí mismos dentro de su definición. En términos operacionales, ello conlleva que una invocación al subprograma recursivo genera una o más invocaciones al propio subprograma, cada una de las cuales genera nuevas invocaciones y así sucesivamente. Si la definición está bien hecha, y los parámetros de entrada son adecuados, las cadenas de invocaciones así formadas terminan felizmente en alguna llamada que no genera nuevas invocaciones. Estas llamadas terminales acaban su ejecución y devuelven el control a la llamada anterior que, a su vez, terminará en algún momento devolviendo el control a la anterior, y así hasta que todas las cadenas, y la propia llamada inicial, terminan.

La recursividad, junto con la iteración, que estudiaremos en el Capítulo 4, son los dos mecanismos que suministran los lenguajes de programación para describir cálculos que, con pequeñas variaciones, han de repetirse un cierto número de veces. Sin embargo, mientras que al diseño iterativo se le ha dedicado una abundante literatura, a la recursividad se le ha prestado menos atención. En algunos libros introductorios es presentada, incluso, como una mera "curiosidad de zoológico" que sirve para poco más que para calcular el factorial de un número.

Las razones de ello seguramente hay que buscarlas en la propia historia de la programación, gran parte de la cual ha transcurrido muy apegada a la estructura de los computadores que han de ejecutar los programas. Al ser la iteración el mecanismo de bajo nivel que suministran los computadores, la mayoría de los programadores tienden a aceptar que ésta es la forma más "natural" de describir cómputos.

Sin embargo, las definiciones recursivas y las demostraciones por inducción estrechamente relacionadas con ellas, existen desde mucho antes que los computadores y los programas y son, en muchos casos, un método más natural de describir funciones y tipos de datos. La propia definición recursiva del factorial de un número, o las de tipos de datos como árboles y listas, suministran ejemplos de ello. Por otra parte, la recursividad tiene exactamente la misma potencia expresiva que la iteración, en el sentido de que permite describir los mismos cómputos y las mismas funciones que pueden describirse mediante programas iterativos. Su uso genera, sin embargo, programas más compactos que sus correspondientes versiones iterativas. Una familia de lenguajes de programación de creciente difusión en los últimos años, los llamados *lenguajes funcionales*, pueden prescindir por completo de la iteración y utilizar la recursividad como único mecanismo de repetición de cómputos.

En este capítulo se presenta la recursividad como una herramienta fundamental para el diseño de programas y para el razonamiento formal sobre su corrección. Defenderemos que el esfuerzo de razonamiento es menor trabajando en recursivo que en iterativo. Además, el descubrimiento de relaciones recurrentes entre los datos es, en muchos casos, un factor de creatividad en el desarrollo de nuevos algoritmos. Por otra parte, no es necesario disponer de un lenguaje recursivo ni funcional para utilizar las técnicas de diseño aquí descritas. Como se verá en la Sección 3.6, los programas recursivos pueden ser transformados a su correspondiente versión iterativa sin merma de corrección o de eficiencia (normalmente con ganancia en esta última, aunque exclusivamente en la constante multiplicativa). Más aun, la técnica de transformación proporciona "gratis" los *invariantes* de los bucles iterativos que resultan de la transformación. Los invariantes son predicados fundamentales para razonar sobre la corrección de los bucles. Se explican en detalle en la Sección 4.1.

Las diferencias entre los planteamientos iterativo y recursivo al diseñar la solución de un problema dado quedan esquematizados en la figura 3.1.

Se parte en ambos casos de un problema P, a resolver en términos de unos datos D. En el caso iterativo, la solución para P se obtiene planteándose un problema distinto y más sencillo p, en términos de unos datos también distintos y más pequeños d. Resuelto p y aplicado sobre datos de tipo d un cierto número de veces n, se resuelve el problema original P sobre los datos D.

Un ejemplo de este tipo de razonamiento lo proporciona el cálculo de la potencia n-ésima de un número. Se trata de calcular a^n. Este sería el problema P. Los datos

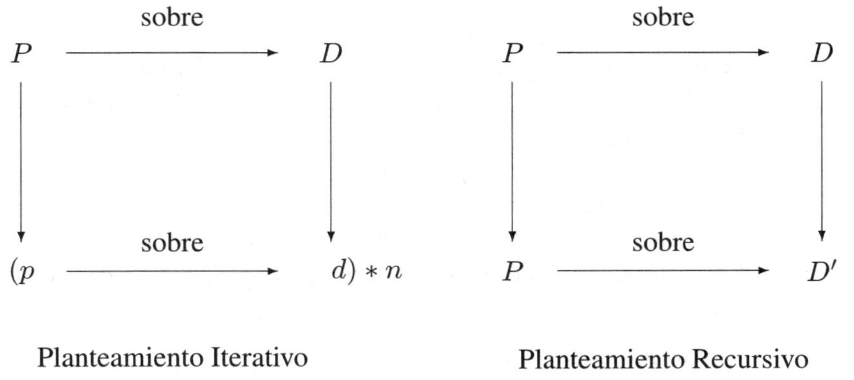

Figura 3.1. Planteamientos iterativo y recursivo en el diseño de programas

D de partida los constituye la pareja $\langle a, n\rangle$. El problema p consiste, en este caso, en multiplicar dos números x y a. El primero se supone inicializado a 1 y su intención es acumular el producto de a-es. Nótese que el problema p (multiplicación de dos números) es de distinta naturaleza al problema P (elevar un número a un exponente). Repitiendo el problema p exactamente n veces, se consigue solucionar el problema P. En total, hay involucrados dos problemas distintos, P y p, y dos tipos de datos, D y d, en general distintos.

El razonamiento recursivo procede de un modo muy diferente. La pregunta que se hace el diseñador es si sería posible resolver P sobre los datos D suponiendo que P ya está resuelto para otros datos D', del mismo tipo que D y en algún sentido más sencillos. Es decir, se trata de encontrar una *relación de recurrencia* en los datos del problema que permita calcular la solución pedida *recurriendo* a la solución para datos más simples. Importante en este planteamiento es que D y D' sean *del mismo tipo* y que D' sea, en un sentido bien definido, *más pequeño* que D. Se observa que, en un primer nivel de análisis, hay involucrados un solo problema P y un solo tipo de datos. Se precisan por tanto menos elementos que en el caso iterativo.

La aplicación al problema de la exponenciación es simple: suponiendo que ya sabemos calcular a^{n-1}, resolver el problema original a^n resulta inmediato. Basta con multiplicar el resultado de elevar a a $n-1$ por a, para obtener la solución de a elevado a n. Nótese que el par $\langle a, n-1\rangle$ es del mismo tipo que $\langle a, n\rangle$ e, intuitivamente, el problema $\langle a, n-1\rangle$ es más sencillo que el problema $\langle a, n\rangle$.

El mismo razonamiento que conduce a resolver D en términos de D' podría aplicarse a su vez para resolver D' en términos de unos datos D'' aun más pequeños. Se forma así una sucesión $D > D' > D'' > \cdots$ de datos cada vez más pequeños. Para que el razonamiento sea correcto (y para que el programa recursivo correspondiente termine), se requiere que la sucesión no sea infinita. Se llegará entonces a unos datos

D_t lo suficientemente sencillos como para que P pueda ser resuelto directamente sin recurrir a soluciones de P para otros datos. Diremos entonces que D_t es un *caso trivial*. Cuando D no es lo suficientemente simple, diremos que es un caso recursivo o *no trivial*.

El aspecto de un programa recursivo es un reflejo de este análisis: habrá una o más instrucciones condicionales dedicadas a separar los tratamientos correspondientes al caso (o casos) trivial(es) de los correspondientes al caso (o casos) no trivial(es). Los primeros tienen el aspecto de un programa convencional mientras que, en los segundos, se pueden distinguir las siguientes partes:

- Primero se calculará el *sucesor* D' de D. También diremos que se produce una *descomposición* recursiva de los datos D para obtener los datos más sencillos D'. A veces nos referiremos a D' diciendo que es un *subproblema* de D.
- A continuación, se produce una llamada recursiva para obtener la solución al subproblema D'.
- Finalmente, se opera sobre los resultados obtenidos para D' a fin de calcular la solución para D.

Si hubiera varias llamadas recursivas, la situación es más complicada, ya que puede ocurrir que los resultados de un subproblema se utilicen para decidir y calcular cuál va a ser el siguiente subproblema a resolver.

En este punto necesitamos introducir algunos convenios de notación. Los lenguajes imperativos poseen numerosas construcciones que los hacen inconvenientes para iniciarse con ellos a la recursividad. Por ello, nos restringiremos de momento a un lenguaje funcional puro —aunque sin numerosas características presentes en este tipo de lenguajes— que será suficiente para desarrollar los ejemplos de este capítulo y razonar cómodamente sobre su corrección. Comparado con un lenguaje imperativo convencional, hay muchas construcciones de las que prescindiremos:

- El concepto de procedimiento o acción y el de parámetros de entrada/salida.
- Las instrucciones iterativas.
- La composición secuencial de instrucciones.
- La instrucción de asignación.
- Las instrucciones de entrada/salida.

El lector puede preguntarse si, después de eliminar todas estas instrucciones, queda todavía algo con lo que construir programas. Afortunadamente así es, pues el lenguaje tendrá la posibilidad de definir e invocar funciones, de escribir instrucciones condicionales y expresiones y de utilizar la recursividad.

Al final del Capítulo 4, una vez conocidas las técnicas para razonar formalmente sobre programas iterativos, se explicará cómo combinar aquellas con las que daremos aquí para programas recursivos. De esta forma, se podrá razonar sobre programas que mezclen construcciones imperativas y recursivas (véase la Sección 4.4).

Sintaxis del lenguaje recursivo

En la tabla 3.1 se muestra la sintaxis del lenguaje *LR*, que emplearemos para el diseño recursivo de programas. Como es habitual, esta sintaxis habría de completarse con detalles semánticos como la precedencia de los operadores, la compatibilidad de tipos y otros, que daremos por supuestos.

$Prog$	$::=$	**fun** $id\,(ParForm)$ **dev** $(ParForm) = Exp$ **ffun**
$ParForm$	$::=$	$id : id\,\{; id : id\}^*$
Exp	$::=$	$Const \mid id \mid Tupla \mid id\,(ParAct) \mid [Exp]\; Op\; Exp \mid$ $Condic \mid DecLoc \mid (Exp)$
$ParAct$	$::=$	$Exp\,\{, Exp\}^*$
$Tupla$	$::=$	$\langle Exp\,\{, Exp\}^* \rangle$
Op	$::=$	$+ \mid - \mid * \mid / \mid \neg \mid \wedge \mid \vee \mid > \mid \geq \mid \cdots$
$Const$	$::=$	La sintaxis habitual para las constantes
$Condic$	$::=$	**caso** $Exp \rightarrow Exp\,\{\, \Box\, Exp \rightarrow Exp\}^*$ **fcaso**
$DecLoc$	$::=$	**sea** $id = Exp\,\{, id = Exp\}^*$ **en** Exp

Tabla 3.1. Lenguaje recursivo *LR*

El no terminal id tiene la sintaxis normal de los identificadores y aquí se utiliza para nombrar funciones, parámetros formales, tipos de datos y variables.

El cambio más importante con respecto a los lenguajes imperativos es que, en el lenguaje *LR*, no hay instrucciones en el sentido de órdenes que han de ser seguidas secuencialmente por un computador. En su lugar hay expresiones. Una función se define mediante una expresión. La instrucción condicional de los lenguajes imperativos se convierte aquí en una expresión. Explicamos a continuación la semántica operacional del lenguaje *LR*.

El resultado de invocar a una función es una tupla de valores, tantos como parámetros formales tenga la función en la cláusula **dev** . En general, admitiremos tuplas de expresiones de la forma $\langle E_1, \ldots, E_n \rangle$, para poder construir expresiones que devuelvan tuplas de valores.

Un condicional está formado por un conjunto de alternativas de la forma $B_i \rightarrow E_i$ separadas entre sí por el símbolo $\Box$, donde las B_i son expresiones de tipo booleano y las E_i expresiones todas ellas del mismo tipo. La ejecución de un condicional comienza evaluando todas las expresiones booleanas. Si ninguna, o más de una, resultan ciertas, el resultado del condicional es indefinido y el programa aborta su ejecución. Si sólo una B_j resulta cierta, se evalúa la expresión E_j correspondiente y el valor obtenido es el resultado del condicional.

En ocasiones, una expresión E ha de aparecer repetidas veces como subexpresión de otra expresión más compleja E'. Para evitar su escritura repetida y, más importante, para evitar su evaluación repetida en tiempo de ejecución, se introduce en *LR* el concepto de *declaración local*. Con la sintaxis **sea** $x = E$ **en** $E'(x)$, se indica que la expresión E sólo se evalúa una vez, que llamamos x al resultado de su evaluación, y que dicho valor puede aparecer repetidas veces en la expresión E'. Se permite introducir varios nombres locales en una declaración de la forma

sea $x_1 = E_1, \ldots, x_n = E_n$ **en** $E(x_1, \ldots, x_n)$

siempre que las x_i sean nombres distintos. Sin embargo, se admite que una expresión E_j dependa de un nombre local x_i con $i < j$, previamente calculado.

Veamos el aspecto del programa que calcula la potencia n-ésima de un número, escrito en *LR*:

fun $potencia\ (a : entero; n : natural)$ **dev** $(p : entero) =$
  caso $n = 0 \rightarrow 1$
  $\square$ $n > 0 \rightarrow a * potencia(a, n-1)$
  fcaso
ffun

Se observa claramente que la condición $n = 0$ identifica el caso trivial y que, en ese caso, la función puede calcular el resultado directamente, mientras que $n > 0$ identifica el caso no trivial en el que la función ha de recurrir al resultado de la propia función para datos más pequeños.

Terminología

Cuando una función recursiva genera a lo sumo una llamada interna por cada llamada externa, diremos que es una función recursiva *lineal* o recursiva *simple*. Cuando genera dos o más llamadas internas por cada llamada externa diremos que es recursiva *no lineal* o recursiva *múltiple*. Nótese que se trata de una distinción *dinámica*. Podría ocurrir que en el texto de una función recursiva lineal aparecieran varias llamadas recursivas, cada una en una alternativa diferente de una instrucción condicional. La recursividad seguiría siendo lineal ya que, en tiempo de ejecución, las alternativas son mutuamente excluyentes y a lo sumo se produciría una invocación (ver el ejemplo de la *búsqueda dicotómica* en la Sección 3.3.3). La función *potencia* definida más arriba es un ejemplo de recursividad lineal.

Un ejemplo de recursividad múltiple lo proporciona el siguiente problema: queremos sumar los elementos de un vector de enteros $a[1..n]$, siendo $n \geq 0$. Construiremos una función más general que sume los elementos de a desde una posición i hasta otra posición j, ambas inclusive. Claramente, el problema original puede resolverse llamando a esta función con 1 para el valor de i y n para el valor de j (esta técnica de generalizar una función se denomina *inmersión* y será tratada ampliamente en la Sección 3.4). Admitiremos que pueda ser $i > j$ (se trataría de sumar una sección vacía de a), lo que además nos proporciona un caso trivial (la suma de una sección vacía es igual a 0). Otro caso trivial lo proporciona la condición $i = j$ ya que, en ese caso, la suma coincide con el valor del único elemento. La estrategia de diseño para el caso no trivial es la siguiente: dividamos la sección $a[i..j]$ en dos mitades, sumemos cada una por separado (realizando sendas llamadas recursivas) y sumemos ambos resultados. La realización en *LR* de este diseño es el siguiente programa:

fun $suma\ (a : vect; i, j : entero)$ **dev** $(s : entero)$ $=$
  caso $i > j \rightarrow 0$
  $\square$ $i = j \rightarrow a[i]$
  $\square$ $i < j \rightarrow$ **sea** $m = (i + j)$ **div** 2 **en**
      $suma(a, i, m) + suma(a, m + 1, j)$
  fcaso
ffun

El resto del capítulo lo dedicamos a tratar la recursividad lineal por ser un caso muy frecuente y más simple de presentar. Gran parte de lo que aquí se dice se generaliza con bastante facilidad al caso de recursividad múltiple.

Para razonar sobre la corrección de una función recursiva lineal, utilizaremos el esquema de programa de la figura 3.2.

$\{Q(\overline{x})\}$
fun $f\ (\overline{x} : T_1)$ **dev** $(\overline{y} : T_2)$ $=$
  caso $B_t(\overline{x}) \rightarrow triv(\overline{x})$
  $\square$ $B_{nt}(\overline{x}) \rightarrow c(f(s(\overline{x})), \overline{x})$
  fcaso
ffun
$\{R(\overline{x}, \overline{y})\}$

Figura 3.2. Función recursiva lineal

Los parámetros formales $\overline{x}$ y $\overline{y}$ han de entenderse como tuplas $x_1, \ldots, x_n$ e $y_1, \ldots, y_m$ respectivamente. Las expresiones booleanas B_t y B_{nt} distinguen, respectivamente, si el problema $\overline{x}$ es trivial o no. Obviamente, ha de cumplirse $B_t(\overline{x}) \wedge B_{nt}(\overline{x}) \equiv falso$, para todo $\overline{x}$ que satisfaga la precondición $Q(\overline{x})$.

La función $triv : T_1 \longrightarrow T_2$ calcula la solución de f cuando $\overline{x}$ es trivial. La función $s : T_1 \longrightarrow T_1$ es la función *sucesor* que realiza la descomposición recursiva de los datos $\overline{x}$, calculando el subproblema $\overline{x}'$ de $\overline{x}$ al cual se aplica la invocación recursiva de f. El resultado devuelto por f se combina con (parte de) los propios parámetros de entrada $\overline{x}$ mediante la función $c : T_2 \times T_1 \longrightarrow T_2$, de *combinar*, que devuelve la solución de f en el caso no trivial. Finalmente, $R(\overline{x}, \overline{y})$ es la postcondición de f que, como se explicó en la Sección 2.3, establece la relación que ha de cumplirse entre los parámetros de entrada $\overline{x}$ y los resultados $\overline{y}$.

Cuando la función c no es necesaria, es decir, cuando $f(\overline{x}) = f(s(\overline{x}))$ en el caso no trivial, diremos que f es *recursiva final*, o bien que es un caso de *recursividad final*[1]. En caso contrario, diremos que f es *recursiva no final*[2]. Las funciones recursivas finales son, por lo general, más eficientes (en la constante multiplicativa en cuanto al tiempo, y en orden de complejidad en cuanto al espacio de memoria) que las recursivas no finales. Como veremos en la Sección 3.6, su transformación a iterativo da lugar a un programa con un solo bucle, mientras que las recursivas no finales, en el caso general, dan lugar a dos bucles. En la Sección 3.5 veremos que, bajo ciertas condiciones, una función recursiva no final puede transformarse mecánicamente a otra recursiva final equivalente.

Un ejemplo de función recursiva final lo proporciona el Algoritmo de Euclides para calcular el máximo común divisor de dos números. Si a y b son dos enteros no negativos, el máximo común divisor de ambos coincide con el del menor de ellos y el resto de dividir el mayor entre el menor. Se excluye el caso $a = b = 0$ en que no está definido $mcd(a, b)$ y aceptamos que $mcd(a, 0) = a$ y $mcd(0, b) = b$. Explotando estas propiedades aritméticas, se puede escribir el siguiente programa recursivo final:

$\{a \geq 0 \wedge b \geq 0 \wedge \neg(a = 0 \wedge b = 0)\}$
fun $maxcd\ (a, b : entero)$ **dev** $(m : entero) =$
  caso $b = 0 \quad \rightarrow a$
  $\square \quad a = 0 \quad \rightarrow b$
  $\square \quad a \geq b \wedge b \neq 0 \quad \rightarrow maxcd(b, a\ \mathbf{mod}\ b)$
  $\square \quad b > a \wedge a \neq 0 \quad \rightarrow maxcd(a, b\ \mathbf{mod}\ a)$
  fcaso
ffun
$\{m = mcd(a, b)\}$

[1]En inglés, *tail recursion*. El autor prefiere el término propuesto a la traducción *recursividad de cola* empleada por otros colegas.

[2]En inglés, *nontail recursive function*.

En realidad, el algoritmo original de Euclides empleaba restas en lugar de divisiones, explotando la propiedad $mcd(a, b) = mcd(a - b, b)$ cuando $a > b$ y ambos son distintos de 0. Su realización en *LR* da lugar también a una función recursiva final:

$\{a > 0 \wedge b > 0\}$
fun $maxcd\ (a, b : entero)$ **dev** $(m : entero) =$
  caso $a = b \rightarrow a$
  $\square$ $a > b \rightarrow maxcd(a - b, b)$
  $\square$ $b > a \rightarrow maxcd(a, b - a)$
  fcaso
ffun
$\{m = mcd(a, b)\}$

3.2 INDUCCIÓN NOETHERIANA

En esta sección se establecen los principios en los que se basa la demostración de la corrección de una función recursiva. Dada una especificación formal de la forma

$\{Q(\overline{x})\}$
fun $f\ (\overline{x} : T_1)$ **dev** $(\overline{y} : T_2)$
$\{R(\overline{x}, \overline{y})\}$

verificar la corrección de f equivale a demostrar la validez del siguiente predicado:

$$\forall \overline{x} \in \mathcal{D}_{T_1}.Q(\overline{x}) \rightarrow R(\overline{x}, f(\overline{x}))$$

es decir, los valores devueltos por f satisfacen la postcondición siempre que los parámetros de entrada satisfagan la precondición.

Como quiera que el dominio $\mathcal{D}_{T_1}$ será normalmente infinito, o desmesuradamente grande, no podemos proceder estudiando todos los casos. Hemos de encontrar un modo finito de realizar la demostración. Sabiendo además que f es recursiva, la corrección de una llamada a f con cierto valor $\overline{x}$ del dominio se ha de basar forzosamente en la corrección de f para otros valores $\overline{x}'$ del dominio. Este razonamiento, para que no sea circular, exige realizar algún tipo de inducción sobre los valores del conjunto $\mathcal{D}_f = \{\overline{x} \in \mathcal{D}_{T_1} \mid Q(\overline{x})\}$. La inducción que se necesita es una generalización del principio de inducción sobre los naturales, que recibe el nombre de *inducción noetheriana*. Para poderla aplicar, primeramente hay que convertir el dominio $\mathcal{D}_f$ en un *preorden bien fundado* $(\mathcal{D}_f, \preceq)$, dotándole de una relación de preorden $\preceq$ adecuada. A continuación, se presentan los conceptos necesarios sobre preórdenes bien fundados e inducción noetheriana. En la Sección 3.3 se aplican dichos conceptos a la verificación formal de funciones recursivas lineales.

Definición 3.1.

Dado un conjunto $\mathcal{D}$, una relación binaria en $\mathcal{D}$, $\preceq \subseteq \mathcal{D} \times \mathcal{D}$ se dice que es un *preorden* sobre $\mathcal{D}$, si es reflexiva y transitiva. Es decir,

reflexiva $\forall x \in \mathcal{D}. x \preceq x$
transitiva $\forall x, y, z \in \mathcal{D}. x \preceq y \wedge y \preceq z \rightarrow x \preceq z$

Si $\preceq$ es un preorden en $\mathcal{D}$, llamaremos también preorden al par $(\mathcal{D}, \preceq)$.

Un preorden carece, en general, de la propiedad antisimétrica, es decir, puede ocurrir que $x \preceq y$ e $y \preceq x$ sin tener por qué cumplirse $x = y$. Cuando un preorden cumple además la propiedad antisimétrica, se dice que es un *orden parcial*.

Ejercicio 3.1.

Si $\mathcal{D}$ es el conjunto de las cadenas finitas de caracteres, demostrar que la relación $\preceq_{long}$ definida por

$$c_1 \preceq_{long} c_2 \stackrel{\text{def}}{=} longitud(c_1) \leq longitud(c_2)$$

es un preorden pero no es un orden parcial. ■

Definición 3.2.

Dado un preorden $(\mathcal{D}, \preceq)$, definimos a partir de $\preceq$ una relación $\prec$, que llamaremos *preorden estricto*, del modo siguiente:

$$x \prec y \stackrel{\text{def}}{=} x \preceq y \wedge \neg(y \preceq x)$$

Ejercicio 3.2.

Demostrar que la relación $\prec$ así definida es transitiva y antirreflexiva, es decir, cumple $\forall x \in \mathcal{D}. \neg(x \prec x)$. ■

Definición 3.3.

Dado un preorden $(\mathcal{D}, \preceq)$, se dice que un elemento $m \in \mathcal{D}$ es *minimal* en $\mathcal{D}$ si no tiene predecesores estrictos, es decir

$$m \text{ es minimal en } \mathcal{D} \stackrel{\text{def}}{=} \neg(\exists x \in \mathcal{D}. x \prec m)$$

Los elementos minimales, si existen, no tienen por qué ser únicos.

Ejercicio 3.3.

Dar dos ejemplos de preórdenes, uno en el que no existan elementos minimales y otro en el que exista más de uno. ■

Definición 3.4.

Un preorden $(\mathcal{D}, \preceq)$ se dice que es *bien fundado*, abreviado $(\mathcal{D}, \preceq)$ es un *pbf*, si no existen en $\mathcal{D}$ sucesiones infinitas estrictamente decrecientes, es decir, sucesiones de la forma $\{x_i\}_{i\in\mathcal{N}}$ tales que $\forall i \in \mathcal{N}.x_{i+1} \prec x_i$.

Los siguientes son ejemplos de *pbf*'s:

1. Los naturales $\mathcal{N}$ con la relación $\leq$ habitual.
2. Las cadenas de caracteres con la relación $\preceq_{long}$ del ejercicio 3.1.
3. Las cadenas de caracteres con la relación $\preceq_{lex}$ que establece el orden lexicográfico.
4. $(\mathcal{P}(\mathcal{A}), \subseteq)$, es decir, partes finitas de $\mathcal{A}$ con la relación de inclusión, siendo $\mathcal{A}$ cualquier conjunto.
5. Cualquier conjunto finito $\mathcal{A}$, con una relación $\preceq$ de preorden.

Los siguientes son ejemplos de preórdenes que no son bien fundados:

1. $(\mathcal{Z}, \leq)$, siendo $\mathcal{Z}$ los enteros y $\leq$ la relación habitual
2. $([0,1] \subset \mathcal{R}, \leq)$, siendo $\mathcal{R}$ los reales y $\leq$ la relación habitual
3. $(\mathcal{N} \times \mathcal{N}, \preceq)$, donde $(a', b') \preceq (a, b) \stackrel{\text{def}}{=} (b' - a') \leq_{\mathcal{Z}} (b - a)$

Ejercicio 3.4.

Demostrar que la relación $\preceq$ del último ejemplo es un preorden. Encontrar una sucesión infinita estrictamente decreciente a partir del elemento $(0, 0)$. ■

Ejercicio 3.5.

Demostrar que una condición necesaria y suficiente para que $(\mathcal{D}, \preceq)$ sea un *pbf* es que en todo subconjunto no vacío de $\mathcal{D}$ exista al menos un elemento minimal del subconjunto. ■

El *pbf* más conocido son los naturales. En muchas ocasiones es posible dotar a un conjunto de una relación de preorden, estableciendo una aplicación con un preorden conocido, por ejemplo, con los naturales. El siguiente teorema nos permite construir *pbf*'s a partir de uno dado.

Teorema 3.1.

Si $(\mathcal{D}_2, \preceq_2)$ es un *pbf*, $\mathcal{D}_1$ un conjunto, $f : \mathcal{D}_1 \longrightarrow \mathcal{D}_2$ una aplicación y $a, b \in \mathcal{D}_1$, definimos

$$a \preceq_1 b \stackrel{\text{def}}{=} f(a) \preceq_2 f(b)$$

Entonces, $(\mathcal{D}_1, \preceq_1)$ es un *pbf*.

Demostración: Sigue los siguientes pasos:

1. $\preceq_1$ es una relación de preorden (trivial)
2. $\forall a, b \in \mathcal{D}_1 . a \prec_1 b \equiv f(a) \prec_2 f(b)$ (hacerlo)
3. En $\mathcal{D}_1$ no puede haber una sucesión infinita $\{x_i\}_{i \in \mathcal{N}}$ estrictamente decreciente porque, en ese caso, la sucesión $\{f(x_i)\}_{i \in \mathcal{N}}$ en $\mathcal{D}_2$ sería estrictamente decreciente e infinita, en contradicción con que $(\mathcal{D}_2, \preceq_2)$ es un *pbf*. ■

Ejemplo 3.1.

Queremos convertir el conjunto $\mathcal{N} \times \mathcal{N}$ de las parejas de naturales en un *pbf*. Hay muchas maneras de hacerlo. Al menos, tantas como aplicaciones $f : \mathcal{N} \times \mathcal{N} \longrightarrow \mathcal{N}$ podamos construir. He aquí algunas de ellas:

1. $(a', b') \preceq_1 (a, b) \stackrel{\text{def}}{=} a' \leq a$
2. $(a', b') \preceq_2 (a, b) \stackrel{\text{def}}{=} b' \leq b$
3. $(a', b') \preceq_3 (a, b) \stackrel{\text{def}}{=} (a' + b') \leq (a + b)$
4. $(a', b') \preceq_4 (a, b) \stackrel{\text{def}}{=} max(a', b') \leq max(a, b)$

En cambio, no sería correcto definir

$$(a', b') \preceq_5 (a, b) \stackrel{\text{def}}{=} (a' - b') \leq (a - b)$$

ya que la resta no es una aplicación de $\mathcal{N} \times \mathcal{N}$ en $\mathcal{N}$. ■

Ejercicio 3.6.

Dar un ejemplo de elemento minimal para cada uno de los preórdenes del ejemplo 3.1. ¿En qué casos este elemento es único? ■

No siempre los *pbf*'s se construyen por medio de una aplicación a un *pbf* conocido. El orden lexicográfico es un ejemplo de ello.

Ejercicio 3.7 (Orden lexicográfico).

Demostrar que $\mathcal{N} \times \mathcal{N}$ con la siguiente relación $\preceq_{lex}$ es un *pbf*:

$$(a', b') \preceq_{lex} (a, b) \stackrel{\text{def}}{=} (a' < a) \vee (a' = a \wedge b' \leq b)$$

Razonar que, a diferencia de lo que ocurre en $\mathcal{N}$, es posible que un elemento de $\mathcal{N} \times \mathcal{N}$ tenga infinitos predecesores estrictos. Sin embargo no existen sucesiones infinitas estrictamente decrecientes. Dar un ejemplo de elemento minimal. ¿Es único? ■

Teorema 3.2 (Principio de inducción noetheriana).

También se le denomina *principio de inducción completa sobre preórdenes bien fundados*. Sea $(\mathcal{D}, \preceq)$ un *pbf* y $P(x)$ un predicado sobre los elementos x de $\mathcal{D}$. Si es posible demostrar que, siempre que todos los predecesores estrictos b de cualquier elemento a de $\mathcal{D}$ cumplen el predicado P, también lo cumple el propio a, entonces todos los elementos lo cumplen. Formalmente,

$$\frac{\forall a \in \mathcal{D}.(\forall b \in \mathcal{D}.b \prec a \rightarrow P(b)) \rightarrow P(a)}{\forall a \in \mathcal{D}.P(a)}$$

Nótese que, si a es un elemento minimal, el antecedente del condicional más externo del numerador es trivialmente cierto, lo que exige demostrar explícitamente $P(a)$. Podemos modificar la regla para desdoblar ambos casos:

$$\frac{\begin{array}{l}\forall a \in \mathcal{D}.(min(a) \rightarrow P(a)) \wedge \\ \quad (\neg min(a) \rightarrow ((\forall b \in \mathcal{D}.b \prec a \rightarrow P(b)) \rightarrow P(a)))\end{array}}{\forall a \in \mathcal{D}.P(a)}$$

donde $min(a)$ expresa que a es un elemento minimal.

Demostración: Supongamos que se cumple la hipótesis del teorema pero no la tesis, es decir, existen elementos de $\mathcal{D}$ que no cumplen la propiedad P. Sea $A = \{a \in \mathcal{D} \mid \neg P(a)\} \neq \emptyset$. Según el ejercicio 3.5, A tiene algún elemento minimal en A. Sea m uno de ellos. Todos los predecesores estrictos de m, si existen, están fuera de A. En ambos casos se cumple el antecedente del condicional de la hipótesis, es decir

$$\forall b \in \mathcal{D}.b \prec m \rightarrow P(b)$$

Por ser cierta la hipótesis, también se ha de cumplir $P(m)$, en contradicción con el hecho de que $m \in A$. Luego A ha de ser vacío y, por tanto, todos los elementos de $\mathcal{D}$ cumplen la propiedad. ■

La aplicación práctica del principio de inducción noetheriana sigue los pasos habituales de cualquier demostración por inducción:

Base de la inducción Demostrar $P(m)$ para todo elemento minimal m de $\mathcal{D}$.

Hipótesis de inducción Dado un $a \in \mathcal{D}$ no minimal, suponer que $P(b)$ se cumple para todo elemento $b \prec a$.

Paso de inducción Bajo la hipótesis de inducción, demostrar que se cumple $P(a)$.

Ejercicio 3.8.

Demostrar, usando la relación $\preceq_{long}$ del ejercicio 3.1, por inducción noetheriana, que todas las cadenas de caracteres tienen una longitud no negativa. ■

3.3 DISEÑO Y VERIFICACIÓN DE PROGRAMAS RECURSIVOS

Estamos ya en condiciones de abordar la construcción de programas recursivos, y de poder razonar formalmente sobre su corrección. En esta sección se presenta una técnica para el diseño sistemático de programas recursivos y para su verificación formal, y se ilustra con abundantes ejemplos. De momento seguimos restringiéndonos al caso de funciones recursivas lineales.

La secuencia que seguiremos en el desarrollo de un programa recursivo, y que recomendamos al lector en el desarrollo de los ejercicios o de sus propios programas, consta de los siguientes pasos:

1. Especificación formal del algoritmo
2. Análisis por casos
3. Composición
4. Verificación formal de la corrección
5. Estudio de la eficiencia

De estas cinco etapas, la primera y la última ya han sido estudiadas en capítulos precedentes. La especificación mediante predicados es aplicable indistintamente a algoritmos recursivos o iterativos y fue presentada en el Capítulo 2. El estudio de la eficiencia se reduce a elegir la magnitud que mide el tamaño del problema, escribir la recurrencia asociada al programa recursivo y copiar la solución que para ella se dio en la Sección 1.5, ya que allí se resolvieron la práctica totalidad de las recurrencias que van a aparecer en los ejemplos de este libro. Nos centraremos entonces en el estudio de las otras tres etapas.

3.3.1 Análisis por casos y composición

Esta es la etapa más creativa del diseño. Se trata de estudiar cómo se pueden descomponer recursivamente los datos del problema, de forma que se pueda calcular fácilmente la solución pedida a partir de la solución al propio problema para datos más pequeños. Puede ocurrir que haya más de una forma de hacerlo, en cuyo caso el diseñador escogerá normalmente la que conduce a la solución más eficiente. Como se dijo en la Sección 1.5, la solución más eficiente se alcanza casi siempre escogiendo la descomposición recursiva que más drásticamente reduce el tamaño del problema.

Una vez está clara la idea directriz del diseño, se analizan los casos que se pueden presentar a la función, identificando bajo qué condiciones el problema ha de considerarse no trivial y cuál ha de ser la solución a aplicar en ese caso, y bajo qué condiciones el problema ha de considerarse trivial y cómo ha de resolverse entonces.

Todavía estamos en una etapa informal del diseño y no necesitamos ser precisos del todo. Podemos expresar el resultado de este análisis en una tabla de doble entrada con el siguiente aspecto:

Condición de caso trivial	Solución al caso trivial
Condición de caso no trivial	Solución al caso no trivial

Así, en el ejemplo de la potencia n-ésima de la Sección 3.1, el análisis por casos realizado es el siguiente:

$n = 0$	a^n es trivial y vale 1
$n > 0$	$a^n = a * a^{n-1}$

A veces, la tabla es más compleja debido a que, para decidir el (los) caso(s) trivial(es) y el (los) no trivial(es), hay que comprobar varias condiciones encadenadas. Un posible aspecto de este tipo de tabla sería:

B_1	B_{11}	Solución al caso trivial 1
	B_{12}	Solución al caso no trivial 1
B_2	B_{21}	Solución al caso trivial 2
	B_{22}	Solución al caso no trivial 2

El lector puede realizar los análisis por casos correspondientes a los otros dos ejemplos presentados en la Sección 3.1: la suma de los elementos de un vector y el cálculo del máximo común divisor.

Aunque después se verificará formalmente el diseño, hay dos comprobaciones importantes que deben realizarse en esta etapa:

- Asegurarse informalmente de que la reducción aplicada al problema en el caso no trivial conduce a problemas cada vez más pequeños que necesariamente han de terminar en el caso trivial.

- Asegurarse de que entre el (los) caso(s) trivial(es) y el (los) no trivial(es) se han cubierto todos los estados previstos por la precondición.

Así, en el ejemplo de la potencia n-ésima, las comprobaciones informales consisten en:

- Si $n > 0$, al restar 1 a n terminaremos forzosamente en el caso $n = 0$.
- $n = 0$, junto con $n > 0$, cubren todos los estados previstos por $n \geq 0$.

La etapa de *composición* consiste tan sólo en expresar, en forma de programa *LR*, el resultado del análisis por casos. Se trata de una mera codificación en la que se hacen precisas las condiciones y las soluciones contenidas en la tabla construida durante el análisis por casos. Las únicas consideraciones importantes en esta etapa son:

- Asegurarse de que las condiciones de las instrucciones condicionales son mutuamente excluyentes.
- Introducir declaraciones locales para evitar calcular repetidas veces la misma expresión.

3.3.2 Corrección y coste de programas recursivos

Como se adelantó en la Sección 3.2, verificar la correción de una función recursiva f equivale a demostrar la veracidad de la fórmula

$$\forall \overline{x} \in \mathcal{D}_{T_1}.Q(\overline{x}) \rightarrow R(\overline{x}, f(\overline{x}))$$

Llamando $\mathcal{D}_f$ al conjunto $\{\overline{x} \in \mathcal{D}_{T_1} \mid Q(\overline{x})\}$, la fórmula es equivalente a

$$\forall \overline{x} \in \mathcal{D}_f.R(\overline{x}, f(\overline{x})) \tag{3.1}$$

Si dotamos a $\mathcal{D}_f$ de una relación de preorden $\preceq$ de forma que $(\mathcal{D}_f, \preceq)$ sea un *pbf*, la demostración de 3.1 puede hacerse por inducción noetheriana del modo siguiente:

- Demostrar 3.1 para los elementos minimales $\overline{x}$ de $\mathcal{D}_f$.
- Si $\overline{x}$ no es minimal, demostrar 3.1 suponiendo que 3.1 se cumple para todos los elementos $\overline{x}'$. estrictamente más pequeños que $\overline{x}$

Si f es la función recursiva lineal de la figura 3.2, se requieren algunas condiciones técnicas para que la anterior demostración por inducción sea válida:

1. La función f ha de estar bien definida dentro del dominio $\mathcal{D}_f$. Ello equivale a decir que la instrucción condicional no aborta en los estados que satisfacen $Q(\overline{x})$, es decir, $Q(\overline{x}) \Rightarrow B_t(\overline{x}) \vee B_{nt}(\overline{x})$.
2. La función f es invocada siempre en estados que satisfacen su precondición. Es decir, $Q(\overline{x}) \wedge B_{nt}(\overline{x}) \Rightarrow Q(s(\overline{x}))$.

3. La llamada interna a f se realiza con parámetros estrictamente más pequeños que $\overline{x}$, con respecto a la relación de preorden $\preceq$ bajo la cual $\mathcal{D}_f$ es un *pbf*. O sea, $Q(\overline{x}) \wedge B_{nt}(\overline{x}) \Rightarrow s(\overline{x}) \prec \overline{x}$.
4. Los elementos minimales de $(\mathcal{D}_f, \preceq)$ se encuentran incluidos en el caso trivial de f, es decir, en los estados que satisfacen $Q(\overline{x}) \wedge B_t(\overline{x})$. En realidad, si el punto 3 está bien demostrado, no hace falta demostrar nada adicional aquí, ya que, si $s(\overline{x})$ está bien definido cuando $Q(\overline{x}) \wedge B_{nt}(\overline{x})$ y se cumple el punto 1, los elementos minimales estarán forzosamente en los estados $Q(\overline{x}) \wedge B_t(\overline{x})$.

Frecuentemente usaremos una función $t : \mathcal{D}_f \longrightarrow \mathcal{N}$ para inducir en $\mathcal{D}_f$ una estructura de *pbf*, según se vio en el teorema 3.1. Llamaremos a t *función limitadora* porque, para un $\overline{x}_{inic}$ dado, el valor $t(\overline{x}_{inic})$ significa intuitivamente una cota superior al número de llamadas recursivas que se generan a partir de $f(\overline{x}_{inic})$. Una vez definida t, la demostración de 3 es equivalente a

$$Q(\overline{x}) \wedge B_{nt}(\overline{x}) \Rightarrow t(s(\overline{x})) < t(\overline{x})$$

Como $\mathcal{D}_f \subseteq \mathcal{D}_{T_1}$, lo más cómodo será definir $t : \mathcal{D}_{T_1} \longrightarrow \mathcal{Z}$, siendo $\mathcal{Z}$ los enteros. Entonces habrá que demostrar que el rango de t son los naturales cuando su dominio se restringe a $\mathcal{D}_f$, es decir,

$$Q(\overline{x}) \Rightarrow t(\overline{x}) \geq 0$$

Resumiendo, los cinco puntos a demostrar para verificar la corrección de una función recursiva f con la estructura de la figura 3.2 se recogen en la tabla 3.2.

1. $Q(\overline{x}) \Rightarrow B_t(\overline{x}) \vee B_{nt}(\overline{x})$
2. $Q(\overline{x}) \wedge B_{nt}(\overline{x}) \Rightarrow Q(s(\overline{x}))$
3. $Q(\overline{x}) \wedge B_t(\overline{x}) \Rightarrow R(\overline{x}, triv(\overline{x}))$. (Base de la inducción)
4. $Q(\overline{x}) \wedge B_{nt}(\overline{x}) \wedge R(s(\overline{x}), \overline{y}') \Rightarrow R(\overline{x}, c(\overline{y}', \overline{x}))$. (Paso de inducción, donde $R(s(\overline{x}), \overline{y}')$ representa la hipótesis de inducción)
5. Encontrar $t : \mathcal{D}_{T_1} \longrightarrow \mathcal{Z}$ tal que $Q(\overline{x}) \Rightarrow t(\overline{x}) \geq 0$. (Definición de la estructura de *pbf*)
6. $Q(\overline{x}) \wedge B_{nt}(\overline{x}) \Rightarrow t(s(\overline{x})) < t(\overline{x})$. (El tamaño de los subproblemas decrece estrictamente)

Tabla 3.2. Puntos a demostrar para verificar la corrección de f

En las demostraciones de los ejemplos emplearemos frecuentemente la notación de la definición 2.14. Así, usaremos $Q_{\overline{x}}^{s(\overline{x})}$ como sinónimo de $Q(s(\overline{x}))$, y $R_{\overline{x},\overline{y}}^{s(\overline{x}),\overline{y}'}$ como sinónimo de $R(s(\overline{x}), \overline{y}')$.

Aparentemente, el trabajo a realizar es muy grande. Veremos, sin embargo, que la mayoría de estas demostraciones son triviales. Estudiemos la corrección del ejemplo de la potencia n-ésima de la Sección 3.1. Observando la estructura del programa de la página 60 se obtienen las siguientes equivalencias:

$$\begin{array}{rclrcl}
\overline{x} & \equiv & (a,n) & B_t(a,n) & \equiv & n=0 \\
\overline{y} & \equiv & p & B_{nt}(a,n) & \equiv & n>0 \\
Q(a,n) & \equiv & n \geq 0 & s(a,n) & \equiv & (a,n-1) \\
R((a,n),p) & \equiv & p=a^n & triv(a,n) & \equiv & 1 \\
c(p',(a,n)) & \equiv & a*p' & & &
\end{array}$$

La elección de la función limitadora es obvia en este caso: emplearemos el propio exponente n, es decir, $t(a,n) \stackrel{\text{def}}{=} n$. Sustituyendo estas equivalencias en el esquema genérico de la tabla 3.2 se obtiene:

1. $n \geq 0 \Rightarrow n = 0 \vee n > 0$
2. $n \geq 0 \wedge n > 0 \Rightarrow (n-1) \geq 0$
3. $n \geq 0 \wedge n = 0 \Rightarrow 1 = a^n$
4. $n \geq 0 \wedge n > 0 \wedge p' = a^{n-1} \Rightarrow a * p' = a^n$
5. $n \geq 0 \Rightarrow n \geq 0$
6. $n \geq 0 \wedge n > 0 \Rightarrow n - 1 < n$

Como se aprecia, en este caso todas las implicaciones son triviales. También se aprecia que la clave del éxito al aplicar esta técnica se halla en ser cuidadosos con las sustituciones. Para facilitar las cosas, hemos venido empleando sistemáticamente, y seguiremos haciéndolo, las variables con *prima* (p.e. p', $\overline{x}'$, $\overline{y}'$, etc.) para referirnos a los parámetros y resultados de la llamada interna o *sucesora*, y las variables sin prima para referirnos a los parámetros y resultados de la llamada externa o *en curso*.

Para completar este ejemplo nos ocuparemos del análisis de su eficiencia asintótica. Los pasos a seguir son, como ya se ha dicho:

1. Elección del tamaño del problema. En este caso elegimos el exponente n ya que, obviamente, es el que determina el número total de llamadas recursivas generadas. Sea $T(n)$ la función que mide el tiempo de ejecución de la función *potencia*.
2. En el caso recursivo, se genera una sola llamada, siendo constante el coste del resto de las operaciones, es decir, $T(n) = T(n-1) + K$.
3. La solución de esta recurrencia (véase la Sección 1.5) es $T(n) \in \Theta(n)$. Es decir, la función *potencia* tiene coste lineal.

Ejercicio 3.9.

Analizar la corrección y el coste de la función *maxcd* de la página 62 que calcula el máximo común divisor de dos números. Estudiar también la versión que realiza restas en lugar de divisiones. ¿Que función t escogerías para convertir en *pbf* el conjunto $\mathcal{N} \times \mathcal{N}$? ¿Hay más de una alternativa? ¿Qué dificultad se presenta al elegir el tamaño del problema? ■

Ejercicio 3.10.

A pesar de no ser una función recursiva lineal, analizar la corrección y el coste de la función *suma* definida en la página 61. ¿Encuentras alguna dificultad especial al aplicar los puntos de la tabla 3.2? ■

3.3.3 Ejemplos

La división entera

Diseñaremos una función recursiva que responda a la especificación del problema de la división entera dada en la página 47, es decir,

$$\begin{array}{l} \{Q \equiv (a \geq 0) \wedge (b > 0)\} \\ \textbf{fun}\ divide\ (a, b : entero)\ \textbf{dev}\ (q, r : entero) \\ \{R \equiv (a = b * q + r) \wedge (0 \leq r < b)\} \end{array} \qquad (3.2)$$

Este programa carece de interés práctico dado que hasta los computadores más sencillos incluyen una instrucción máquina para realizar la división. Sin embargo, tiene interés pedagógico al admitir varias soluciones de distinta eficiencia y, por otra parte, involucrar sólo conceptos elementales de aritmética.

La idea inicial del diseño es la siguiente: si el dividendo es mayor que el divisor, siempre podemos restar al primero el segundo, y calcular el cociente y el resto de dividir $a - b$ entre b. El resto obtenido ya nos vale como resto de a entre b y al cociente obtenido basta sumarle 1 para obtener el cociente de a entre b. Estamos usando la siguiente propiedad aritmética:

$$a > b \wedge a = b * q + r \Rightarrow a - b = b * (q - 1) + r \qquad (3.3)$$

Esta reducción del problema $\langle a, b \rangle$ al problema $\langle a - b, b \rangle$, conduce a problemas cada vez más pequeños hasta llegar a casos que tienen solución directa. Estos casos aparentemente son dos: $a = b$, cuya solución es $q = 1$ y $r = 0$, o bien $a < b$ cuya solución es $q = 0$ y $r = a$.

Es conveniente mantener al mínimo el número de casos triviales porque, en muchas ocasiones, el exceso de éstos conduce a soluciones incorrectas por estar indefinida la expresión $B_t(\overline{x})$ en estados permitidos por la precondición $Q(\overline{x})$. En este ejemplo no se produce esta situación, pero se ve que es posible asimilar el caso $a = b$

al caso no trivial, ya que la implicación 3.3 sigue siendo válida cuando $a = b$. Por minimalidad, nuestro análisis por casos conduce entonces a dos únicos casos:

$a < b$	$q = 0$ y $r = a$
$a \geq b$	$q = q' + 1$ y $r = r'$, siendo $\langle q', r' \rangle = divide(a - b, b)$

El programa resultante de este análisis puede verse en la figura 3.3.3.

```
fun divide (a, b : entero) dev (q, r : entero) =
   caso  a < b →⟨0, a⟩
   □     a ≥ b →sea ⟨q', r'⟩ = divide(a − b, b)  en ⟨q' + 1, r'⟩
   fcaso
ffun
```

Figura 3.3. División entera mediante restas

Ejercicio 3.11.

Verificar formalmente este programa usando la técnica descrita en la tabla 3.2. Usar como función limitadora $t(a, b) = a$. ¿Se puede asegurar que decrece en cada llamada? ¿Qué ocurriría si se admitiera en la precondición estados en los que $b = 0$? ■

Realizaremos, para este (ineficiente y nada recomendable) programa, el estudio formal de su coste, ya que tiene cierto interés la elección del tamaño del problema. El lector atento quizás habrá advertido que hay una relación entre la magnitud que mide el tamaño del problema y la función limitadora t que induce el preorden bien fundado en el dominio de los parámetros de entrada. La similitud no es casual ya que, cuando el coste resulta lineal, ambas magnitudes miden, en esencia, el número de llamadas recursivas generadas.

Este paralelismo podría llevarnos a escoger a como tamaño del problema. Sin embargo, el coste también depende de b ya que, manteniendo fijo el valor de a, se obtienen costes inversamente proporcionales a b. La magnitud correcta en este caso es a **div** b, es decir, el cociente de ambos. Sabemos además que $(a - b)$ **div** $b = (a$ **div** $b) - 1$, por tanto, definiendo $n \stackrel{\text{def}}{=} a$ **div** b, podemos escribir la recurrencia:

$$T(n) = T(n - 1) + K$$

lo que da para *divide* un coste $\Theta(n)$ siendo n el tamaño del cociente.

Una máxima anónima, de interés cuando se trabaja con métodos formales, afirma lo siguiente:

Máxima 3.1 (Sobre la optimización de los programas).

1. Un programa muy eficiente y que ocupa muy poco, pero que no hace lo que se pretende, es inútil. *Corolario:* No tiene interés optimizar un programa incorrecto.
2. Casi siempre es posible (y deseable) optimizar un programa correcto.

Aplicando 2 de 3.1, nos proponemos mejorar la eficiencia de la función *divide*. La solución de la figura 3.3.3 no realiza una gran reducción del problema al utilizar la resta. Las recurrencias resueltas en la Sección 1.5 muestran que se obtienen costes mejores si empleamos la división como operación de reducción del tamaño del problema. Hemos supuesto que nuestra máquina no dispone de la división entera como operación primitiva. Sin embargo, sabemos que la división por 2 es una operación muy sencilla para un computador, de coste similar al de una suma, que se realiza simplemente desplazando el operando un dígito binario a la derecha. Denotaremos por $mitad(a)$ el resultado de aplicar a a esta operación. Trataremos de dividir por dos el dividendo en cada llamada recursiva.

Las siguientes preguntas que nos planteamos son: ¿qué relación hay entre el cociente y resto de $divide(mitad(a), b)$ y los de $divide(a, b)$?, ¿podemos utilizar los primeros para calcular fácilmente los segundos? Estos últimos satisfacen la postcondición R de 3.2. Por tanto, los primeros satisfacen:

$$a' = bq' + r' \wedge 0 \leq r' < b \tag{3.4}$$

siendo $a' = mitad(a)$. El lector puede tratar de manipular 3.4 (p.e., multiplicando por 2 todas las expresiones), para obtener una recurrencia entre los resultados $\langle q', r' \rangle$ y $\langle q, r \rangle$. Se llega a conseguir, pero el programa que resulta no es particularmente elegante (hacerlo como ejercicio), por lo que ensayaremos una via alternativa. Para dividir el tamaño del problema por dos, en vez de dividir el dividendo podemos duplicar el divisor y obtener $\langle q', r' \rangle = divide(a, 2b)$ que satisfacen:

$$a = 2bq' + r' \wedge 0 \leq r' < 2b \tag{3.5}$$

Si se cumpliera por casualidad $r' < b$, tendríamos entonces la recurrencia $\langle q, r \rangle = \langle 2q', r' \rangle$ ya que, según 3.5, $2q'$ y r' cumplirían exactamente las condiciones del cociente y resto de a entre b y sabemos que éstos son únicos.

¿Qué ocurre si $b \leq r' < 2b$? En ese caso, restando b a la desigualdad, obtenemos $0 \leq r' - b < b$. Si consiguiéramos hacer aparecer la cantidad $r' - b$ en 3.5, ella sería una buena candidata para nuestra r. Sumando y restando b a la expresión $2bq' + r'$ obtenemos $2bq' + b + r' - b$, o bien, $b(2q' + 1) + (r' - b)$. Por tanto, la recurrencia en este caso es $\langle q, r\rangle = \langle 2q' + 1, r' - b\rangle$. Expresando todo ello en forma de tabla, el análisis por casos realizado da

$a < b$	$q = 0$ y $r = a$	
$a \geq b$	sea $\langle q', r'\rangle = divide(a, 2b)$	
	$r' < b$	$q = 2q'$ y $r = r'$
	$r' \geq b$	$q = 2q' + 1$ y $r = r' - b$

cuya composición en forma de programa *LR* puede verse en la figura 3.4. La veri-

```
fun divide (a, b : entero) dev (q, r : entero) =
    caso a < b → ⟨0, a⟩
    □    a ≥ b → sea ⟨q', r'⟩ = divide(a, 2 * b) en
                    caso r' < b → ⟨2 * q', r'⟩
                    □    r' ≥ b → ⟨2 * q' + 1, r' − b⟩
                    fcaso
    fcaso
ffun
```

Figura 3.4. División entera mediante duplicaciones del divisor

ficación formal se reduce a demostrar las siguientes implicaciones (consultar la tabla 3.2), en las que de nuevo empleamos como función limitadora el cociente, es decir, $t(a, b) \stackrel{\text{def}}{=} a \,\mathbf{div}\, b$:

1. $a \geq 0 \wedge b > 0 \Rightarrow a < b \vee a \geq b$
2. $a \geq 0 \wedge b > 0 \wedge a \geq b \Rightarrow a \geq 0 \wedge 2b > 0$
3. $a \geq 0 \wedge b > 0 \wedge a < b \Rightarrow a = b.0 + a \wedge 0 \leq a < b$
4. Sea $HI \equiv (a \geq 0 \wedge b > 0 \wedge a \geq b \wedge a = 2bq' + r' \wedge 0 \leq r' < 2b)$. Hay que demostrar:
   - $HI \wedge r' < b \Rightarrow a = b.2q' + r' \wedge 0 \leq r' < b$
   - $HI \wedge r' \geq b \Rightarrow a = b(2q' + 1) + (r' - b) \wedge 0 \leq r' - b < b$
5. $a \geq 0 \wedge b > 0 \Rightarrow a \,\mathbf{div}\, b \geq 0$
6. $a \geq 0 \wedge b > 0 \wedge a \geq b \Rightarrow a \,\mathbf{div}\, (2b) < a \,\mathbf{div}\, b$

Todas ellas, excepto quizás la última, son bastante obvias y resultado directo de las consideraciones hechas en el análisis por casos.

En cuanto al coste, eligiendo $n = a \,\mathbf{div}\, b$ y observando que $q' = q \,\mathbf{div}\, 2$, se obtiene la siguiente recurrencia:

$$T(n) = T(n \,\mathbf{div}\, 2) + K$$

lo que da un coste $\Theta(\log n)$ para esta versión de *divide*, claramente mucho más eficiente que el de la primera versión.

Ejercicio 3.12 (La potencia entera reconsiderada).

Aplicando la misma máxima 3.1 y la misma idea que en el ejemplo de la división entera, se puede llegar al siguiente programa para calcular la potencia n-ésima de un número:

$$
\begin{array}{l}
\textbf{fun}\; potencia\;(a : entero; n : natural)\;\textbf{dev}\;(p : entero) = \\
\quad \textbf{caso}\;\; n = 0 \rightarrow 1 \\
\quad \square \quad n > 0 \rightarrow \textbf{sea}\; p' = potencia(a, n\;\textbf{div}\;2)\;\;\textbf{en} \\
\qquad\qquad\qquad \textbf{caso}\;\; par(n) \quad \rightarrow p' * p' \\
\qquad\qquad\qquad \square \quad \neg par(n) \rightarrow a * p' * p' \\
\qquad\qquad\qquad \textbf{fcaso} \\
\quad \textbf{fcaso} \\
\textbf{ffun}
\end{array}
$$

Realizar todas las etapas que faltan: análisis por casos, verificación formal y estudio del coste. ■

La búsqueda dicotómica

Este es un problema clásico de programación, cuya formulación recursiva es bastante sencilla y permite razonar cómodamente sobre su corrección. La experiencia del autor es que los programadores cometen numerosos errores en este sencillo programa, que van desde problemas de no terminación hasta problemas de fuera de rango cuando el elemento buscado no se encuentra en el vector y es menor que el primer elemento o mayor que el último.

Trataremos de destacar en qué puntos del diseño se pueden introducir tales errores.

Dado un vector $a[1..n]$ ordenado crecientemente y un elemento x, se ha de indicar si x se halla en el vector y en qué posición, o bien si no se halla y, en ese caso, en qué posición habría de insertarse para mantener la propiedad de ordenación de a. Sin pérdida de generalidad, supondremos que x y los elementos de a son de tipo *entero*.

El primer problema es la especificación. Para hacer más general la función admitiremos como válido $n = 0$, en cuyo caso hay que indicar que x no se halla en $a[1..n]$ y habría de insertarse en la posición 1. Se observa, por tanto, que el rango de las posibles posiciones de inserción de x se extiende hasta $n + 1$.

No podía ser de otro modo ya que "insertar" quiere decir, entre otras cosas, aumentar en uno los elementos de a. La especificación propuesta es:

$$\begin{array}{l}\{Q \equiv ord(a,1,n) \wedge n \geq 0)\}\\ \textbf{fun}\ busca\ (a : vect; n, x : entero)\ \textbf{dev}\ (b : booleano; p : entero)\\ \{R \equiv (b \rightarrow (1 \leq p \leq n) \wedge x = a[p]) \wedge\\ \quad (\neg b \rightarrow (1 \leq p \leq n+1) \wedge a[1..p-1] \prec x \wedge x \prec a[p..n])\}\end{array} \tag{3.6}$$

donde $ord(a,i,j)$ es el predicado del problema 2.2 que expresa que el vector a está ordenado crecientemente entre i y j. El símbolo $\prec$ de la postcondición tiene el siguiente significado:

$$\begin{array}{l} a[i..j] \prec x \equiv \forall \alpha \in \{i..j\}.a[\alpha] < x\\ x \prec a[i..j] \equiv \forall \alpha \in \{i..j\}.x < a[\alpha]\end{array}$$

Nótese que estos predicados, al igual que ord, son trivialmente ciertos cuando $a[i..j]$ es vacío; es decir, cuando $i > j$.

El diseño de la búsqueda dicotómica se basa en investigar el elemento que se halla en la posición media del vector. Si no es el buscado, ocurrirá que x es mayor o menor que el elemento investigado del vector. Aprovechándonos de la propiedad de ordenación del vector se descarta, en el primer caso, la porción izquierda y la búsqueda prosigue en la mitad derecha. En el segundo, se procede de manera inversa.

Para poder llamar recursivamente a la función hemos de generalizarla, permitiendo que busque en cualquier sección $a[c..f]$ del vector. Especificamos, pues, otra función *ibusca* (la i proviene de *inmersión*) más general que *busca*.

$$\begin{array}{l}\{Q \equiv ord(a,c,f) \wedge (1 \leq c \leq f+1 \leq n+1)\}\\ \textbf{fun}\ ibusca\ (a : vect; x, c, f : entero)\ \textbf{dev}\ (b : booleano; p : entero)\\ \{R \equiv (b \rightarrow (c \leq p \leq f) \wedge x = a[p]) \wedge\\ \quad (\neg b \rightarrow (c \leq p \leq f+1) \wedge a[c..p-1] \prec x \wedge x \prec a[p..f])\}\end{array} \tag{3.7}$$

Obviamente, $busca(a,n,x) = ibusca(a,x,1,n)$.

La dificultad de esta especificación está en poner límites adecuados para c y f. El primer intento ingenuo será probablemente $1 \leq c \leq f \leq n$, pero inmediatamente se ve que no funciona porque no permite llegar al caso trivial que consiste en investigar tramos vacíos, es decir, tramos $a[c..f]$ con $c > f$. Los tramos vacíos hay que tratarlos en cualquier caso, ya que hemos permitido $n = 0$, y los tramos con un elemento no los consideraremos triviales ya que se tratan igual que el caso general, generando posiblemente un subproblema vacío. Los subproblemas vacíos más extremos son $a[1..0]$ y $a[n+1..n]$, lo que nos da para c y f los límites propuestos.

Ahorramos al lector el análisis por casos, que ya ha sido descrito informalmente más arriba, y presentamos directamente el programa de la figura 3.5. Su verificación

```
fun ibusca (a : vect; x, c, f : entero) dev (b : booleano; p : entero) =
   caso c > f → ⟨falso, c⟩
   [] c ≤ f → sea m = (c + f) div 2 en
                caso x < a[m]  → ibusca(a, x, c, m − 1)
                []   x = a[m]  → ⟨cierto, m⟩
                []   x > a[m]  → ibusca(a, x, m + 1, f)
                fcaso
   fcaso
ffun
```

Figura 3.5. Búsqueda dicotómica en un subvector $a[c..f]$

formal exige considerar que hay dos casos triviales y dos no triviales. Además, la siguiente propiedad nos será de utilidad:

$$c \leq f \wedge m = (c+f) \textbf{ div } 2 \Rightarrow c \leq m \leq f$$

Aplicando una vez más el esquema de la tabla 3.2, se tiene:

1. $Q \Rightarrow c > f \vee c \leq f \equiv Q \Rightarrow cierto \equiv cierto$
2. En lo que respecta a las dos (excluyentes) llamadas recursivas, hay que demostrar:

$$Q \wedge (c \leq m \leq f) \Rightarrow ord(a, c, m-1) \wedge 1 \leq c \leq m \leq n+1$$
$$Q \wedge (c \leq m \leq f) \Rightarrow ord(a, m+1, f) \wedge 1 \leq m+1 \leq f+1 \leq n+1$$

3. En lo que respecta a los dos posibles casos triviales, hay que ver:

$$Q \wedge (c \leq m \leq f) \wedge x = a[m] \Rightarrow R_{b,p}^{cierto,m}$$
$$Q \wedge (c > f) \Rightarrow R_{b,p}^{falso,c}$$

   $R_{b,p}^{cierto,m}$ se simplifica a $(c \leq m \leq f) \wedge x = a[m]$ que está en el antecedente, y $R_{b,p}^{falso,c}$ se simplifica a $(c \leq c \leq f+1) \wedge a[c..c-1] \prec x \wedge x \prec a[c,f]$. La primera conjunción viene garantizada por Q y las dos últimas son trivialmente ciertas al ser vacías las secciones $a[c..c-1]$ y $a[c,f]$.

4. Demostraremos sólo uno de los pasos de inducción por ser el otro similar. Hay que ver:

$$Q \wedge (c \leq m \leq f) \wedge x < a[m] \wedge R_{f,b,p}^{m-1,b',p'} \Rightarrow R_{b,p}^{b',p'}$$

que puede desglosarse en las dos implicaciones siguientes:

$$m \leq f \wedge (b' \rightarrow (c \leq p' \leq m-1 \wedge x = a[p'])) \Rightarrow$$
$$b' \rightarrow (c \leq p' \leq f \wedge x = a[p']) \tag{3.8}$$
$$Q \wedge m \leq f \wedge x < a[m] \wedge (\neg b' \rightarrow (c \leq p' \leq m$$
$$\wedge a[c..p'-1] \prec x \wedge x \prec a[p'..m-1])) \Rightarrow$$
$$\neg b' \rightarrow (c \leq p' \leq f+1 \wedge a[c..p'-1] \prec x \wedge x \prec a[p'..f]) \tag{3.9}$$

La primera implicación es trivial ya que, al ser más amplio el rango de p' en el consecuente, éste es un predicado más débil. En cuanto a 3.9, la dificultad está en probar que, cuando el elemento x no se encuentra en $a[c..m-1]$ (es decir, $b' = falso$), tampoco se encuentra en $a[c..f]$, es decir

$$x \prec a[p'..m-1] \Rightarrow x \prec a[p'..f]$$

sabiendo que el antecedente puede ser trivialmente cierto si $p' = m$. La implicación viene garantizada por $x < a[m]$ y $ord(a,c,f)$ en Q.

5. Escogemos $t(\overline{x}) = f - c + 1$, es decir, el número de elementos de la sección a investigar del vector. Obviamente, $Q \Rightarrow t \geq 0$.
6. Hay que ver que, en *cada* posible llamada recursiva, la t decrece, es decir:

$$Q \wedge c \leq m \leq f \Rightarrow m - 1 - c + 1 < f - c + 1$$
$$Q \wedge c \leq m \leq f \Rightarrow f - (m+1) + 1 < f - c + 1$$

Ambas implicaciones son inmediatas.

Los fallos más frecuentes al programar la búsqueda dicotómica son:

- Suponer que está garantizado $c \leq f$ en la precondición. En consecuencia, escoger $c = f$ como caso trivial y $c < f$, o peor, $c \neq f$, como no trivial. En el primer caso, el programa abortará cuando se produzca la situación $c > f$. En el segundo, se puede producir una cadena infinita de llamadas. En ambos, son probables accesos a los "elementos" $a[0]$ y $a[n+1]$, fuera del rango del vector.
- Calcular mal las llamadas sucesoras escribiendo, por ejemplo,

  $ibusca(a, x, c, m)$ en lugar de $ibusca(a, x, c, m-1)$

  Cuando $c = f$ y $x < a[m]$, se generaría una cadena infinita de llamadas.

Sólo un razonamiento formal como el anterior puede garantizar que no están presentes estos errores. El primero de ellos ocasiona que la precondición no se satisface en las invocaciones recursivas, es decir, no sería posible demostrar el punto 2 más arriba. El segundo de ellos se detectaría en el punto 5, al no poderse demostrar que el tamaño del problema decrece, es decir, la implicación

$$Q \wedge c \leq m \leq f \Rightarrow m - c + 1 < f - c + 1$$

sería falsa.

El tiempo de ejecución de este programa es proporcional al logaritmo en base 2 del tamaño del vector. Veamos cómo se demuestra: sea $l = f - c + 1$ la magnitud que mide el tamaño del problema para la función $ibusca$. En cada llamada el tamaño se divide aproximadamente por 2, siendo de coste constante el resto de las operaciones. Por tanto,

$$T(l) = T(l \textbf{ div } 2) + K$$

cuya solución es $T(l) = \Theta(\log l)$. El coste de $busca(a, n, x)$ es el coste de $ibusca$ con $c = 1$ y $f = n$, es decir, $T(n) = \Theta(\log n)$.

Resulta curioso observar que la demostración de corrección no depende del hecho de que el tamaño se divida por 2 en cada llamada, sino tan sólo de que m se elija de forma que $c \leq m \leq f$. Se podría elegir, por ejemplo, $m = c$ ó $m = f$. El programa seguiría siendo correcto pero ahora el tamaño sólo decrece en 1 en cada llamada, es decir,

$$T(l) = T(l - 1) + K$$

cuya solución es $T(l) = \Theta(l)$. Tendríamos entonces una función que busca secuencialmente en un vector ordenado lo que da, como es de esperar, un coste lineal en el peor caso. En promedio, el coste también sería lineal aunque en algún caso particular (p.e., si $x = a[c]$) el algoritmo fuera más rápido que el propuesto.

3.4 TÉCNICAS DE INMERSIÓN

Sucede con frecuencia que no es posible abordar directamente el diseño recursivo de una función f porque no se encuentra una descomposición adecuada de sus datos. Un ejemplo típico es el cálculo de la raíz cuadrada entera de un natural a. El lector puede ensayar las descomposiciones más evidentes, como a **div** 2 y a **div** 4, sin llegar a nada útil. En esos casos, una técnica que puede solucionar el diseño consiste en definir una función g, más general que f, con más parámetros o/y más resultados que, para ciertos valores de los nuevos parámetros, (alguno de sus resultados) calcula lo mismo que f. De hecho, ya hemos aplicado esta técnica en el ejemplo de la búsqueda dicotómica de la Sección 3.3.3.

Diremos que hemos aplicado una *inmersión* de f en g. La función más general, g, se denomina *función inmersora* y la función original, f, se denomina *función sumergida* diremos que f está sumergida en g o que g es una inmersión de f. Frecuentemente, emplearemos para g el mismo nombre que para f, precedido por una i.

La ventaja de definir una inmersión es que la adición de nuevos parámetros o resultados hace posible el diseño recursivo de la función inmersora. Para calcular la función original basta con establecer el valor inicial de los nuevos parámetros que hacen que la función inmersora se comporte como la sumergida.

Para ilustrar estas ideas, utilizaremos un ejemplo más sencillo que los ya aparecidos: queremos una función que, dados dos vectores a y b, cuyo tipo de datos es

tipo $vect$ = **vector** $[1..n]$ **de** $entero$

siendo n una constante, calcule el producto escalar de a y b, es decir:

$$\begin{array}{l}\{Q \equiv cierto\} \\ \textbf{fun}\; prodesc\;(a, b : vect)\;\textbf{dev}\;(p : entero) \\ \{R \equiv p = \sum_{\xi=1}^{n} a[\xi].b[\xi]\}\end{array} \tag{3.10}$$

El diseño recursivo de $prodesc$ no parece abordable directamente ya que tendríamos que "descomponer" los vectores a y b en vectores más pequeños y del mismo tipo, lo cual es contradictorio: al hacerlos más pequeños, forzosamente cambiamos su tipo, con lo que no podríamos llamar recursivamente a $prodesc$. Sin embargo, se puede añadir un parámetro entero j y definir una función que calcule "la parte" de producto escalar que se extiende desde j hasta n, es decir

$$\begin{array}{l}\textbf{fun}\; iprodesc\;(a, b : vect; j : entero)\;\textbf{dev}\;(p : entero) \\ \{R' \equiv p = \sum_{\xi=j}^{n} a[\xi].b[\xi]\}\end{array}$$

Claramente, $iprodesc$ es más general que $prodesc$, ya que

$$prodesc(a, b) = iprodesc(a, b, 1)$$

Además, el diseño recursivo de $iprodesc$ sí parece abordable. La descomposición ahora es obvia: para calcular el "producto" escalar desde j hasta n podemos suponer que ya sabemos calcular el producto desde $j + 1$ hasta n. A ese producto le sumamos el término $a[j].b[j]$ y ya tenemos el resultado. La función $iprodesc$ resultante de este análisis puede verse en la figura 3.6.

Ejercicio 3.13.

Indicar cuál es la precondición de la función $iprodesc$ de la figura 3.6 y realizar su verificación formal y el estudio de su coste. ■

$$
\begin{array}{l}
\textbf{fun}\ iprodesc\ (a, b : vect; j : entero)\ \textbf{dev}\ (p : entero) = \\
\quad \textbf{caso}\ j = n + 1 \rightarrow 0 \\
\quad \square \quad j < n + 1 \rightarrow a[j] * b[j] + iprodesc(a, b, j + 1) \\
\quad \textbf{fcaso} \\
\textbf{ffun}
\end{array}
$$

Figura 3.6. Función inmersora no final para calcular el producto escalar

En términos formales, se parte de una función f cuya especificación conocemos, y debemos especificar y diseñar una función más general g, es decir,

$$
\begin{array}{ll}
\{Q(\overline{x})\} & \{Q'(\overline{x}, \overline{w})\} \\
\textbf{fun}\ f(\overline{x})\ \ \textbf{dev}\ (\overline{y}) & \textbf{fun}\ g(\overline{x}, \overline{w})\ \ \textbf{dev}\ (\overline{y}, \overline{z}) \\
\{R(\overline{x}, \overline{y})\} & \{R'(\overline{x}, \overline{w}, \overline{y}, \overline{z})\}
\end{array}
$$

donde $\overline{w}$ y $\overline{z}$ representan respectivamente los parámetros y resultados adicionales que g tiene con respecto a f. Bajo ciertas condiciones P, los resultados $\overline{y}$ de g son los mismos que calcularía f, es decir,

$$Q'(\overline{x}, \overline{w}) \wedge P(\overline{x}, \overline{w}) \wedge \langle \overline{y}, \overline{z} \rangle = g(\overline{x}, \overline{w}) \Rightarrow R(\overline{x}, \overline{y})$$

Se puede expresar la misma idea del modo alternativo:

$$Q'(\overline{x}, \overline{w}) \wedge P(\overline{x}, \overline{w}) \wedge R'(\overline{x}, \overline{w}, \overline{y}, \overline{z}) \Rightarrow R(\overline{x}, \overline{y}) \tag{3.11}$$

Aunque la tarea de generalizar una función cualquiera f, para encontrar una función inmersora g que admita un diseño recursivo, entra dentro de la parte creativa de la programación y tiene por tanto una componente importante de "idea feliz", se pueden ensayar las técnicas que se describen a continuación para, en muchos casos, encontrar la generalización adecuada.

El objetivo de las mismas es obtener la especificación de g a partir de la especificación de f, es decir, encontrar Q' y R' a partir de Q y R, lo que implícitamente conlleva decidir quiénes han de ser $\overline{w}$ y $\overline{z}$. La mayor parte de las veces el añadir resultados extra $\overline{z}$ sólo influye en mejorar la eficiencia de g pero no en el análisis por casos por lo que, de momento, nos restringiremos al caso en que g es de la forma:

$$
\begin{array}{l}
\{Q'(\overline{x}, \overline{w})\} \\
\textbf{fun}\ g(\overline{x}, \overline{w})\ \ \textbf{dev}\ (\overline{y}) \\
\{R'(\overline{x}, \overline{w}, \overline{y})\}
\end{array}
$$

Se presentan dos técnicas alternativas. La primera de ellas, más sencilla conceptualmente, conduce a una función g recursiva no final. La segunda conduce a una función inmersora recursiva final. Ambas parten de la postcondición $R(\overline{x}, \overline{y})$ de f y se basan en debilitar la misma de diversas maneras. Pasamos a describir ambos métodos, primero teóricamente, y después mediante ejemplos.

3.4.1 Inmersión no final

Consiste esta técnica en obtener R' a partir de R. Para ello, se toma $R(\overline{x}, \overline{y})$ y se sustituyen constantes, o expresiones que sólo dependan de $\overline{x}$, por nuevas variables $\overline{w}$. El nuevo predicado es $R'(\overline{x}, \overline{w}, \overline{y})$. Llamando $\Phi(\overline{x})$ a las expresiones sustituidas en R, se tiene entonces:

$$R'(\overline{x}, \overline{w}, \overline{y})_{\overline{w}}^{\Phi(\overline{x})} = R(\overline{x}, \overline{y})$$

Llamando $P(\overline{x}, \overline{w})$ a la ecuación de sustitución $\overline{w} = \Phi(\overline{x})$, se cumple la implicación 3.11:

$$R'(\overline{x}, \overline{w}, \overline{y}) \wedge P(\overline{x}, \overline{w}) \Rightarrow R(\overline{x}, \overline{y})$$

La precondición $Q'(\overline{x}, \overline{w})$ se obtiene mediante la conjunción de $Q(\overline{x})$ y las condiciones adicionales requeridas para $\overline{w}$. Llamaremos $D(\overline{w}, \overline{x})$ (de *dominio*) a dichas condiciones.

$$Q'(\overline{x}, \overline{w}) = Q(\overline{x}) \wedge D(\overline{w}, \overline{x})$$

El dominio de $\overline{w}$ excluirá aquellos valores de $\overline{w}$ que hacen que R' se evalúe a $falso$ o esté indefinido.

Queda por establecer el valor inicial $\overline{w}_{ini}$ que hace cierta la implicación 3.11 y garantiza, por tanto, que g se comporta como f. Basta con escoger un valor (puede no ser único) que cumpla:

$$(\overline{w}_{ini} = \Phi(\overline{x})) \wedge Q(\overline{x}) \Rightarrow D(\overline{w}_{ini}, \overline{x}) \tag{3.12}$$

ya que dicho valor ha de poderse utilizar en todos los estados en que será invocada f, y ha de satisfacer la precondición de g.

Ejemplo 3.2.

El programa del producto escalar de la figura 3.6 es un ejemplo de inmersión no final. Véase que, en este caso, $\overline{x} = \langle a, b \rangle$, $\overline{y} = p$ y $\overline{w} = j$.

La sustitución realizada en R es $j = 1$, es decir, $\Phi(\overline{x}) = 1$. La implicación 3.11 se convierte simplemente en:

$$(p = \sum_{\xi=j}^{n} a[\xi].b[\xi]) \wedge (j = 1) \Rightarrow p = \sum_{\xi=1}^{n} a[\xi].b[\xi]$$

La precondición es simplemente $D(\overline{w}, \overline{x})$ que, en este caso, son los valores de j que hacen que R' esté definido, es decir $1 \leq j$ o, si se prefiere, $1 \leq j \leq n + 1$.

El valor inicial $j_{ini} = 1$ viene dado por la propia sustitución $\Phi(\overline{x})$ y satisface la ecuación 3.12 ■

Ejercicio 3.14.

Realizar, para el mismo ejemplo, una inmersión distinta, utilizando la sustitución $j = n$. Derivar R' y Q' y realizar el diseño y verificación de la función inmersora. ■

Probablemente ahora queden claros los motivos por los que la función inmersora diseñada resulta ser recursiva no final: La razón de añadir los parámetros $\overline{w}$ es que sólo a partir de $\overline{x}$ no es posible el diseño recursivo. Es de esperar entonces que los parámetros $\overline{w}$ sean modificados por g durante la cadena de llamadas recursivas, desde el valor inicial $\overline{w}_{ini}$, hasta un cierto valor final $\overline{w}_{fin}$ que corresponde al caso trivial de g. La implicación 3.11 que garantiza que g se comporta como f sólo es satisfecha por la llamada correspondiente a $\overline{w}_{ini}$ pero no por la correspondiente a $\overline{w}_{fin}$. Por tanto, es de esperar que los resultados $\overline{y}_{fin}$ de esta llamada sean progresivamente modificados hasta obtener los resultados $\overline{y}_{ini}$ de la llamada inicial. Estas son precisamente las características de la recursión no final.

3.4.2 Inmersión final

Esta segunda técnica conduce a una función inmersora g recursiva final. En consecuencia, los resultados devueltos por g en el caso trivial (que se mantienen a lo largo de toda la cadena de llamadas), son ya los resultados que emulan los resultados de la función sumergida f. Esto equivale a decir que la postcondición de g es directamente R y, por tanto, no depende de los parámetros adicionales $\overline{w}$.

En términos operacionales (véase la Sección 3.6), tratamos de conseguir el resultado apetecido usando sólo la parte descendente de la cadena de llamadas. Para ello, algunos parámetros de $\overline{w}$ han de acumular parte del resultado. La idea de acumular resultados parciales en parámetros se usa con frecuencia en programación funcional. Los parámetros reciben el nombre de parámetros acumuladores. Aquí nos interesa el aspecto formal y, en términos formales, ello equivale a decir que parte de la postcondición R se satisface ya en la precondición Q'. En efecto, la técnica consiste en este caso en obtener Q' como debilitamiento de R. La idea es la siguiente: impondremos que, en el caso trivial, g devuelva como resultado $\overline{y}$ exactamente una parte de $\overline{w}$, que llamaremos $\overline{w}_1$. Denotemos $\overline{w}_2$ al resto de $\overline{w}$, es decir, $\overline{w} = \langle \overline{w}_1, \overline{w}_2 \rangle$. El aspecto del caso trivial de g es el siguiente:

$\square\, B_t(\overline{x}, \overline{w}) \rightarrow \overline{w}_1$

Entonces se satisface la siguiente implicación:

$$Q'(\overline{x},\overline{w}) \wedge B_t(\overline{x},\overline{w}) \Rightarrow R(\overline{x},\overline{w}_1)$$

Para reconstruir la implicación en sentido inverso, los pasos a seguir son:

1. Renombrar en R, $\overline{y}$ por $\overline{w}_1$.
2. Tratar de expresar R en forma conjuntiva $A(\overline{x},\overline{w}_1) \wedge C(\overline{x},\overline{w}_1)$.
    (a) Si ello es posible, entonces $\overline{w} = \overline{w}_1$ y escoger una de las conjunciones como Q' y la otra como B_t.
    (b) Si no es posible, o el caso anterior no ha conducido a nada útil, construir un predicado $R_{debil}(\overline{x},\overline{w}_1,\overline{w}_2)$ sustituyendo en R una expresión Φ que dependa de $\overline{x}$ y de $\overline{w}_1$, por $\overline{w}_2$ de modo que,

    $$R_{debil}(\overline{x},\overline{w}_1,\overline{w}_2) \wedge (\overline{w}_2 = \Phi(\overline{x},\overline{w}_1)) \Rightarrow R(\overline{x},\overline{w}_1)$$

    con lo que ya tenemos R en forma conjuntiva. Proceder como en el punto 2(a).

Este segundo método no sólo proporciona la especificación de la función inmersora, sino también parte de su diseño: la condición B_t del caso trivial y la función $triv$ que calcula el resultado en dicho caso. En cuanto al valor inicial $\overline{w}_{ini}(\overline{x})$, cualquier valor que establezca

$$Q(\overline{x}) \Rightarrow Q'(\overline{x},\overline{w}_{ini}(\overline{x}))$$

será adecuado, ya que toda llamada válida a g hace que se cumpla la postcondición R de f.

El criterio heurístico para decidir cuál de las conjunciones de R se escoge como Q' y cuál como B_t, es elegir como Q' la conjunción que sea más fácil de establecer inicialmente con un valor $\overline{w}_{ini}$ lo más simple posible.

Ejemplo 3.3.

La propia función $prodesc$ de 3.10 admite una inmersión recursiva final. Sea s el parámetro que renombra a p. Tenemos

$$R(a,b,s) \equiv s = \sum_{\xi=1}^{n} a[\xi].b[\xi]$$

Observamos que $R(a,b,s)$ no está en forma conjuntiva y que, además, resulta difícil establecer inicialmente que un parámetro lleve acumulado el resultado completo de la función. Para inicializar dicho parámetro tendríamos que calcular lo mismo que calcula la función, lo cual carece de sentido. Sin embargo, podemos debilitar $R(a,b,s)$

haciendo que s lleve calculada la suma de $a[\xi].b[\xi]$ desde $\xi = 1$ hasta un cierto i. Es, decir, se trata de sustituir, en $R(a, b, s)$, la expresión n por la variable i:

$$R_{debil}(a, b, s, i) \equiv s = \sum_{\xi=1}^{i} a[\xi].b[\xi]$$

Obviamente,

$$R_{debil}(a, b, s, i) \wedge (i = n) \Rightarrow R(a, b, s)$$

Ya tenemos R en forma conjuntiva. La conjunción izquierda parece fácil de establecer inicialmente con los valores $i = 0$ y $s = 0$. La escogemos como precondición Q' y dejamos $i = n$ como condición del caso trivial. Si la i comienza en 0 y termina valiendo n, la función *sucesor* de g ha de incrementar i. Como la precondición de g ha de mantenerse invariante en la llamada interna, ello obliga a sumar a s el término $a[i + 1] * b[i + 1]$ con lo que se completa el diseño de g. La especificación y el diseño de esta inmersión final pueden verse en la figura 3.7. La función original $prodesc(a, b)$ se calcula mediante la llamada $iiprodesc(a, b, 0, 0)$. ■

$\{Q' \equiv s = \sum_{\xi=1}^{i} a[\xi].b[\xi] \wedge 0 \leq i \leq n\}$
fun $iiprodesc\ (a, b : vect; s, i : entero)$ **dev** $(p : entero) =$
  caso $i = n \rightarrow s$
  $\square$ $i < n \rightarrow iiprodesc(a, b, s + a[i + 1] * b[i + 1], i + 1)$
  fcaso
ffun
$\{R' \equiv p = \sum_{\xi=1}^{n} a[\xi].b[\xi]\}$

Figura 3.7. Función inmersora final para calcular el producto escalar

Ejercicio 3.15.

Expresar $R(a, b, s)$ como $s = \sum_{\xi=1}^{n+1-1} a[\xi].b[\xi]$. Realizar otra inmersión final de $prodesc$ sustituyendo la expresión $n + 1$ de $R(a, b, s)$ por la variable i. ■

Ejercicio 3.16.

Realizar otra inmersión final de $prodesc$ sustituyendo, esta vez, la expresión 1 de $R(a, b, s)$ por la variable i. ■

3.4.3 La raíz cuadrada entera

Este ejemplo se presta a distintas soluciones según la inmersión realizada. Se pretende ilustrar que diseñar se reduce, en muchos casos, a decidirse por una inmersión.

Si el lector no hizo el problema 2.7, ahora tiene la oportunidad de conocer la especificación de esta función:

$$\begin{array}{l} \{Q \equiv n \geq 0\} \\ \textbf{fun}\ raiz\ (n : entero)\ \textbf{dev}\ (r : entero) \\ \{R \equiv r^2 \leq n \wedge n < (r+1)^2\} \end{array} \tag{3.13}$$

Emplearemos primero la técnica de inmersión no final. Elegimos la expresión 1 de R para ser sustituida por el parámetro adicional a:

$$R'(n, a, r) \equiv r^2 \leq n \wedge n < (r+a)^2$$

Se tiene entonces

$$R'(n, a, r) \wedge (a = 1) \Rightarrow R(n, r)$$

y, por tanto, $raiz(n) = iraiz_1(n, 1)$. El dominio de a es $a \geq 1$ ya que para otros valores, R' se haría $falso$. Entonces

$$\begin{array}{l} \{Q' \equiv n \geq 0 \wedge a \geq 1\} \\ \textbf{fun}\ iraiz_1\ (n, a : entero)\ \textbf{dev}\ (r : entero) \\ \{R' \equiv r^2 \leq n \wedge n < (r+a)^2\} \end{array} \tag{3.14}$$

Observamos que, para valores de a muy grandes, la solución de $iraiz_1$ es trivial pues basta con devolver $r = 0$. Sabemos que a comienza valiendo 1, lo que nos anima a aumentar a en cada llamada. Por experiencias anteriores intuimos que ensayar $2a$ conduce a costes logarítmicos. Se trata de ver entonces si existe alguna ley de recurrencia entre el resultado de $iraiz_1(n, a)$ y el de $iraiz_1(n, 2a)$. El segundo de ellos cumple:

$$r'^2 \leq n \wedge n < (r' + 2a)^2$$

Si r' cumpliera además $n < (r' + a)^2$, entonces satisfaría lo exigido para el resultado de $iraiz_1(n, a)$. En caso contrario, se tendría la desigualdad

$$(r' + a)^2 \leq n \wedge n < (r' + a + a)^2$$

con lo que la cantidad $r' + a$ satisface lo requerido para $iraiz_1(n, a)$. El diseño completo de este programa puede verse en la figura 3.8.

Ejercicio 3.17.

Verificar formalmente el programa de la figura 3.8 y estudiar su coste, ¿Cuál es el tamaño del problema apropiado? ■

```
fun iraiz₁ (n, a : entero) dev (r : entero) =
   caso a² > n → 0
   □    a² ≤ n → sea r' = iraiz₁(n, 2 * a) en
                    caso n < (r' + a)²  → r'
                    □    n ≥ (r' + a)²  → r' + a
                    fcaso
   fcaso
ffun
```

Figura 3.8. Inmersión no final para calcular la raíz cuadrada

Otra posibilidad es realizar una inmersión final. Para ello renombramos el resultado r y obtenemos

$$R(n, a) \equiv a^2 \leq n \wedge n < (a+1)^2 \tag{3.15}$$

donde a es el parámetro adicional que se devuelve como resultado en el caso trivial. $R(n, a)$ está en forma conjuntiva. Escogemos la primera conjunción como Q' y la segunda como B_t. Una forma fácil de establecer Q' es inicializar a a 0, ya que Q exige $n \geq 0$.

Esto da la pista para el diseño del caso no trivial de g: si a comienza en 0 y termina con un valor tan alto como para cumplir $(a+1)^2 > n$, debemos aumentar el valor de a en cada llamada recursiva. Esta vez el ensayo con $2a$ no funciona, porque hay que mantener invariante la precondición de g y no podemos garantizar que $(2a)^2 \leq n$. En cambio, sí podemos garantizar que $(a+1)^2 \leq n$ en el caso no trivial ya que ésta es la condición complementaria de B_t. La especificación y el diseño de esta segunda inmersión pueden verse en la figura 3.9. Nótese que, esta vez, $raiz(n) = iraiz_2(n, 0)$.

Ejercicio 3.18.

Verificar formalmente la función $iraiz_2$ de la figura 3.9 y estudiar su coste. ¿Es más, o menos eficiente que la función $iraiz_1$ de la figura 3.8? ■

Ejercicio 3.19.

Realizar otra inmersión final de $raiz$, escogiendo en 3.15 la segunda conjunción como precondición, y la primera como condición B_t. Realizar el diseño, verificación y el estudio del coste. ¿Hay alguna mejora con respecto a $iraiz_2$? ■

La última inmersión que realizaremos será también final, y parte de 3.15. A pesar de que $R(n, a)$ ya está en forma conjuntiva, ensayaremos otra forma de debilitarlo

$\{Q' \equiv n \geq 0 \wedge a^2 \leq n\}$
fun $iraiz_2$ $(n, a : entero)$ **dev** $(r : entero)$ =
  caso $(a+1)^2 > n \rightarrow a$
  $\square$ $(a+1)^2 \leq n \rightarrow iraiz_2(n, a+1)$
  fcaso
ffun
$\{R \equiv r^2 \leq n \wedge n < (r+1)^2\}$

Figura 3.9. Primera inmersión final para calcular la raíz cuadrada

distinta de suprimir una conjunción como se ha hecho en $iraiz_2$ y en el ejercicio 3.19. Ahora sustituiremos la expresión $a+1$ por otro parámetro de inmersión b, dando lugar a

$$R_{debil}(n, a, b) \equiv a^2 \leq n \wedge n < b^2$$

Podemos entonces escribir la implicación

$$R_{debil}(n, a, b) \wedge (b = a+1) \Rightarrow R(n, a)$$

De esta forma conjuntiva, escogemos R_{debil} como precondición Q' y $b = a+1$ como condición de caso trivial B_t. Antes de seguir, estudiaremos qué valores iniciales hemos de asignar a a y b para establecer fácilmente Q' sin violar Q. Los más obvios son $a = 0$ y $b = n+1$, con lo que $raiz(n) = iraiz_3(n, 0, n+1)$.

El diseño de $iraiz_3$ prosigue con la siguiente "idea feliz": si a y b comienzan alejados entre sí una distancia $n+1$, y terminan tan cercanos como para cumplir $b = a+1$, podemos ensayar dividir por dos en cada llamada la distancia que les separa. Investigamos a continuación si el punto medio se halla a la izquierda o a la derecha de la raíz cuadrada de n y, en función de ello, situamos el nuevo valor de a o de b en dicho punto medio. En esencia, se trata de realizar una búsqueda dicotómica para encontrar la raíz entera de n. El programa resultante puede verse en la figura 3.10.

Ejercicio 3.20.

Verificar formalmente, y estudiar el coste, del programa $iraiz_3$ de la figura 3.10. ■

3.4.4 Inmersión por razones de eficiencia

Siguiendo una vez más la máxima 3.1, casi todos los programas correctos pueden ser optimizados. Una parte del coste de los programas se debe a la existencia de

$\{Q' \equiv n \geq 0 \wedge a^2 \leq n \wedge n < b^2\}$
fun $iraiz_3$ $(n, a, b : entero)$ **dev** $(r : entero)$ $=$
  caso $b = a + 1 \rightarrow a$
  $\square$ $b \neq a + 1 \rightarrow$ **sea** $m = (a + b)$ **div** 2 **en**
    caso $m^2 \leq n \rightarrow iraiz_3(n, m, b)$
    $\square$ $m^2 > n \rightarrow iraiz_3(n, a, m)$
    fcaso
  fcaso
ffun
$\{R \equiv r^2 \leq n \wedge n < (r + 1)^2\}$

Figura 3.10. Segunda inmersión final para calcular la raíz cuadrada

expresiones complejas en su texto. Sucede muchas veces que esas expresiones son calculadas desde cero en cada llamada recursiva sin aprovecharse del cálculo realizado en llamadas precedentes. Un caso típico podría ser el siguiente: en cada llamada hay que calcular la expresión a^2, siendo a un parámetro que se incrementa en uno de una llamada a la siguiente. Si pudiésemos conservar el valor a^2, para calcular $(a + 1)^2$ sólo haría falta sumar a aquel valor la cantidad $2a + 1$, operación menos costosa que calcular $(a + 1)^2$ desde cero.

La inmersión es una técnica que permite resolver el problema en muchos casos. Distinguiremos dos situaciones:

- La expresión compleja a ser evaluada sólo depende de los parámetros $\overline{x}$. En tal caso, realizaremos lo que denominamos *inmersión de parámetros*, añadiendo a la función *parámetros acumuladores*, que llevarán precalculada la expresión deseada.
- La expresión compleja se evalúa *después* de la llamada recursiva e involucra los resultados $\overline{y}'$ devueltos por ésta. Realizaremos entonces lo que denominaremos *inmersión de resultados*[3], añadiendo a la función *resultados acumuladores* que llevarán precalculada la expresión deseada.

En el primer supuesto, se siguen los siguientes pasos:

- Añadiremos a la precondición de f, $Q(\overline{x})$, una conjunción de la forma $\overline{w} = \Phi(\overline{x})$, siendo $\overline{w}$ el parámetro acumulador y $\Phi(\overline{x})$ la expresión precalculada.
- A continuación, se sustituye en el texto de f toda aparición de $\Phi(\overline{x})$ por el nuevo parámetro $\overline{w}$.

[3]Esta técnica se debe a C. Rosselló. Véase [Ros89b, RBP89].

- Finalmente, la función *sucesor* de g ha de calcular el parámetro acumulador $\overline{w}'$ de la llamada recursiva de forma que se mantenga invariante la precondición. En dicho cálculo puede, por supuesto, utilizarse $\overline{w}$.
- El valor inicial $\overline{w}_{ini}$ del parámetro acumulador viene forzado por la propia precondición: $\overline{w}_{ini} = \Phi(\overline{x}_{ini})$.

En el segundo supuesto los pasos a seguir son:

- Añadir la conjunción $\overline{z} = \Phi(\overline{x}, \overline{y})$ a la postcondición $R(\overline{x}, \overline{y})$, siendo ahora $\overline{z}$ el resultado acumulador y $\Phi(\overline{x}', \overline{y}')$ la expresión que la llamada interna devuelve precalculada para su uso en la llamada en curso.
- Las modificaciones que hemos de hacer en el texto de f son:
  - Sustituir toda aparición de la expresión $\Phi(\overline{x}', \overline{y}')$ por el nuevo resultado precalculado $\overline{z}'$.
  - Restablecer la postcondición en el caso no trivial, calculando $\overline{z}$ a partir de $\overline{z}'$.
  - Restablecer la postcondición en el caso trivial, calculando un valor de $\overline{z}$ que satisfaga la postcondición.

Usaremos el ejemplo de la figura 3.8 para ilustrar estas ideas. Observamos, en primer lugar, que la expresión a^2 aparece repetidas veces, explícita o implícitamente, en su texto. La llamada interna duplica este parámetro. Es obvio que se ahorra tiempo si calculamos $(2a)^2$ a partir de a^2. Introducimos un parámetro acumulador aa y la condición $aa = a^2$ en la precondición. El resultado es el programa de la figura 3.11.

```
{n ≥ 0 ∧ a ≥ 1 ∧ aa = a²}
fun iiraiz₁ (n, a, aa : entero) dev (r : entero) =
   caso aa > n → 0
   □     aa ≤ n → sea r' = iiraiz₁(n, 2 * a, 4 * aa) en
                   caso n < r'² + aa + 2 * r' * a → r'
                   □     n ≥ r'² + aa + 2 * r' * a → r' + a
                   fcaso

   fcaso
ffun
{R' ≡ r² ≤ n ∧ n < (r + a)²}
```

Figura 3.11. Inmersión de parámetros para calcular la raíz cuadrada

Detectamos que aun sigue habiendo expresiones complejas, que esta vez dependen del resultado r' de la llamada interna. Añadimos entonces un resultado acumulador rr que lleve acumulada la expresión r^2 y la conjunción $rr = r^2$ a la postcondición. Sustituimos las expresiones r'^2 del texto por el resultado extra rr' devuelto por la llamada interna.

Para restablecer la postcondición hay que devolver un resultado extra rr' en la primera alternativa del caso no trivial y otro resultado extra $(r' + a)^2$, es decir, $rr' + aa + 2r'a$, en la segunda. Para completar el diseño, se ha de devolver 0^2 como resultado extra del caso trivial.

El programa, así optimizado, puede verse en la figura 3.12.

```
{n ≥ 0 ∧ a ≥ 1 ∧ aa = a²}
fun iiiraiz₁ (n, a, aa : entero) dev (r, rr : entero) =
   caso aa > n → ⟨0, 0⟩
   ▯    aa ≤ n → sea  ⟨r', rr'⟩  = iiiraiz₁(n, 2 * a, 4 * aa),
                      e          = rr' + aa + 2 * r' * a en
                caso  n < e → ⟨r', rr'⟩
                ▯     n ≥ e → ⟨r' + a, e⟩
                fcaso
   fcaso
ffun
{r² ≤ n ∧ n < (r + a)² ∧ rr = r²}
```

Figura 3.12. Inmersión de resultados para calcular la raíz cuadrada

Nótese el uso de la variable local e para no tener que evaluar repetidas veces la expresión $rr' + aa + 2 * r' * a$. Aun podría optimizarse $iiiraiz_1$ para precalcular la expresión $r' * a$ con otro resultado acumulador. Lo dejamos como ejercicio para el lector.

Retomando la función original $raiz$ de este apartado se tienen las siguientes igualdades:

$$raiz(n) = iraiz_1(n, 1) = iiraiz_1(n, 1, 1) = prim(iiiraiz_1(n, 1, 1))$$

siendo $prim$ la función que extrae el primer componente de una tupla. El lector puede demostrar que el coste de $iiiraiz_1(n, 1, 1)$ está en $\Theta(\log \sqrt{n})$. La constante multiplicativa es muy baja debido a que en el texto prácticamente sólo se realizan sumas.

3.5 TÉCNICA DE DESPLEGADO Y PLEGADO

La inmersión puede verse como una técnica de transformación que permite, dado un programa, construir otro más general o más eficiente que resuelve el mismo problema. Otra técnica de transformación de programas recursivos es la conocida como *desplegado y plegado*[4], que convierte programas recursivos no finales en recursivos finales. Ya se ha mencionado que estos últimos son más eficientes en tiempo y en memoria que los primeros. También suelen ser menos legibles, corroborando así un principio no escrito que afirma que la eficiencia y la claridad son inversamente proporcionales. La técnica de desplegado y plegado puede aplicarse mecánicamente, siempre que ciertas operaciones de la función a transformar satisfagan algunas propiedades. Su empleo podría, pues, delegarse a un compilador.

Para centrar las ideas, reproducimos en la figura 3.13 el esquema genérico de una función recursiva no final.

$\{Q(\overline{x})\}$
fun $f\ (\overline{x} : T_1)$ **dev** $(\overline{y} : T_2)\ =$
  caso $B_t(\overline{x}) \ \rightarrow triv(\overline{x})$
  $\square$ $B_{nt}(\overline{x}) \rightarrow c(f(s(\overline{x})), \overline{x})$
  fcaso
ffun
$\{R(\overline{x}, \overline{y})\}$

Figura 3.13. Función recursiva no final

Se trata de transformar f, recursiva no final, en otra función g, recursiva final, que calcule lo mismo que f. La técnica consta de tres pasos consecutivos:

generalización Se define una función $g(\overline{x}, \overline{w})$ como una expresión que depende de f y representa una *generalización* de la misma. Se establece un valor $\overline{w}_{ini}$ para el cual g se comporta como f.

desplegado Se *despliega* la definición de f dentro de la definición de g y se realizan ciertas manipulaciones algebraicas.

plegado Se sustituye la expresión del caso no trivial de g en que aparece f, por una expresión equivalente en la que sólo aparece g. Se obtiene así una definición recursiva de g que resulta ser final.

[4]En inglés, con las palabras en orden inverso, *folding-unfolding*.

Generalización

La definición de la función g es, simplemente,

$$g(\overline{x},\overline{w}) \stackrel{\text{def}}{=} c(f(\overline{x}),\overline{w}) \qquad (3.16)$$

es decir, se basa en la expresión del caso no trivial de f. En la práctica, se construye el árbol sintáctico de la operación c, que en ocasiones es compleja ya que puede incluir expresiones condicionales, declaraciones **sea** etc. A continuación, se conserva el camino que va desde la raíz del árbol hasta la invocación a f. Por último, cada subárbol lateral a este camino se sustituye por un parámetro de inmersión diferente.

Si la función c tiene *elemento neutro* $\overline{w}_0$, entonces

$$f(\overline{x}) = c(f(\overline{x}),\overline{w}_0) = g(\overline{x},\overline{w}_0)$$

es decir, g es una generalización de f que se comporta igual que ella para el valor inicial $\overline{w} = \overline{w}_0$.

Desplegado

Usando la definición 3.16 de g, sustituimos en ella $f(\overline{x})$ por su definición, dada en la figura 3.13. Obtenemos,

$$\begin{aligned} g(\overline{x},\overline{w}) &= c(f(\overline{x}),\overline{w}) \\ &= c(\textbf{caso}\, B_t(\overline{x}) \to triv(\overline{x}) \,[]\, B_{nt}(\overline{x}) \to c(f(s(\overline{x})),\overline{x})\,\textbf{fcaso}\,,\overline{w}) \\ &= \begin{array}{lll} \textbf{caso} & B_t(\overline{x}) & \to c(triv(\overline{x}),\overline{w}) \\ {[]} & B_{nt}(\overline{x}) & \to c(c(f(s(\overline{x})),\overline{x}),\overline{w}) \\ \textbf{fcaso} & & \end{array} \end{aligned}$$

Si la operación c es *asociativa*, la expresión del caso no trivial puede ser reordenada, dando lugar a

$$g(\overline{x},\overline{w}) = \begin{array}{lll} \textbf{caso} & B_t(\overline{x}) & \to c(triv(\overline{x}),\overline{w}) \\ {[]} & B_{nt}(\overline{x}) & \to c(f(s(\overline{x})),c(\overline{x},\overline{w})) \\ \textbf{fcaso} & & \end{array}$$

Plegado

La expresión del caso no trivial de g tiene el mismo aspecto que la ecuación 3.16; por tanto, se puede *plegar* dicho caso no trivial, dando lugar a:

$$g(\overline{x},\overline{w}) = \begin{array}{lll} \textbf{caso} & B_t(\overline{x}) & \to c(triv(\overline{x}),\overline{w}) \\ {[]} & B_{nt}(\overline{x}) & \to g(s(\overline{x}),c(\overline{x},\overline{w})) \\ \textbf{fcaso} & & \end{array}$$

que define g como función recursiva final.

Resumiendo, para poder aplicar la técnica, la función *combinar* de f ha de poseer elemento neutro (a veces basta con un elemento neutro por la izquierda o por la derecha) y ser asociativa. Cuando $\overline{x}$ y $\overline{w}$ son tuplas de parámetros y c involucra varias operaciones elementales, condicionales incluidos, puede no quedar demasiado claro qué significa tener elemento neutro y ser asociativa. En ese caso, se pueden ensayar los pasos genéricos enunciados más arriba. Las dificultades pueden aparecer al buscar un valor de los parámetros $\overline{w}$ que hagan a c comportarse como la identidad (paso 1), o al reordenar el caso no trivial de g para encontrar la expresión que permita plegar f (paso 2).

Ejemplo 3.4.

La potencia n-ésima por n-ésima vez

En el ejercicio 3.12 habíamos llegado a una solución de coste logarítmico en n pero que era recursiva no final. Reproducimos aquí la función:

$$
\begin{array}{l}
\textbf{fun}\ pot\ (a : entero; n : natural)\ \textbf{dev}\ (p : entero)\ = \\
\quad \textbf{caso}\ n = 0 \rightarrow 1 \\
\quad \square \quad n > 0 \rightarrow \textbf{sea}\ p' = pot(a, n\ \textbf{div}\ 2)\ \textbf{en} \\
\qquad\qquad\qquad\quad \textbf{caso}\ par(n) \quad \rightarrow p' * p' \\
\qquad\qquad\qquad\quad \square \quad \neg par(n) \ \rightarrow a * p' * p' \\
\qquad\qquad\qquad\quad \textbf{fcaso} \\
\quad \textbf{fcaso} \\
\textbf{ffun}
\end{array}
$$

Se trata de ver si, aplicando la técnica de desplegado y plegado, es posible convertirla en una función recursiva final. Aparentemente, la función *combinar* sólo involucra la operación "$*$" que sabemos es asociativa y tiene elemento neutro. No conviene, sin embargo, dejarse llevar por las apariencias porque una visión más atenta nos revela que, en realidad, una vez obtenido el resultado p' hay, por este orden, una operación de elevar al cuadrado p', seguida de un producto del resultado obtenido por un factor que está condicionado al valor de n. Para poder razonar más cómodamente, reescribimos la función del siguiente modo:

$$
\begin{array}{rl}
pot(a, n) = & \textbf{caso}\ n = 0 \ \rightarrow 1 \\
& \square \quad n > 0 \ \rightarrow cond(a, n) * [pot(a, n\ \textbf{div}\ 2)]^2 \\
& \textbf{fcaso}
\end{array}
$$

donde:

$$
\begin{array}{rl}
cond(a, n) = & \textbf{caso}\ par(n) \ \rightarrow 1 \\
& \square \quad \neg par(n) \rightarrow a \\
& \textbf{fcaso}
\end{array}
$$

El paso de generalización es el más delicado porque hay que elegir adecuadamente cuántos y cuáles han de ser los parámetros de inmersión $\overline{w}$. Si escribimos el caso no trivial de *pot* en forma de árbol sintáctico, obtenemos:

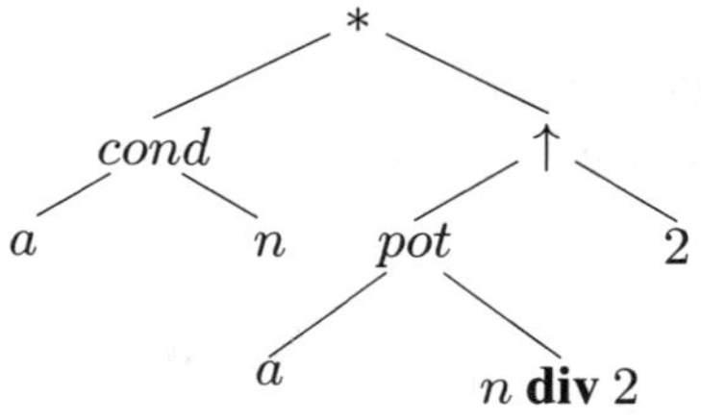

Como se ha explicado, para una generalización correcta se ha de considerar como función c el conjunto de las operaciones que están en los nodos del camino que une el subárbol correspondiente a f con la raíz del término, es decir:

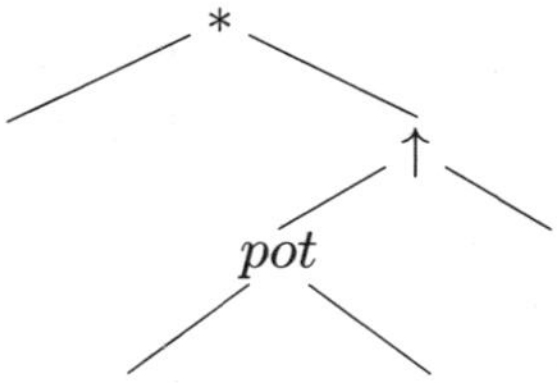

Las ramas laterales a este camino se rellenan con parámetros de inmersión excepto las que parten de f, que se rellenan con los parámetros originales $\overline{x}$. Se obtiene, pues

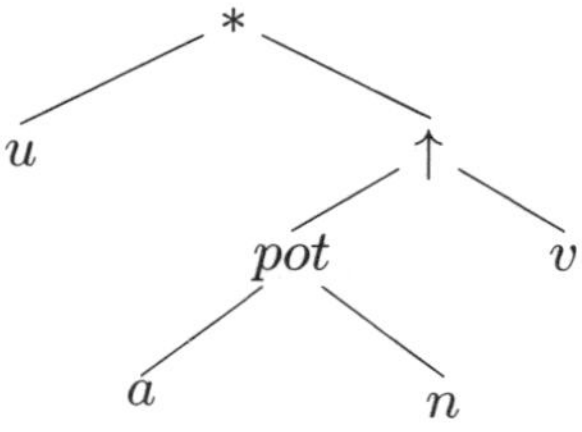

que escrito longitudinalmente da la siguiente definición para g:

$$ipot(a, n, u, v) \stackrel{\text{def}}{=} u * [pot(a, n)]^v \tag{3.17}$$

La elevación a un exponente y el producto tienen como elemento neutro el 1, luego la función original f puede calcularse inicializando u y v a este valor

$$pot(a,n) = ipot(a,n,1,1)$$

El desplegado de f consiste en las siguientes transformaciones:

$$\begin{array}{l} ipot(a,n,u,v) = \\ u * (\textbf{caso}\ n = 0 \rightarrow 1 \\ \quad \Box \quad n > 0 \rightarrow \textbf{caso}\ par(n) \rightarrow [pot(a, n\ \textbf{div}\ 2)]^2 \\ \quad\quad\quad\quad\quad\quad \Box \quad \neg par(n) \rightarrow a * [pot(a, n\ \textbf{div}\ 2)]^2 \\ \quad\quad\quad\quad\quad\quad \textbf{fcaso} \\ \quad \textbf{fcaso}\ )^v \\ = \\ \quad \textbf{caso}\ n = 0 \rightarrow u * 1^v \\ \quad \Box \quad n > 0 \rightarrow \textbf{caso}\ par(n) \rightarrow u * [(pot(a, n\ \textbf{div}\ 2))^2]^v \\ \quad\quad\quad\quad\quad\quad \Box \quad \neg par(n) \rightarrow u * [a * (pot(a, n\ \textbf{div}\ 2))^2]^v \\ \quad\quad\quad\quad\quad\quad \textbf{fcaso} \\ \quad \textbf{fcaso} \end{array}$$

aplicando la distributividad de la exponenciación con respecto al producto y la asociatividad de este último, obtenemos la expresión:

$$\begin{array}{l} ipot(a,n,u,v) = \\ \textbf{caso}\ n = 0 \rightarrow u \\ \Box \quad n > 0 \rightarrow \textbf{caso}\ par(n) \rightarrow u * [pot(a, n\ \textbf{div}\ 2)]^{2*v} \\ \quad\quad\quad\quad\quad \Box \quad \neg par(n) \rightarrow (u * a^v) * [pot(a, n\ \textbf{div}\ 2)]^{2*v} \\ \quad\quad\quad\quad\quad \textbf{fcaso} \\ \textbf{fcaso} \end{array}$$

Las dos ramas del condicional más interno encajan con el patrón definido para *ipot* en 3.17, con lo que la expresión anterior se puede plegar, dando lugar a la siguiente definición de *ipot*

$$\begin{array}{l} ipot(a,n,u,v) = \\ \textbf{caso}\ n = 0 \rightarrow u \\ \Box \quad n > 0 \rightarrow \textbf{caso}\ par(n) \rightarrow ipot(a, n\ \textbf{div}\ 2, u, 2 * v) \\ \quad\quad\quad\quad\quad \Box \quad \neg par(n) \rightarrow ipot(a, n\ \textbf{div}\ 2, u * a^v, 2 * v) \\ \quad\quad\quad\quad\quad \textbf{fcaso} \\ \textbf{fcaso} \end{array}$$

que es recursiva final.

Se observa, sin embargo, que la expresión a^v es costosa de calcular. Sabiendo que v comienza valiendo 1 y se duplica a cada llamada, podemos aplicar las técnicas del apartado 3.4.4 y añadir un nuevo parámetro de inmersión z que lleve precalculada la expresión a^v. Los detalles se dejan al lector, que deberá llegar al siguiente programa:

$$
\begin{array}{l}
iipot(a, n, u, v, z) = \\
\textbf{caso } n = 0 \rightarrow u \\
\square \quad n > 0 \rightarrow \textbf{caso } \; par(n) \;\; \rightarrow iipot(a, n \textbf{ div } 2, u, 2 * v, z * z) \\
\qquad\qquad\qquad\quad \square \;\; \neg par(n) \rightarrow iipot(a, n \textbf{ div } 2, u * z, 2 * v, z * z) \\
\qquad\qquad\qquad\quad \textbf{fcaso} \\
\textbf{fcaso}
\end{array}
\tag{3.18}
$$

con las siguientes inicializaciones:

$$pot(a, n) = ipot(a, n, 1, 1) = iipot(a, n, 1, 1, a)$$ ■

Ejercicio 3.21.

Realizar un seguimiento manual de las llamadas desencadenadas por $pot(a, 13)$ y por $iipot(a, 13, 1, 1, a)$ y explicar qué diferencias se observan en la forma de calcular el resultado. ■

Ejercicio 3.22.

Aplicar la técnica de desplegado y plegado al programa de la figura 3.6 que calcula el producto escalar desde j hasta n. Comparar el programa obtenido con el de la figura 3.7. ¿Qué diferencias y similitudes se observan? ■

Ejercicio 3.23.

Escribir el programa recursivo no final que se obtiene aplicando la definición recursiva del factorial de un número, y aplicar la técnica de desplegado y plegado para obtener una versión recursiva final. Realizar un seguimiento manual de $fact(4)$ y de $ifact(4, 1)$ y explicar las diferencias observadas. ■

Ejercicio 3.24.

Aplicar la técnica de desplegado y plegado a los programas de las figuras 3.3.3 y 3.4 que calculan el cociente y el resto de la división entera. Si en alguno de los dos casos no fuera posible, explicar por qué. ■

3.6 TRANSFORMACIÓN DE RECURSIVO A ITERATIVO

En esta sección se dan las versiones iterativas de los esquemas genéricos recursivo final y no final usados a lo largo del capítulo. La corrección de esta transformación se justifica informalmente a través del concepto de *invariante* que será definido con precisión en el Capítulo 4. La técnica de transformación suministra este predicado para cada bucle iterativo resultante. Como se verá en el Capítulo 4, el invariante de un bucle, en general, ha de ser "inventado", por lo que el diseño recursivo puede utilizarse como técnica para el descubrimiento de invariantes. También puede ser derivado a partir de la postcondición del bucle, de un modo similar a como aquí se ha derivado la especificación de una inmersión a partir de la postcondición de la función original.

Las razones para desear transformar a iterativo una función recursiva son varias:

- El lenguaje iterativo disponible no soporta la recursividad.
- No se quiere pagar el coste adicional en tiempo (siempre en la constante multiplicativa) del mecanismo de llamada a procedimiento y del paso de parámetros.
- No se quiere pagar el coste adicional de memoria que lleva implícita la implementación de la recursividad. En general, si $h(n)$ da el número de llamadas recursivas, en el peor caso, de una función $f(n)$ recursiva simple, el coste en espacio de esta función está en $\Theta(h(n))$. La razón es que la implementación más frecuente utiliza una pila, cada uno de cuyos elementos reserva espacio para una activación de la función recursiva (es decir, para las direcciones de los parámetros, y para las variables locales).

Conviene tener en cuenta que la versión iterativa será siempre menos legible y modificable. La ganancia en eficiencia ha de estar, pues, suficientemente justificada. Algunos compiladores son capaces, en el caso de recursión final, de producir una versión iterativa optimizada en memoria, empleando la misma transformación que se da aquí. La versión optimizada está en el código máquina resultante de la compilación y es, por tanto, transparente al programador.

La figura 3.14 muestra el esquema de función recursiva final y su correspondiente versión iterativa.

La transformación a iterativo da lugar, según se aprecia, a un solo bucle. La variable $\overline{x}$ toma sucesivamente el valor de los parámetros de cada llamada recursiva. Se observa, pues, que la versión iterativa sólo necesita espacio para una copia de los mismos.

El invariante $P(\overline{x}, \overline{x}_{ini})$ del bucle iterativo es un predicado satisfecho por todos los estados en los que el contador de programa se halla justo antes de preguntar por la condición B_{nt}. Se denomina así porque se satisface antes y después de cada iteración.

$\{Q(\overline{x})\}$
fun f $(\overline{x} : T_1)$ **dev** $(\overline{y} : T_2)$
$=$ **caso** $B_t(\overline{x}) \rightarrow triv(\overline{x})$
$\quad [] \quad B_{nt}(\overline{x}) \rightarrow f(s(\overline{x}))$
fcaso
ffun
$\{R(\overline{x}, \overline{y})\}$

$\{Q(\overline{x}_{ini})\}$
fun f $(\overline{x}_{ini} : T_1)$ **dev** $(\overline{y} : T_2)$
var $\overline{x} : T_1$ **fvar**
$\overline{x} := \overline{x}_{ini};$
$\{P(\overline{x}, \overline{x}_{ini})\}$
mientras $B_{nt}(\overline{x})$ **hacer**
$\overline{x} := s(\overline{x})$
fmientras ;
dev $triv(\overline{x})$
ffun
$\{R(\overline{x}_{ini}, \overline{y})\}$

Figura 3.14. Transformación a iterativo de una función recursiva final

En particular, se satisface antes de la primera y después de la última. En este caso, junto con la condición de terminación del bucle $\neg B_{nt}$. El invariante del bucle de la figura 3.14 es:

$$P(\overline{x}, \overline{x}_{ini}) \equiv Q(\overline{x}) \wedge f(\overline{x}_{ini}) = f(\overline{x}) \tag{3.19}$$

Con este invariante, es posible razonar sobre la corrección de la transformación del modo siguiente:

1. El invariante se satisface antes de la primera iteración. Ello viene garantizado trivialmente por la precondición $Q(\overline{x}_{ini})$ y por la asignación previa al bucle.
2. Si el invariante se satisface antes de una iteración cualquiera, también se satisface después de la misma, es decir

$$Q(\overline{x}) \wedge (f(\overline{x}_{ini}) = f(\overline{x})) \wedge B_{nt}(\overline{x}) \Rightarrow Q(s(\overline{x})) \wedge f(\overline{x}_{ini}) = f(s(\overline{x}))$$

que viene garantizado el punto 2 de la tabla 3.2 que contiene los requisitos para la corrección de una función recursiva, y por la propia estructura de f que, en el caso no trivial, satisface $f(\overline{x}) = f(s(\overline{x}))$.
3. Si el bucle termina, a su terminación se satisface la postcondición $R(\overline{x}_{ini}, \overline{y})$. La implicación que necesitamos en este caso es:

$$Q(\overline{x}) \wedge f(\overline{x}_{ini}) = f(\overline{x}) \wedge \neg B_{nt}(\overline{x}) \Rightarrow R(\overline{x}_{ini}, triv(\overline{x}))$$

Por el punto 1 de la tabla 3.2 podemos deducir que $Q(\overline{x}) \wedge \neg B_{nt}(\overline{x}) \Rightarrow B_t(\overline{x})$ y, por el punto 3 de la misma tabla, $Q(\overline{x}) \wedge B_t(\overline{x}) \Rightarrow R(\overline{x}, triv(\overline{x}))$, es decir, la postcondición se satisface para el valor de $\overline{x}$ correspondiente al caso trivial. La segunda conjunción garantiza que el valor de $\overline{y}$ para ese caso, es válido para todas las $\overline{x}$ de la cadena, en particular para $\overline{x}_{ini}$.

4. El bucle termina. Es obvio que cada iteración del bucle corresponde a una llamada recursiva. La prueba de terminación de la función recursiva sirve como prueba de terminación del bucle. Otra forma de demostrarlo es basarse en la estructura de *pbf* de los valores de $\overline{x}$: la cadena de valores calculados por el bucle es estrictamente decreciente (garantizado por el punto 4 de la tabla 3.2) y no puede ser infinita.

La figura 3.15 muestra el esquema de función recursiva no final y su correspondiente versión iterativa.

```
{Q(x̄)}
fun f (x̄ : T1) dev (ȳ : T2)
= caso Bt(x̄)  → triv(x̄)
   □   Bnt(x̄) → c(f(s(x̄)), x̄)
  fcaso
ffun
{R(x̄, ȳ)}
```

```
{Q(x̄ini)}
fun f (x̄ini : T1) dev (ȳ : T2)
var x̄ : T1 fvar
   x̄ := x̄ini;
   {P1(x̄, x̄ini)}
   mientras Bnt(x̄) hacer
         x̄ := s(x̄)
   fmientras ;
   ȳ := triv(x̄);
   {P2(x̄, x̄ini, ȳ)}
   mientras x̄ ≠ x̄ini hacer
         x̄ := s⁻¹(x̄);
         ȳ := c(ȳ, x̄)
   fmientras ;
   dev ȳ
ffun
{R(x̄ini, ȳ)}
```

Figura 3.15. Transformación a iterativo de una función recursiva no final

En esta ocasión, la transformación da lugar a dos bucles. El primero corresponde al "descenso" en la cadena de llamadas recursivas, transformando los parámetros $\overline{x}$ de la llamada en curso en los parámetros $s(\overline{x})$ de la llamada sucesora, hasta encontrar un valor $\overline{x}$ correspondiente al caso trivial. La asignación posterior al primer bucle calcula el primer resultado $\overline{y}$, que corresponde al caso trivial. El segundo bucle representa el "ascenso" en la cadena de llamadas, aplicando reiteradamente la función

c de combinación para calcular los resultados de la llamada en curso en función de los de la llamada sucesora.

Nótese que antes de aplicar la función c es necesario recuperar los parámetros $\overline{x}$ de la llamada en curso a partir de los de la llamada sucesora. Para ello se aplica la función s^{-1} inversa de la función *sucesor*. No siempre existirá esta función. En ese caso, la implementación de s^{-1} consistirá en recuperar $\overline{x}$ de una *pila* donde, durante el bucle de descenso, se han conservado los parámetros $\overline{x}$ de todas las llamadas (estrictamente, sólo es necesario conservar aquellos parámetros para los que la función s^{-1} no sea calculable).

El tipo de datos *pila* se verá más ampliamente en los Capítulos 5 y 6. Para los propósitos de esta sección, baste decir que se comporta como una pila de platos o de libros: el elemento en la cima es siempre el último elemento apilado y el primero en ser desapilado. Para acceder a un elemento cualquiera hay que desapilar previamente los que se hallan encima de él. La versión iterativa con pila puede verse en la figura 3.16.

Los invariantes de los bucles de la figura 3.15 son, respectivamente:

$$P_1(\overline{x}, \overline{x}_{ini}) \equiv Q(\overline{x}) \wedge SUC(\overline{x}, \overline{x}_{ini}) \tag{3.20}$$

$$P_2(\overline{x}, \overline{x}_{ini}, \overline{y}) \equiv P_1(\overline{x}, \overline{x}_{ini}) \wedge R(\overline{x}, \overline{y}) \tag{3.21}$$

siendo

$$\begin{aligned} SUC(\overline{x}, \overline{x}_{ini}) \equiv \exists k \in \mathcal{N}.(&\overline{x} = s^k(\overline{x}_{ini}) \\ &\wedge \forall k' \in \{0..k-1\}.B_{nt}(s^{k'}(\overline{x}_{ini})) \wedge Q(s^{k'}(\overline{x}_{ini}))) \end{aligned}$$

donde la expresión $s^k(\overline{x}_{ini})$ significa la aplicación reiterada, cero o más veces, de la función s.

La demostración de la corrección de esta transformación sigue los mismos pasos que la de la recursividad final, sólo que ahora hay que razonar sobre dos bucles:

1. El invariante $P_1(\overline{x}, \overline{x}_{ini})$ se cumple trivialmente antes del primer bucle. El predicado SUC se satisface para $k = 0$.
2. $P_1(\overline{x}, \overline{x}_{ini})$ es realmente invariante:

   $$Q(\overline{x}) \wedge SUC(\overline{x}, \overline{x}_{ini}) \wedge B_{nt}(\overline{x}) \Rightarrow Q(s(\overline{x})) \wedge SUC(s(\overline{x}), \overline{x}_{ini})$$

   La parte relativa a SUC es inmediata, y la relativa a Q viene garantizada por el punto 2 de la tabla 3.2.

```
fun f (x̄_ini : T1) dev (ȳ : T2)
var x̄ : T1; p : Pila(T1) fvar
   p := apilar(PilaVacia, x̄_ini);
   x̄ := cima(p);
   mientras B_nt(x̄) hacer
         p := apilar(p, s(x̄));
         x̄ := cima(p)
   fmientras ;
   ȳ := triv(x̄);
   p := desapilar(p);
   mientras ¬vacia?(p) hacer
         x̄ := cima(p);
         ȳ := c(ȳ, x̄);
         p := desapilar(p)
   fmientras ;
    dev ȳ
ffun
```

Figura 3.16. Versión iterativa con pila de una función recursiva no final

3. A la terminación del primer bucle se satisface por primera vez $R(\overline{x}, \overline{y})$ para el valor del caso trivial de $\overline{x}$. Por tanto, el invariante $P_2(\overline{x}, \overline{x}_{ini}, \overline{y})$ es inicialmente cierto.

4. P_2 es invariante. Equivale a demostrar la implicación:

$$P_2(\overline{x}, \overline{x}_{ini}, \overline{y}) \wedge \overline{x} \neq \overline{x}_{ini} \Rightarrow {P_2}_{\overline{x}, \overline{y}}^{s^{-1}(\overline{x}), c(\overline{y}, s^{-1}(\overline{x}))}$$

   La parte de esta implicación relacionada con Q puede garantizarse gracias al predicado SUC. Que SUC es invariante es inmediato, habida cuenta de que la condición $\overline{x} \neq \overline{x}_{ini}$ garantiza que $\overline{x}$ tiene predecesor. La parte relacionada con R corresponde al paso de inducción de la demostración de corrección de la función recursiva, es decir, al punto 4 de la tabla 3.2.

5. A la terminación del segundo bucle se satisface $R(\overline{x}_{ini}, \overline{y})$, consecuencia directa del invariante P_2 y de la condición de terminación del bucle $\overline{x} = \overline{x}_{ini}$.

6. Ambos bucles terminan. La argumentación es idéntica a la dada en el caso de la recursividad final.

Ejemplo 3.5.

Vamos a pasar a iterativo el programa $iipot$ de 3.18, que resultó de la transformación mediante desplegado y plegado de la función pot recursiva no final. Considerando que $\overline{x}$ representa en general una tupla de variables, la transcripción exacta de la transformación de la figura 3.14 es:

```
fun iipot (a_ini, n_ini, u_ini, v_ini, z_ini : entero) dev (p : entero)
var a, n, u, v, z : entero fvar
    ⟨a, n, u, v, z⟩ := ⟨a_ini, n_ini, u_ini, v_ini, z_ini⟩;
    mientras n > 0 hacer
        caso par(n)  → ⟨a, n, u, v, z⟩ := ⟨a, n div 2, u, 2 * v, z * z⟩
        □   ¬par(n) → ⟨a, n, u, v, z⟩ := ⟨a, n div 2, u * z, 2 * v, z * z⟩
        fcaso
    fmientras ;
    dev u
ffun
```

Teniendo en cuenta que $pot(a, n) = iipot(a, n, 1, 1, a)$ y que el parámetro a_{ini} no es modificado por el algoritmo, la versión iterativa de pot, empleando una sintaxis más convencional, quedaría del modo siguiente:

```
fun pot (a_ini, n_ini : entero) dev (p : entero)
var n, u, v, z : entero fvar
  n := n_ini; u := 1; v := 1; z := a_ini;
  mientras n > 0 hacer
        si ¬par(n) entonces u := u * z fsi ;
        n := n div 2; v := 2 * v; z := z * z
  fmientras ;
  dev u
ffun
```

El invariante de este bucle consta de varias conjunciones de distinta procedencia:

$$P \equiv z = a^v \wedge n \geq 0 \wedge iipot(\overline{x}_{ini}) = iipot(\overline{x})$$

La primera de ellas proviene de la inmersión por razones de eficiencia que sustituye la expresión a^v por el parámetro z. Las otras dos son la aplicación directa de la regla de transformación. Desarrollando la tercera conjunción algo más se tiene, por un lado,

$$iipot(\overline{x}_{ini}) = pot(a_{ini}, n_{ini}) = a_{ini}^{n_{ini}}$$

y, por otro, aplicando la generalización 3.17 del desplegado y plegado,

$$iipot(\overline{x}) = iipot(a, n, u, v, z) = ipot(a, n, u, v) = u * [pot(a, n)]^v = u * a^{n*v}$$

En definitiva, el invariante queda:

$$P \equiv z = a^v \wedge n \geq 0 \wedge a^{n_{ini}} = ua^{nv}$$ ■

Ejercicio 3.25.

Ejercitar manualmente el programa iterativo *pot* para $n_{ini} = 13$ y tabular los sucesivos valores de z, a, n y v. ■

Ejemplo 3.6.

Vamos a transformar a iterativo el programa recursivo no final $iraiz_1$ de la figura 3.8, en su versión optimizada $iiiraiz_1$ de la figura 3.12, teniendo en cuenta que ésta, a su vez, es una optimización de $iiraiz_1$ de la figura 3.11. Recordemos que

$$raiz(n) = iraiz_1(n, 1) = iiraiz_1(n, 1, 1) = prim(iiiraiz_1(n, 1, 1))$$

y que, por un lado, la precondición de $iiraiz_1$ cumple $aa = a^2$ y, por otro, la postcondición de $iiiraiz_1$ cumple $rr = r^2$.

```
fun iiiraiz1 (n_ini, a_ini, aa_ini : entero) dev (r, rr : entero)
var n, a, aa : entero fvar
    ⟨n, a, aa⟩ := ⟨n_ini, a_ini, aa_ini⟩;
    mientras aa < n hacer
        ⟨n, a, aa⟩ := ⟨n, 2 * a, 4 * aa⟩
    fmientras ;
    ⟨r, rr⟩ := ⟨0, 0⟩;
    mientras ⟨n, a, aa⟩ ≠ ⟨n_ini, a_ini, aa_ini⟩ hacer
        ⟨n, a, aa⟩ := ⟨n, a div 2, aa div 4⟩;
        e := rr + aa + 2 * r * a;
        caso  n < e → ⟨r, rr⟩ := ⟨r, rr⟩
        []    n ≥ e → ⟨r, rr⟩ := ⟨r + a, e⟩
        fcaso
    fmientras ;
    dev ⟨r, rr⟩
ffun
```

Nótese que, en este ejemplo, la función s^{-1} es calculable y consiste simplemente en dividir por 2 y por 4 los parámetros a y aa. Teniendo en cuenta las inicializaciones y que el parámetro n no es modificado, la versión iterativa de $raiz(n)$ quedaría:

```
fun raiz (n : entero) dev (r : entero)
var a, aa, rr : entero fvar
    a := 1; aa := 1;
    mientras aa < n hacer {P1}
        a := 2 * a; aa := 4 * aa
    fmientras ;
    r := 0; rr := 0;
    mientras a ≠ 1 hacer {P2}
        a := a div 2; aa := aa div 4;
        e := rr + aa + 2 * r * a;
        si n ≥ e entonces r := r + a; rr := e fsi
    fmientras ;
     dev r
ffun
```

El invariante del primer bucle se obtiene directamente de la transformación y de la inmersión de eficiencia que introdujo el parámetro aa:

$$P_1 \equiv n \geq 0 \wedge (\exists k \in \mathcal{N}.a = 2^k) \wedge aa = a^2$$

El invariante del segundo bucle es, igualmente, resultado de la transformación y de la inmersión de eficiencia que introdujo el resultado rr:

$$P_2 \equiv P_1 \wedge (r^2 \leq n < (r+a)^2) \wedge rr = r^2$$

■

3.7 PROBLEMAS ADICIONALES

Aunque no se demanden explícitamente, en todos los problemas que siguen se tratarán de seguir los siguientes pasos:

1. Especificación de la función propuesta.
2. Especificación de la(s) posible(s) inmersión(es).
3. Análisis por casos.
4. Composición.
5. Verificación de la corrección.
6. Análisis del coste.
7. Posibles transformaciones: desplegado y plegado o/y nuevas inmersiones.
8. Transformación a iterativo.
9. Deducción de los invariantes.

Problema 3.1.

Pasar a iterativo las funciones recursivas de la división entera de dos números y de la búsqueda dicotómica en un vector ordenado, desarrolladas en la Sección 3.3.3. Deducir los invariantes de los bucles. ■

Problema 3.2.

Diseñar un función recursiva que calcule el producto de dos enteros no negativos a y b, usando sólo sumas, restas o multiplicaciones y divisiones por 2, con un coste $\mathcal{O}(\log min(a, b))$. Si sale una versión recursiva no final, transformarla a iterativo. ¿Qué problema se presenta? ¿Cómo se resuelve? ■

Problema 3.3.

Diseñar una función que calcule la parte entera del logaritmo en base b, $b > 1$ de un natural a. ■

Problema 3.4.

Dados $1 < b < 10$ y $a \geq 0$, diseñar una función que devuelva un entero x tal que su expresión decimal coincida con la representación de a en base b. Por ejemplo, si $a = 14$ y $b = 3$, ha de devolver $x = 112$. ■

Problema 3.5.

Otra inmersión posible para el problema de la raíz cuadrada entera de la Sección 3.4.3 es la siguiente:

$\{Q \equiv n \geq 0 \land d \geq 1\}$
fun $iraiz(n, d : natural)$ **dev** $(r : natural)$
$\{R \equiv r^2 \leq n/d < (r+1)^2\}$

donde / representa la división real. Obviamente, $raiz(n) = iraiz(n, 1)$. Diseñar, realizando todos los apartados, la función $iraiz$. ■

Problema 3.6.

Diseñar una función que determine si una matriz de dimensión $n \times n$, con $n \geq 1$, es o no simétrica con respecto a la diagonal principal. *Sugerencia*: diseñar una función recursiva auxiliar que compruebe si la fila $a[i, 1..i]$ es simétrica a la columna $a[1..i, i]$. Transformar a iterativo ambas funciones y componer los programas resultantes. ■

Problema 3.7.

La secuencia de los números de Fibonacci se define recursivamente como sigue:

$$fib\,(n) = \begin{cases} 1 & ,\text{si } n = 0 \text{ o } n = 1 \\ fib\,(n-2) + fib\,(n-1) & ,\text{si } n \geq 2 \end{cases}$$

El programa recursivo múltiple para calcular $fib(n)$ que resulta de esta definición tiene coste exponencial (justificarlo). Realizar una inmersión que dé lugar a una función recursiva lineal de coste también lineal. ■

Problema 3.8.

Diseñar una función que responda a la especificación del problema 2.11, esto es, que decida si un vector es capicúa. Mejorar la primera versión de forma que la función termine en cuanto detecte una pareja de elementos simétricos distintos. ■

Problema 3.9.

Diseñar una función que, dado un vector de enteros, decida si el valor de algún elemento coincide con la suma de todos los que están a su izquierda en el vector. La especificación puede verse en la Sección 2.1. ■

Problema 3.10.

Dado un vector $a[1..n]$ de enteros, con $n \geq 0$, en orden estrictamente creciente, diseñar una función que decida si el valor de alguno de los elementos coincide con el valor de su índice. Se ha de conseguir un coste $\mathcal{O}(\log n)$ en tiempo. ■

3.8 NOTAS BIBLIOGRÁFICAS

En el enfoque adoptado aquí, la recursividad se concibe como una técnica de diseño de programas que conduce en muchos casos a soluciones innovadoras difíciles de descubrir por otros medios. También permite presentar de modo elegante y compacto soluciones conocidas. Entre los escasos libros que siguen esta línea, merecen citarse los de P. C. Scholl [Sch77, Sch84] y más recientemente [Man89].

La sección sobre inmersiones está basada en trabajos previos en los que ha colaborado el autor [RBP89, Ros89b], cuyas ideas preliminares surgieron durante un curso de programación funcional que tuvo lugar en Madrid en 1987 [DM87]. El lenguaje recursivo *LR* es una adaptación simplificada de un lenguaje funcional moderno. Sobre programación funcional, el lector puede ampliar conocimientos en cualquiera de los numerosos y cualificados libros aparecidos sobre el tema [Wik87, FH88, BW88, Rea89, Hol91, Tho96].

La transformación mediante desplegado y plegado se conoce desde hace tiempo (véase p.e. [BD77]). En el marco de la programación funcional, esta técnica es más general que la versión presentada aquí y permite transformaciones más amplias. La que hemos incluido en este capítulo procede de [AK82], donde el lector puede ampliar el tema. La transformación a iterativo incluyendo invariantes se ha tomado de [BKB80]. Para ampliar los fundamentos matemáticos de la inducción, pueden consultarse [LS84] y [Man89].

CAPITULO 4

Diseño Iterativo

4.1 SEMÁNTICA DE UN LENGUAJE IMPERATIVO

Los lenguajes imperativos se caracterizan porque los programas construidos con ellos consisten en *secuencias* de órdenes. Mediante ellas, se le indica paso a paso al computador qué instrucción ha de ejecutar en cada instante[1]. Dado un estado inicial, la ejecución de un programa es determinista en el sentido de que la secuencia de estados por la que pasa, incluido el propio estado final, están completamente determinados por el estado de partida. En otras palabras, distintas ejecuciones partiendo del mismo estado inicial producen la misma secuencia de estados intermedios. Sin embargo, unos pocos lenguajes imperativos admiten construcciones no deterministas, lo que posibilita, en muchos casos, soluciones más elegantes y abstractas que las obtenidas con un lenguaje imperativo convencional. A fin de concentrarnos en los aspectos básicos de la programación imperativa, hemos preferido marginar en este libro este tipo de lenguajes. El lector interesado puede encontrar información sobre ellos en las referencias bibliográficas.

En el Capítulo 2 hemos visto que se pueden utilizar predicados para definir conjuntos de estados y que es posible especificar algoritmos mediante dos predicados llamados precondición y postcondición. El primero describiría el conjunto de estados

[1]Ejemplos típicos de lenguajes imperativos son la mayoría de los lenguajes conocidos como Pascal, Modula-2, Ada, C, etc.

válidos al comienzo del algoritmo, y el segundo el conjunto de estados alcanzables a su terminación. En este capítulo aplicaremos la misma idea a la descripción del conjunto de estados alcanzados por el algoritmo en un punto intermedio de su ejecución. Tales predicados reciben el nombre general de *aserciones* o *asertos* debido a que cada uno de ellos representa una afirmación sobre una propiedad que se satisface siempre que el control del programa pasa por el punto donde está situado el mismo.

Escribiendo un aserto entre cada dos instrucciones elementales del algoritmo obtenemos un modo de razonar sobre la corrección de un programa imperativo. Comenzaremos considerando un programa de la forma $S \equiv s_1; \cdots; s_n$ cuya especificación es $\{Q\}S\{R\}$. Al introducir asertos intermedios, obtenemos:

$$\{Q \equiv P_0\}s_1\{P_1\}; \cdots; \{P_{n-1}\}s_n\{P_n \equiv R\}$$

Si el aserto inicial Q se satisface, y cada "programa" elemental s_i consistente en una sola instrucción satisface su especificación $\{P_{i-1}\}s_i\{P_i\}$, entonces se satisface finalmente la postcondición R y el programa es correcto.

Necesitamos entonces reglas para decidir si una instrucción elemental s satisface una especificación dada $\{Q\}s\{R\}$. En esta sección se proporcionan dichas reglas para las instrucciones del pseudolenguaje imperativo que venimos utilizando en este libro. En ciertos casos, dados Q, s y R, la regla permite decidir si se satisface $\{Q\}s\{R\}$. En otros, dados s y R, la regla decide quién ha de ser Q. Lo contrario, es decir, dados Q y s deducir R, resulta más difícil de formalizar y menos útil en la práctica.

Admitiremos que conocer dichas reglas para cada posible instrucción del lenguaje es equivalente a conocer la *semántica* del mismo. En particular, a un conjunto tal de reglas se le llama *semántica axiomática* del lenguaje[2]. Dichas reglas formalizan el efecto que, intuitivamente, sabemos tienen las instrucciones del lenguaje, efecto que los manuales suelen explicar haciendo referencia a la máquina subyacente. Pero también pueden verse como un conjunto de *axiomas* que definen el lenguaje de un modo independiente de cualquier máquina: las instrucciones transforman el estado del cómputo y dichas transformaciones se describen mediante predicados. La noción de estado, explicada en el Capítulo 2, es fácil de formalizar con independencia de las máquinas: un estado es, simplemente, una asignación de valores a un conjunto de variables, de un modo compatible con sus respectivos tipos de datos. La ventaja de esta visión de un lenguaje es que permite razonar sobre el texto de los programas sin tener que ejecutarlos para conocer su efecto.

[2]Hay otras formas de definir la semántica de un lenguaje: *semántica operacional, semántica denotacional, semántica algebraica*, etc.. Cada una representa una visión diferente de los lenguajes y son utilizadas para distintos propósitos. Para verificación de programas, las más útiles son la axiomática y la algebraica.

Las reglas se darán con el mismo formato empleado en la Sección 2.2.2, es decir, serán de la forma:

$$\frac{E_1, \ldots, E_n}{E'_1, \ldots, E'_m}$$

con $n \geq 0$ y $m \geq 1$, donde cada E_k y cada E'_k representa una especificación o un predicado. La interpretación de la regla es la siguiente: de la veracidad de las expresiones $E_1, \ldots, E_n$ se infiere la veracidad de las expresiones $E'_1, \ldots, E'_m$.

Todas las instrucciones que se definen más adelante respetan una serie de reglas (o axiomas) generales que reflejan el conocimiento intuitivo que tenemos sobre los programas.

Dichas reglas son:

1. Una precondición siempre puede ser reforzada. En otras palabras, si Q define un conjunto de estados admisible como precondición de un algoritmo, también será admisible cualquier subconjunto suyo.

$$\frac{\{Q\}S\{R\}, Q' \Rightarrow Q}{\{Q'\}S\{R\}}$$

En particular, *falso* siempre es una precondición admisible. Lamentablemente, ello carece de interés ya que, al definir el conjunto vacío de estados, el algoritmo sería inútil, pues ningún estado de partida garantiza que éste termina cumpliendo la postcondición. De hecho, para toda instrucción S y postcondición R, $\{\mathit{falso}\}S\{R\}$ es un axioma.

2. Una postcondición siempre puede ser debilitada: si R define un conjunto de estados admisible como postcondición de un algoritmo, también será admisible cualquier superconjunto suyo.

$$\frac{\{Q\}S\{R\}, R \Rightarrow R'}{\{Q\}S\{R'\}}$$

En particular, *cierto* siempre es una postcondición admisible si el programa termina. La especificación $\{Q\}S\{\mathit{cierto}\}$ no es trivialmente cierta. Expresa que el algoritmo termina cuando su ejecución comienza en un estado que satisface Q.

3. Las precondiciones admisibles para un algoritmo pueden componerse mediante las conectivas $\wedge$ y $\vee$, siempre que se haga lo mismo con las respectivas postcondiciones.

$$\frac{\{Q_1\}S\{R_1\}, \{Q_2\}S\{R_2\}}{\{Q_1 \wedge Q_2\}S\{R_1 \wedge R_2\}, \{Q_1 \vee Q_2\}S\{R_1 \vee R_2\}}$$

A continuación se presentan las reglas específicas de cada instrucción del lenguaje imperativo que hemos venido utilizando informalmente hasta ahora.

Las instrucciones "nada" y "abortar"

El axioma que define la instrucción **nada**, cuyo efecto intuitivo es no realizar acción alguna, es el siguiente:

$$\frac{}{\{Q\}\mathbf{nada}\{Q\}}$$

cualquiera que sea Q. Como se aprecia, los conjuntos inicial y final de estados coinciden, lo que expresa que la instrucción siempre termina y que su efecto sobre el estado del cómputo es nulo. Combinando esta regla con las reglas generales dadas más arriba, se obtiene la regla equivalente:

$$\frac{Q \Rightarrow R}{\{Q\}\mathbf{nada}\{R\}}$$

La instrucción **abortar** , o bien interrumpe bruscamente, o bien prolonga indefinidamente el cómputo, impidiendo que se alcance cualquier estado útil. Tienen esta semántica las excepciones irrecuperables que se producen en tiempo de ejecución y los bucles infinitos. El axioma que formaliza esta idea es el siguiente:

$$\frac{}{\{\mathit{falso}\}\ \mathbf{abortar}\ \{Q\}}$$

para cualquier postcondición Q. Es decir, no existe ningún estado de partida que garantice que la instrucción **abortar** termina en un estado definido.

La instrucción de asignación

La instrucción de asignación $x := E$, donde x es una variable y E una expresión del mismo tipo que x, tiene un significado intuitivo familiar a todos los programadores: la expresión E es evaluada en el estado en curso y su valor asignado a la variable x, que pierde su antiguo valor. Puede ocurrir que x aparezca en la propia expresión E como, por ejemplo, en la asignación $x := x + 1$. Formalizar el efecto de esta instrucción exige tener en cuenta los dos posibles valores de x: el que tenía antes de ejecutarse la instrucción y el que tendrá después. He aquí la regla:

$$\frac{}{\{Dom(E) \wedge R_x^E\}x := E\{R\}}$$

para cualquier postcondición R. Recordemos (véase la definición 2.14), que el predicado R_x^E se construye sustituyendo en R todas las apariciones libres de x por la expresión E. Por su parte, $Dom(E)$ es el conjunto de todos los estados en los que la expresión E está definida.

La regla permite calcular una precondición admisible a partir de la postcondición deseada para la instrucción. Dicha precondición incluye sólo estados en los que E es evaluable (de otro modo la instrucción abortaría) y, además, los estados que la satisfacen deben cumplir para la expresión E, lo mismo que R cumple para x. La explicación de por qué ello es así es bastante clara: si queremos que x satisfaga cierta propiedad R *después* de ejecutarse la instrucción, dicha propiedad ha de ser satisfecha por E *antes* de ejecutarse la misma, dado que el valor de la expresión E antes de ejecutarse la instrucción va a ser copiado en x. Veamos con algunos ejemplos cómo esta definición formal respeta el significado intuitivo.

Ejemplo 4.1.

En la especificación $\{Q\}x := x + 1\{R\}$, calcularemos Q para distintas postcondiciones R. Supondremos, para simplificar, que no habrá desbordamiento al sumar 1 a x, es decir, $Dom(E) \equiv$ *cierto*. Si quisiéramos tener en cuenta esta posibilidad, tendríamos que introducir el predicado $Dom(x + 1) \equiv x < Maxint$.

1. $R \equiv x = 7$. Aplicando la regla, se obtiene la precondición:

   $$Q \equiv R_x^{x+1} \equiv x + 1 = 7 \equiv x = 6$$

2. $R \equiv x + y > 0$. En este caso:

   $$Q \equiv R_x^{x+1} \equiv x + 1 + y > 0 \equiv x + y \geq 0$$

3. $R \equiv y = 2^k$. En este caso:

   $$Q \equiv R_x^{x+1} \equiv y = 2^k$$

lo que coincide, una vez más, con la intuición: si deseamos que una cierta variable y tenga el valor 2^k *después* de ejecutar $x := x + 1$, ha de tener ya ese valor *antes* de ejecutar dicha instrucción, ya que la misma no modifica en absoluto la variable y.

4. $R \equiv (\exists x \geq 0.y = 2^x)$. En este caso:

$$Q \equiv R_x^{x+1} \equiv (\exists x \geq 0.y = 2^x)$$

ya que x no es libre en el predicado R. Una razón más para emplear, para las variables ligadas, nombres que no entren en conflicto con los de las variables del programa. Así, escribiremos $R \equiv (\exists \xi \geq 0.y = 2^\xi)$ ■

Ejemplo 4.2.

Cuando aparezcan en la expresión E componentes de vectores o, en general, cualquier tipo de operaciones parciales, se hará constar expresamente en la precondición el dominio de E. Así, una precondición Q (de hecho la más general) para la especificación $\{Q\}x := a[i]\{x > 0\}$, es:

$$Q \equiv Dom(E) \wedge R_x^E \equiv 1 \leq i \leq n \wedge a[i] > 0$$

suponiendo que el tipo de a es **vector** $[1..n]$ **de** *entero* ■

Admitiremos en nuestro lenguaje *asignaciones múltiples*, esto es, la asignación simultánea de una lista de expresiones a una lista de variables de los tipos adecuados. Utilizaremos la sintaxis:

$$\langle x_1, \ldots, x_n \rangle := \langle E_1, \ldots, E_n \rangle$$

siendo cada expresión E_i del mismo tipo que la variable x_i, y todas las x_i variables distintas. El significado intuitivo de esta asignación es el siguiente: En primer lugar, se evalúan en el estado en curso todas las expresiones E_i. A continuación, se asignan los valores obtenidos a sus correspondientes variables, que pierden sus valores anteriores. Según esta explicación, la instrucción:

$$\langle x, y \rangle := \langle y, x \rangle$$

permuta los viejos valores de x e y. Obsérvese que no es equivalente al programa $x := y; y := x$, ni al programa $y := x; x := y$. La asignación múltiple evita, como se aprecia en este ejemplo, sobrespecificar el orden en que han de tener lugar un conjunto de asignaciones y el uso, en ciertos casos, de variables auxiliares que contribuyen a oscurecer los algoritmos. La definición formal de la instrucción es una generalización de la dada para la asignación simple:

$$\frac{}{\{R^{E_1,\ldots,E_n}_{x_1,\ldots,x_n}\}\langle x_1,\ldots,x_n\rangle := \langle E_1,\ldots,E_n\rangle\{R\}}$$

La composición secuencial de instrucciones

La composición secuencial de dos instrucciones S_1 y S_2, denotada $S_1; S_2$, se utiliza para encadenar cómputos. Como consecuencia, el estado final producido por S_1 se convierte en el estado inicial de S_2. La siguiente regla expresa formalmente esta idea:

$$\frac{\{Q\}S_1\{P\}, \{P\}S_2\{R\}}{\{Q\}S_1; S_2\{R\}}$$

Aparentemente, es necesario inventar un predicado P que describa el conjunto de estados alcanzado después de ejecutar S_1 y antes de ejecutar S_2 y demostrar que se satisfacen las especificaciones de cada instrucción por separado. En muchos casos es así pero si, por ejemplo, S_1 y S_2 son asignaciones, se suele proceder calculando precondiciones en sentido inverso al del flujo de control del programa: partiendo de R, se calcula P mediante la regla de la asignación y, tomando P como postcondición de S_1, se aplica de nuevo dicha regla para calcular Q. El siguiente ejemplo ilustra esta forma de proceder.

Ejemplo 4.3.

Calcularemos la precondición más general Q (y averiguaremos el efecto R) del siguiente programa:

$$\begin{array}{l}\{Q\}\\ x := x + y;\\ y := x - y;\\ x := x - y\\ \{R\}\end{array}$$

Es obvio que x e y son modificados por el programa, aunque no está claro en qué sentido. Ante la duda, tomaremos como postcondición

$$R \equiv (x = A) \wedge (y = B)$$

Se tiene entonces:

$$
\begin{aligned}
P &\equiv R_x^{x-y} \\
&\equiv Dom(x-y) \wedge (x-y=A) \wedge (y=B) \\
U &\equiv P_y^{x-y} \\
&\equiv Dom(x-y) \wedge Dom(x-(x-y)) \wedge (x-(x-y)=A) \wedge (x-y=B) \\
&\equiv Dom(x-y) \wedge (y=A) \wedge (x-y=B) \\
Q &\equiv U_x^{x+y} \\
&\equiv Dom(x+y) \wedge Dom(x+y-y) \wedge (y=A) \wedge (x+y-y=B) \\
&\equiv Dom(x+y) \wedge (y=A) \wedge (x=B)
\end{aligned}
$$

El programa, ¡sorpresa!, intercambia los valores de x y de y siempre que su suma sea evaluable, es decir, siempre que $-Maxint \leq x+y \leq Maxint$. Si ignoramos este requisito, el programa es semánticamente equivalente a la asignación: $\langle x, y\rangle := \langle y, x\rangle$. ■

Las instrucciones condicionales

La forma más simple de instrucción condicional es la siguiente:

si B **entonces** S_1 **si no** S_2 **fsi**

Su ejecución comienza evaluando la condición booleana B en el estado en curso. Si resulta ser cierta, se ejecuta S_1, pero no S_2; en caso contrario, se ejecuta S_2, pero no S_1. La regla que refleja esta idea es la siguiente:

$$
\frac{\{Q \wedge B\}S_1\{R\}, \{Q \wedge \neg B\}S_2\{R\}}{\{Q \wedge Dom(B)\}\textbf{si } B \textbf{ entonces } S_1 \textbf{ si no } S_2 \textbf{ fsi } \{R\}}
$$

Si no existiera la rama del **si no** , se continúa aplicando la misma regla, considerando que $S_2 =$ **nada**, lo que equivale a sustituir en el numerador $\{Q \wedge \neg B\}S_2\{R\}$ por $Q \wedge \neg B \Rightarrow R$.

Tal como está planteada, la regla obliga a que el programador conjeture un predicado Q que sirva como precondición de la instrucción. Entonces habrá de demostrar que se satisfacen las dos especificaciones del antecedente de la regla. Tratando de proceder como en el caso de la instrucción de asignación, se puede partir también de la postcondición R, calculando hacia atrás las precondiciones Q_1 y Q_2 correspondientes a S_1 y S_2, y construir la precondición de la instrucción condicional mediante la siguiente regla alternativa:

$$\frac{\{Q_1\}S_1\{R\},\{Q_2\}S_2\{R\}}{\{Dom(B)\wedge((Q_1\wedge B)\vee(Q_2\wedge\neg B))\}\textbf{si } B \textbf{ entonces } S_1 \textbf{ si no } S_2 \textbf{ fsi } \{R\}}$$

En la práctica, se obtiene una precondición un tanto compleja de manejar, por lo que en la mayoría de los ejemplos emplearemos la primera regla.

Ejercicio 4.1.

Demostrar que ambas reglas dadas para la instrucción **si** ... **fsi**, son equivalentes. *Sugerencia:* Demostrar que la segunda es un caso particular de la primera y viceversa. ■

Ejemplo 4.4.

Queremos calcular una precondición Q para el siguiente programa:

$$\{Q\}\ \textbf{si}\ x<0\ \textbf{entonces}\ x:=x+1\ \textbf{si no}\ x:=x-1\ \textbf{fsi}\ \{R\}$$

siendo $R\equiv x\geq 0$. Empleando la segunda regla, obtenemos:

$$\begin{aligned} R_x^{x+1} &\equiv x+1\geq 0\equiv x\geq -1 \\ R_x^{x-1} &\equiv x-1\geq 0\equiv x\geq 1 \\ Q &\equiv (x\geq -1\wedge x<0)\vee(x\geq 1\wedge\neg(x<0)) \\ &\equiv x=-1\vee x\geq 1 \end{aligned}$$

■

La segunda forma de instrucción condicional que emplearemos es la versión imperativa de la expresión condicional **caso** del lenguaje funcional *LR* definido en el Capítulo 3. Su sintaxis es:

$$\textbf{caso}\ B_1\longrightarrow S_1\ [\,]\ \cdots\ [\,]\ B_n\longrightarrow S_n\ \textbf{fcaso}$$

donde las B_i son expresiones booleanas y las S_i secuencias de instrucciones. Exigiremos que, en cada ejecución, exactamente una de las condiciones booleanas B_i sea cierta. Si ninguna o más de una lo es, la instrucción aborta. La regla formal que expresa esta semántica es la siguiente:

$$\frac{\{Q\wedge B_1\}S_1\{R\},\ldots,\{Q\wedge B_n\}S_n\{R\}}{\{Q\wedge \mathit{UNA}\,(B_1,\ldots,B_n)\}\textbf{caso}\ B_1\longrightarrow S_1\ [\,]\ \cdots\ [\,]\ B_n\longrightarrow S_n\ \textbf{fcaso}\ \{R\}}$$

donde,

$$UNA\,(B_1,\ldots,B_n) \equiv (\bigwedge_{i=1}^{n} Dom\,(B_i)) \wedge (Ni \in \{1..n\}.B_i) = 1$$

La correspondiente regla que permite calcular explícitamente la precondición a partir de la postcondición es la siguiente:

$$\frac{\{Q_1\}S_1\{R\},\ldots,\{Q_n\}S_n\{R\}}{\{Q \wedge UNA\,(B_1,\ldots,B_n)\}\textbf{caso}\,B_1 \longrightarrow S_1 \;\square\; \cdots \;\square\; B_n \longrightarrow S_n\;\textbf{fcaso}\;\{R\}}$$

siendo,

$Q \equiv (Q_1 \wedge B_1) \vee \ldots \vee (Q_n \wedge B_n)$

Las instrucciones iterativas. Invariantes

La forma básica de iteración que emplearemos es la instrucción **mientras** , cuya sintaxis es:

mientras B **hacer** S **fmientras**

Representa un bucle que puede iterar cero o más veces. Comienza evaluando la condición booleana B: si es falsa, el bucle es equivalente a la instrucción **nada**; en otro caso, se ejecuta el *cuerpo* S de la iteración y se vuelve a evaluar la condición B. Este proceso se repite hasta que la condición B se hace falsa, de suceder ello alguna vez.

Para esta instrucción no es práctico dar una regla que permita calcular la precondición a partir de la postcondición. Aquí es inevitable que el programador invente o conjeture un predicado especial que llamaremos *invariante* sin cuyo concurso no es posible razonar sobre el efecto del bucle. Dicho predicado ya fue mencionado en la Sección 3.6, si bien allí no se profundizó en su estudio. La experiencia indica que éste es uno de los conceptos más difíciles de asimilar por los estudiantes de programación, por lo que, antes de dar la regla semántica, nos detendremos a explicar intuitivamente su significado.

Consideremos el siguiente fragmento de programa, donde todas las variables son enteras:

$i := 0; q := 0; p := 1;$
mientras $i < n$ **hacer**
    $i := i + 1; q := q + p; p := p + 2$
fmientras

Es evidente que el bucle evoluciona desde un estado inicial descrito por $P_0 \equiv i = 0 \wedge q = 0 \wedge p = 1$ hasta un estado final descrito incompletamente por $P_n \equiv i = n \wedge q =? \wedge p =?$ Las variables van cambiando de valor, pero lo hacen de tal modo que se mantienen invariables ciertas relaciones entre ellas. Para clarificar estas relaciones, estudiaremos los valores de i, q y p al comienzo de las primeras iteraciones. Los estados P_i de la tabla siguiente han sido observados justo antes de evaluar la condición $i < n$:

estado	i	q	p
P_0	0	0	1
P_1	1	1	3
P_2	2	4	5
P_3	3	9	7
$\vdots$	$\vdots$	$\vdots$	$\vdots$

A la vista de los valores, conjeturamos que la relación entre estas tres variables viene descrita por $q = i^2 \wedge p = 2i+1$. Por su parte, i toma valores en $\{0..n\}$. Nótese que el valor $i = n$ forma parte de los estados alcanzados por el bucle. Es el estado alcanzado al final de la última iteración, justo antes de evaluar por última vez la condición $i < n$ para comprobar que es falsa y dar por terminada la iteración.

Definición 4.1.

El invariante es un predicado que describe *todos* los estados por los que atraviesa el cómputo realizado por el bucle, observados justo antes de evaluar la condición B de terminación.

El invariante se satisface antes de la primera iteración, después de cada una de ellas y, en particular, después de la última, es decir, a la terminación del bucle. En el ejemplo, el invariante P es la unión de todos los estados $P_0, \ldots, P_n$, es decir

$$P \equiv P_0 \vee \ldots \vee P_n$$

o, escrito en forma más compacta,

$$P \equiv 0 \leq i \leq n \wedge q = i^2 \wedge p = 2i + 1$$

Si el bucle termina, lo hace satisfaciendo el invariante P y, además, la negación de la condición B. La postcondición del bucle será, pues, $P \wedge \neg B$. En el ejemplo,

$$\begin{aligned} P \wedge \neg B \;&\equiv\; 0 \leq i \leq n \wedge q = i^2 \wedge p = 2i + 1 \wedge i \geq n \\ &\equiv\; i = n \wedge q = i^2 \wedge p = 2i + 1 \\ &\equiv\; i = n \wedge q = n^2 \wedge p = 2n + 1 \end{aligned}$$

Por otra parte, el invariante P es a la vez precondición y postcondición del cuerpo S de la iteración, ya que éste modifica el estado pero no las relaciones entre las variables. Además, *Dom* (B) ha de cumplirse cada vez que la condición B va a ser evaluada, es decir, ha de satisfacerse $P \Rightarrow Dom\ (B)$. Recapitulando, podemos enunciar provisionalmente para el bucle **mientras** la siguiente regla semántica:

$$\frac{P \Rightarrow Dom\ (B),\ \{P \wedge B\}S\{P\}}{\{P\}\textbf{mientras}\ B\ \ \textbf{hacer}\ S\ \textbf{fmientras}\ \{P \wedge \neg B\}}$$

que expresa que, comenzando la ejecución del bucle con la precondición P, terminamos con la postcondición $P \wedge \neg B$, siempre que podamos mostrar que S mantiene P invariante. Sin embargo, esta regla es incompleta. Recordemos (véase la Sección 2.3) que la notación $\{Q\}S\{R\}$ implica en particular que está garantizada la terminación de S. Exigir tan sólo que S mantenga la invariancia de P no garantiza que el bucle termine. En un caso extremo, se podría proponer como cuerpo S la instrucción **nada** que, obviamente, mantiene la invariabilidad de cualquier predicado y, sin embargo, hace que el bucle itere indefinidamente.

Para resolver el problema, recurriremos de nuevo al concepto de *función limitadora* introducido en la Sección 3.3.2. Se trata de encontrar una función $t : estado \longrightarrow \mathcal{Z}$ que se mantenga no negativa cada vez que se va a ejecutar el cuerpo S y que decrezca cada vez que se ejecuta éste. Es decir, que satisfaga:

1. $P \wedge B \Rightarrow t \geq 0$
2. $\{P \wedge B \wedge t = T\}S\{t < T\}$, para cualquier constante entera T.

Con ello, ya podemos dar la regla completa de la iteración:

$$\frac{P \Rightarrow Dom(B), \{P \wedge B\}S\{P\}, P \wedge B \Rightarrow t \geq 0, \{P \wedge B \wedge t = T\}S\{t < T\}}{\{P\}\textbf{mientras}\ B\ \ \textbf{hacer}\ S\ \textbf{fmientras}\ \{P \wedge \neg B\}}$$

Encontrar funciones limitadoras suele resultar más sencillo que encontrar invariantes. Basta con observar las variables que son modificadas por el cuerpo S del bucle, y construir con (algunas de) ellas una expresión entera t que decrezca. Después se ajusta t, si es necesario, para garantizar que se mantiene no negativa siempre que se cumple $P \wedge B$. En el ejemplo anterior, todas las variables aumentan su valor en cada iteración pero, dado que n no se modifica, la expresión $n - i$ decrece cada vez que se ejecuta el cuerpo del bucle. Además,

$$P \wedge B \Rightarrow i \leq n \wedge i < n \equiv i < n \equiv n - i > 0 \Rightarrow n - i \geq 0$$

Otras instrucciones iterativas que pueden aparecer en los programas imperativos son las siguientes:

repetir S **hasta** B
para i **desde** E_1 **hasta** E_2 **hacer** S **fpara**
para i **bajando desde** E_1 **hasta** E_2 **hacer** S **fpara**

La primera de ellas denota un bucle que itera al menos un vez. Al final de cada iteración, se evalúa la condición B y, si es cierta, la ejecución termina; en caso contrario, vuelve a iterar. Semánticamente, es equivalente al siguiente programa:

S; **mientras** $\neg B$ **hacer** S **fmientras**

En correspondencia con ello, el bucle **repetir** tiene la siguiente definición formal:

$$\frac{\{Q\}S\{P\},\ P \Rightarrow Dom\,(B),\ P \wedge \neg B \Rightarrow Q,\ Q \Rightarrow t \geq 0,\ \{Q \wedge t = T\}S\{t < T\}}{\{Q\}\textbf{repetir}\ S\ \textbf{hasta}\ B\{P \wedge B\}}$$

Razonar sobre la corrección de un bucle **repetir** suele ser más difícil que hacerlo sobre un bucle **mientras** debido a la necesidad de utilizar, en aquél, dos invariantes Q y P, en lugar de uno solo.

La instrucción **para** itera, como el bucle **mientras** , cero o más veces. A diferencia de éste, su terminación está asegurada por construcción, dadas sus restricciones sintácticas y semánticas: las expresiones E_1 y E_2 se evalúan sólo una vez antes de entrar en el bucle. A i, llamada *variable de control* del bucle, se le asigna inicialmente el valor de E_1. En la versión ascendente, i se incrementa en uno después de cada iteración. La condición de terminación es $i > E_2$ y se evalúa antes de cada iteración. En la versión descendente, i se decrementa en uno después de cada iteración y la condición de terminación es $i < E_2$. En ambas versiones, i no puede ser modificada dentro del cuerpo S del bucle.

En lugar de dar una regla específica para la instrucción **para** , daremos los programas aproximadamente equivalentes en términos de bucles **mientras** :

para i **desde** E_1 **hasta** E_2 **hacer**
  S
fpara
	$\equiv$	$i := E_1; lim := E_2;$
		mientras $i \leq lim$ **hacer**
		  $S; i := i + 1$
		fmientras

para i **bajando desde** E_1 **hasta** E_2 **hacer** S **fpara**	$\equiv$	$i := E_1; lim := E_2;$ **mientras** $i \geq lim$ **hacer** $S; i := i - 1$ **fmientras**

donde lim es un nombre de variable que no ha de coincidir con ningún otro nombre de variables consultadas o modificadas por S. La razón para la que las versiones **para** no sean totalmente equivalentes a las versiones **mientras** es que, en un bucle **para** , la variable de control tiene un valor indefinido a la salida del bucle. En las versiones **mientras** , la variable i termina respectivamente con los valores $lim + 1$ y $lim - 1$.

4.2 VERIFICACIÓN *A POSTERIORI*

En esta sección aplicaremos las reglas de la sección anterior a la verificación de pequeños programas ya construidos, tratando de ordenar de forma cómoda el conjunto de demostraciones a desarrollar. Nos restringiremos a programas que respondan al esquema de la figura 4.1. Nótese en esta figura que el invariante P se ha escrito, por comodidad, detrás de la palabra **hacer** . Lo haremos así con frecuencia, conviniendo con el lector en que el punto del programa donde se satisface es, como se ha dicho, antes de evaluar la condición B. Nos limitaremos a esta familia de programas por dos razones:

- Muchos algoritmos interesantes responden a este esquema.
- Si el algoritmo a verificar es más complejo, siempre puede descomponerse en pequeños algoritmos como el esquema propuesto:
  - Si consta de varios bucles en secuencia, basta con inventar predicados intermedios que sirvan como postcondición de un bucle y, a la vez, como precondición del siguiente. Después, se verifica cada bucle por separado.
  - Si consta de varios bucles anidados, se comienza por verificar el más interior. Una vez realizado, ese bucle, junto con sus posibles inicializaciones, se trata como una “caja negra” de la que sólo se nos permite conocer su precondición y su postcondición. A efectos de verificar el bucle inmediatamente más externo, el bucle interno se trata como una instrucción simple. Se procede así hasta verificar el bucle más exterior de todos.

$\{Q\}$
Inic ;
mientras B **hacer** $\{P\}$
    S
fmientras
$\{R\}$

Figura 4.1. Esquema de programa iterativo

Refiriéndonos, pues, al esquema de la figura 4.1 y aplicando las reglas de la Sección 4.1, los puntos a demostrar para verificar su corrección se detallan en la figura 4.2. El orden en que se presentan los puntos 1 a 5 es, en cuanto a la validez de la verificación, irrelevante, ya que finalmente han de ser demostrados todos. Sin embargo, es recomendable seguirlo debido a que, si 1 ó 2 no se satisfacen, no tiene sentido continuar con los restantes puntos. En la mayoría de los casos, el fallo de 1 o de 2 indica que el invariante elegido no es apropiado, por lo que hay que modificarlo y ensayar otro predicado. El punto 3 es el que suele requerir más esfuerzo, por lo que conviene atacarlo cuando existe cierta seguridad de que el predicado elegido como P es el invariante que se necesita. Nótese que pueden existir muchos predicados invariantes de un bucle. El que se necesita ha de ser lo suficientemente fuerte para que, junto con $\neg B$, conduzca a la postcondición deseada R, y lo suficientemente débil para que las instrucciones *Inic* de inicialización hagan que se satisfaga antes de la primera iteración, y el cuerpo S del bucle lo mantenga invariante.

Siguiendo los puntos de la figura 4.2, vamos a verificar el siguiente programa que calcula la raíz cuadrada entera de un natural:

$\{Q \equiv n \geq 0\}$
$\langle a, b\rangle := \langle 0, n+1\rangle;$
mientras $b \neq a+1$ **hacer** $\{P \equiv a^2 \leq n < b^2\}$
    $m := (a+b)$ **div** $2; mm := m * m;$
    caso $mm \leq n \rightarrow a := m$
    ▯ $mm > n \rightarrow b := m$
    fcaso
fmientras
$\{R \equiv a^2 \leq n < (a+1)^2\}$

(0) Inventar P y t
El programa y el invariante $P \equiv a^2 \leq n < b^2$ proceden de la conversión a iterativo, aplicando las técnicas de la Sección 3.6, del programa recursivo de la figura 3.10. El

0.	Inventar un invariante P y una función limitadora t. Comprobar que $P \Rightarrow Dom\,(B)$
1.	$P \wedge \neg B \Rightarrow R$
2.	$\{Q\}Inic\{P\}$
3.	$\{P \wedge B\}S\{P\}$
4.	$P \wedge B \Rightarrow t \geq 0$
5.	$\{P \wedge B \wedge t = T\}S\{t < T\}$

Figura 4.2. Puntos a demostrar para verificar el esquema

dominio de la expresión $b \neq a + 1$ está garantizado por el hecho de que $P \Rightarrow a < b$, es decir, $a + 1$ es evaluable sin error.

La función limitadora será $t = b - a$, cuyo descubrimiento resulta fácil recordando la discusión que se realizó en el diseño recursivo de este programa: el programa disminuye en cada iteración la distancia entre a y b.

(1) $P \wedge \neg B \overset{?}{\Rightarrow} R$

$$
\begin{array}{ll}
 & a^2 \leq n < b^2 \wedge \neg(b \neq a+1) \\
\Rightarrow & \quad \{\text{negación}\} \\
 & a^2 \leq n < b^2 \wedge b = a+1 \\
\Rightarrow & \\
 & a^2 \leq n < (a+1)^2 \\
\equiv & \\
 & R
\end{array}
$$

(2) ¿$\{Q\}$*Inic*$\{P\}$?

$$
\begin{array}{ll}
 & P_{a,b}^{o,n+1} \\
\equiv & \\
 & 0 \leq n < (n+1)^2 \\
\equiv & \quad \{\text{aritmética}\} \\
 & 0 \leq n \wedge cierto \\
\Leftarrow & \\
 & Q
\end{array}
$$

(3) ¿$\{P \wedge B\}S\{P\}$?

Dado que el cuerpo S tiene cierta complejidad, conjeturamos un aserto U

$$U \equiv mm = m^2 \wedge a^2 \leq n < b^2$$

justo antes de la instrucción **caso**. Aplicaremos la primera de las dos reglas dadas para esta instrucción.

$$P_a^m$$
$$\equiv$$
$$m^2 \leq n < b^2$$
$$\Leftarrow$$
$$a^2 \leq n < b^2 \wedge m^2 \leq n$$
$$\Leftarrow$$
$$U \wedge mm \leq n$$

Similarmente,

$$P_b^m$$
$$\equiv$$
$$a^2 \leq n < m^2$$
$$\Leftarrow$$
$$a^2 \leq n < b^2 \wedge m^2 > n$$
$$\Leftarrow$$
$$U \wedge mm > n$$

con lo que queda demostrado que el aserto U conduce a P a través de la instrucción **caso**. Veamos el resto de S:

$$(U_{mm}^{m*m})_m^{(a+b)\ \mathbf{div}\ 2}$$
$$\equiv$$
$$(m * m = m^2 \wedge a^2 \leq n < b^2)_m^{(a+b)\ \mathbf{div}\ 2}$$
$$\equiv$$
$$(\mathit{cierto} \wedge a^2 \leq n < b^2)_m^{(a+b)\ \mathbf{div}\ 2}$$
$$\equiv$$
$$P$$

(4) $P \wedge B \overset{?}{\Rightarrow} t \geq 0$

$$a^2 \leq n < b^2 \wedge a + 1 \neq b$$
$$\Rightarrow$$
$$a < b$$
$$\equiv$$
$$b - a > 0$$
$$\Rightarrow$$
$$t \geq 0$$

(5) ¿$\{P \wedge B \wedge t = T\}S\{t < T\}$?

$$a^2 \leq n < b^2 \wedge a+1 \neq b \wedge b-a = T$$
$$\Rightarrow$$
$$a < b \wedge a+1 \neq b \wedge b-a = T$$
$$\equiv$$
$$a+1 < b \wedge b-a = T$$
$$\Rightarrow \quad \{\text{aritmética}\}$$
$$a < (a+b)\ \mathbf{div}\ 2 < b \wedge b-a = T$$
$$\stackrel{\text{def}}{\equiv}$$
$$P'$$

Por otra parte,

$$((b-a) < T)_a^m$$
$$\equiv$$
$$(b-m) < T$$

Similarmente, $((b-a) < T)_b^m \equiv (m-a) < T$. Teniendo en cuenta que las asignaciones o condiciones que se refieren a mm no afectan a las expresiones calculadas, el predicado que ha de ser implicado por $P \wedge B$ es:

$$((b-m) < T \wedge (m-a) < T)_m^{(a+b)\ \mathbf{div}\ 2}$$
$$\equiv$$
$$((b-(a+b)\ \mathbf{div}\ 2) < T \wedge ((a+b)\ \mathbf{div}\ 2 - a) < T)$$
$$\Leftarrow$$
$$P'$$
$$\Leftarrow$$
$$P \wedge B \wedge t = T$$

Es decir, cualquiera que sea la rama elegida por la instrucción **caso** , la expresión $b-a$ siempre decrece en, al menos, una unidad.

La verificación *a posteriori* de programas es un ejercicio interesante de realizar cuando alguien desea iniciarse en las técnicas formales. Dominar las técnicas de demostración explicadas en esta sección requiere desarrollar por cuenta propia no menos de media docena de ejercicios de dificultad similar al desarrollado aquí. A medida que se progresa, las demostraciones van siendo más y más mecánicas. Sin embargo, hay una tarea que no es mecánica y que requiere mucha más práctica: la de encontrar invariantes. Ésto no debería sorprendernos, ya que en el invariante se concentran las decisiones de diseño que el programador, formal o informalmente, ha tomado al escribir el bucle. Inventar invariantes es equivalente a tomar decisiones de diseño. Por eso resulta difícil que un programador descubra el invariante de un bucle realizado por otro programador.

Una técnica para "adivinar" invariantes consiste en tabular, para unas cuantas iteraciones, los valores de las variables modificadas por el bucle, tal como hicimos en el ejemplo de la Sección 4.1. De este modo se clarifican las relaciones entre ellas. Algunas de estas relaciones formarán parte del invariante. El resto se pueden ir descubriendo a medida que se necesitan propiedades para completar las demostraciones.

Debido a estas dificultades, la forma de obtener más provecho de las técnicas formales de verificación consiste en inventar los invariantes antes que los bucles que han de satisfacerlos. Más aun, los bucles se construyen "a la medida" del invariante de forma que, una vez construidos satisfacen, casi con total seguridad, los invariantes de los cuales proceden. Estas ideas han dado lugar a una técnica constructiva de desarrollo de programas conocida con el nombre de *derivación formal* que será el objeto de la siguiente sección.

Ejercicio 4.2.

Proponer una función limitadora y verificar formalmente el siguiente programa:

$\{Q \equiv n \geq 0\}$
$\langle s, i \rangle := \langle 0, 1 \rangle;$
mientras $i \leq n$ **hacer** $\{s = \sum_{\xi=1}^{i-1} a[\xi] \wedge 1 \leq i \leq n+1\}$
  $s := s + a[i];$
  $i := i + 1$
fmientras
$\{R \equiv s = \sum_{\xi=1}^{n} a[\xi]\}$ ■

Ejercicio 4.3.

Proponer una función limitadora y verificar formalmente el siguiente programa:

$\{Q \equiv A \geq 0 \wedge B \geq 0\}$
$\langle a, b, u \rangle := \langle A, B, 0 \rangle;$
mientras $a > 0$ **hacer** $\{a \geq 0 \wedge b \geq 0 \wedge AB = u + ab\}$
  si $\neg par(a)$ **entonces** $u := u + b$ **fsi**
  $\langle a, b \rangle := \langle a$ **div** $2, 2 * b \rangle;$
fmientras
$\{R \equiv u = AB\}$ ■

Ejercicio 4.4 (Búsqueda lineal no acotada).

Proponer un invariante, una función limitadora y verificar formalmente el siguiente programa:

$\{Q \equiv n > 0 \wedge (\exists \beta \in \{1..n\}.a[\beta] = x)\}$
$i := 1;$
mientras $a[i] \neq x$ **hacer**
    $i := i + 1$
fmientras
$\{R \equiv a[i] = x \wedge (\forall \beta \in \{1..i-1\}.a[\beta] \neq x)\}$ ■

4.3 DERIVACIÓN FORMAL DE PROGRAMAS IMPERATIVOS

Las ideas que se exponen en esta sección fueron propuestas originalmente por E. W. Dijkstra a mediados de los 70 y han sido difundidas desde entonces por numerosos autores, el más destacado de los cuales es quizás D. Gries (véase la bibliografía).

El punto de partida es considerar que la programación es una actividad *dirigida por objetivos* y, como tal, la primera obligación del programador es precisar qué postcondición desea para su programa. La precondición juega un papel más secundario. Incluso, ciertos detalles de la misma pueden completarse durante el desarrollo del programa. A partir de aquí, el programa y su verificación formal se desarrollan en paralelo, pero son los argumentos de corrección los que dirigen el proceso. La técnica cubre dos posibilidades:

(a) Derivación de instrucciones simples.

(b) Derivación de bucles.

La secuencia propuesta para (b) es la siguiente:

1. Precisar la especificación, muy en particular la postcondición
2. "Derivar" el invariante a partir de la postcondición
3. Derivar cada parte del programa (condición de terminación, inicializaciones y cuerpo del bucle), a partir del invariante

El tipo de programas que pueden derivarse de esta forma responden al esquema dado en la figura 4.1. No obstante, las consideraciones hechas en la Sección 4.2 son de nuevo aplicables: si el programa fuese más complejo, se derivaría cada uno de sus bucles por separado. Si hubiere necesidad de bucles anidados también se deriva cada uno por separado pero, en este caso, a diferencia de lo que allí se dijo, se procede en sentido descendente, es decir, derivando primero el bucle más externo y progresivamente los más internos a medida que se van conociendo sus respectivas precondiciones y postcondiciones.

Derivación de instrucciones simples

Cuando no son necesarios bucles, la deducción de instrucciones simples que se menciona en (a) puede hacerse también de un modo semiformal, partiendo siempre de la postcondición R que deseamos para cada instrucción:

- Si la postcondición R incluye igualdades de la forma $x = E$, siendo E una expresión, se ensayarán en primer lugar instrucciones de asignación de la forma $x := E$, que traten de establecer dichas igualdades.
- Para cada instrucción de asignación se calculará la precondición

  $$Dom(E) \wedge R_x^E$$

  suficiente para que dicha asignación establezca R.
- Si la precondición Q de la instrucción garantiza $Dom(E) \wedge R_x^E$, la asignación $x := E$ es todo lo que necesitamos.
- Si no es así, se analiza qué condición adicional B_x se necesita para que $Q \wedge B_x \Rightarrow R_x^E$. Si la disyunción de todas las condiciones B_x para las distintas instrucciones de asignación ensayadas es implicada por Q, entonces una instrucción condicional de la forma

  $$\textbf{caso}\ B_1 \rightarrow x_1 := E_1 \ [\!]\ \ldots\ [\!]\ B_n \rightarrow x_n := E_n\ \textbf{fcaso}$$

  es lo que necesitamos para establecer R.

Ejemplo 4.5.

Consideremos la siguiente especificación:

$\{Q \equiv a = A \wedge b = B \wedge XY = u + ab\}$
instrucción a derivar
$\{R \equiv a = A\ \textbf{div}\ 2 \wedge b = 2B \wedge XY = u + ab\}$

Ensayamos $\langle a, b\rangle := \langle A\ \textbf{div}\ 2, b := 2 * B\rangle$, obteniendo:

$$\begin{aligned} R_{a,b}^{A\ \textbf{div}\ 2, 2*B} &\equiv (A\ \textbf{div}\ 2 = A\ \textbf{div}\ 2) \wedge (2B = 2B) \\ &\quad \wedge (XY = u + (A\ \textbf{div}\ 2)2B) \\ &\equiv XY = u + (A\ \textbf{div}\ 2)2B \end{aligned}$$

Analizamos la certeza de

$$(a = A) \wedge (b = B) \wedge (XY = u + ab) \stackrel{?}{\Rightarrow} XY = u + (A\ \textbf{div}\ 2)2B$$

es decir, $u + AB \stackrel{?}{=} u + (A\ \textbf{div}\ 2)2B$. Esto último sólo es verdad si A es par, pero no si es impar. La solución en este caso es incluir alguna asignación que modifique u. Si A es impar, la siguiente igualdad es cierta: $(A\ \textbf{div}\ 2)2 = A - 1$, es decir,

$u + (A\,\mathbf{div}\,2)2B = u + AB - B$. Por lo tanto, para que la expresión sea igual a $u + AB$, basta con incrementar el valor de u en B unidades. La instrucción resultante de este análisis es:

$$
\begin{array}{l}
\{Q \equiv a = A \wedge b = B \wedge XY = u + ab\} \\
\textbf{caso}\ \ par(a) \quad \rightarrow \langle a, b\rangle := \langle A\,\mathbf{div}\,2, b := 2 * B\rangle \\
\Box \qquad \neg par(a) \rightarrow \langle a, b, u\rangle := \langle A\,\mathbf{div}\,2, b := 2 * B, u + B\rangle \\
\textbf{fcaso} \\
\{R \equiv a = A\,\mathbf{div}\,2 \wedge b = 2 * B \wedge XY = u + ab\}
\end{array}
$$

que puede simplificarse a

$$
\begin{array}{l}
\{Q \equiv a = A \wedge b = B \wedge XY = u + ab\} \\
\textbf{si}\ par(a)\ \textbf{entonces}\ u := u + b\ \textbf{fsi} \\
\langle a, b\rangle := \langle A\,\mathbf{div}\,2, b := 2 * B\rangle \\
\{R \equiv a = A\,\mathbf{div}\,2 \wedge b = 2B \wedge XY = u + ab\}
\end{array}
$$

■

Derivación de bucles a partir de invariantes

La derivación de un bucle a partir del invariante sigue asimismo unos pasos muy definidos:

1. Conociendo el invariante P y la postcondición R del bucle, determinar cuál ha de ser $\neg B$ de forma que se satisfaga $P \wedge \neg B \Rightarrow R$. A partir de $\neg B$, obtener B.
2. Conociendo P, determinar unas instrucciones de inicialización *Inic*, lo más simples posibles (normalmente asignaciones), que establezcan P al comienzo del bucle y que satisfagan $\{Q\}Inic\{P\}$. En este proceso pueden ser necesarios algunos ajustes a la precondición Q.
3. Hasta el momento, hemos derivado el siguiente programa:

$$
\begin{array}{l}
\{Q\} \\
\textit{Inic;} \\
\textbf{mientras}\ B\ \textbf{hacer}\ \{P\} \\
\qquad ?? \\
\textbf{fmientras} \\
\{R\}
\end{array}
$$

   Ahora hay que derivar el cuerpo S del bucle, para lo cual seguiremos los siguientes pasos:

   (a) Incluimos, al final de S, una instrucción *avanzar* que haga progresar el bucle hacia su terminación. Esta instrucción es fácil de deducir puesto que se conoce el valor inicial de las variables, dado por *Inic*, y la condición $\neg B$ que hace terminar el bucle. También se conoce la estrategia general de diseño del bucle, expresada en el invariante P, con lo que no es difícil conjeturar una función limitadora t. La instrucción *avanzar* ha de hacer decrecer t.

(b) Normalmente, la inclusión de sólo *avanzar* destruye la invariancia de P, es decir, en general no es cierto $\{P \wedge B\} avanzar \{P\}$. Es necesario incluir otras instrucciones que restablezcan dicha invariancia, puesto que ha de cumplirse $\{P \wedge B\} S \{P\}$. Las llamaremos *restablecer*. El cuerpo del bucle tiene, entonces, el siguiente aspecto:

mientras B **hacer** $\{P\}$
$\{P \wedge B\}$
    restablecer;
    avanzar
$\{P\}$
fmientras

Para deducir *restablecer*, el método sigue aportando ideas: deducir la precondición T de *avanzar*, propagando el invariante P hacia atrás, es decir, $\{T\} avanzar \{P\}$. Analizar si $P \wedge B \Rightarrow T$. Si se satisface, las instrucciones *restablecer* son simplemente **nada**. En caso contrario, analizar las razones por las que no se satisface la implicación. Normalmente, ellas dan la pista sobre qué instrucciones deben incluirse en *restablecer* para que se satisfaga $\{P \wedge B\} restablecer \{T\}$.

Derivación del invariante a partir de la postcondición

Llegamos a la parte más discutible del método: cómo obtener invariantes a partir de postcondiciones. Ya se ha dicho que el invariante expresa las decisiones de diseño del programador. Cuando éste propone un invariante, en realidad tiene ya una concepción bastante clara de lo que debe hacer el bucle. Una vez obtenido el invariante, el resto de la tarea consiste, como hemos visto, en un proceso semimecánico que evita cometer errores en la escritura de las instrucciones concretas, de forma que el programa resultante sea correcto. Sin embargo, tratar de automatizar el descubrimiento de invariantes tiene las mismas dificultades que tratar de automatizar la construcción de programas, o sea, muchas. Algunas de ellas son insalvables, dado que se trata de una actividad eminentemente creativa.

Ello no obsta para que se hayan observado ciertas relaciones interesantes entre el invariante y la postcondición de un bucle que merecen ser conocidas y que, en muchos casos sencillos, proporcionan directamente invariantes a partir de la postcondición. En cualquier caso, las ideas que se describen a continuación deben ser tomadas como heurísticas que pueden guiar al programador en la búsqueda de sus propios invariantes.

La idea de partida es que el invariante es un predicado cuya componente principal es un predicado *más débil* que la postcondición. Ésto es fácil de argumentar desde el momento en que el bucle termina satisfaciendo P (junto con $\neg B$) y R (ya que $P \wedge \neg B \Rightarrow R$). Sin embargo, mientras el bucle sigue iterando, se satisface P pero no necesariamente R. Es decir, sólo algunos estados de P (los que cumplen $\neg B$) son también estados de R.

Como conocemos R, y deseamos conocer P, hemos de proceder a *debilitar* R. ¿Hasta donde? Hasta que la R debilitada, es decir P, sea tan débil como para que alguno de sus estados pueda establecerse fácilmente con unas simples asignaciones. Las técnicas para debilitar un predicado son las mismas que se utilizaron en la Sección 3.4, es decir:

- *Eliminar una conjunción.* Si R es de la forma $R_1 \wedge R_2$, una de las dos conjunciones (la que sea más fácil de establecer al comienzo del bucle) se tomará como P. La otra será directamente $\neg B$, de forma que $P \wedge \neg B$ conducen obviamente a R.
- *Incorporar una variable.* Si en R sustituimos cierta expresión $\Phi(\overline{x})$, donde $\overline{x}$ representa el conjunto de variables que intervienen en el bucle, por una variable nueva w, obtenemos un nuevo predicado $P(\overline{x}, w)$ que satisface la siguiente implicación:

  $$P(\overline{x}, w) \wedge (w = \Phi(\overline{x})) \Rightarrow R$$

  Tomaremos P como invariante y $w = \Phi(\overline{x})$ como condición de terminación $\neg B$. Nótense las similitudes con el método de diseño de inmersiones presentado en la Sección 3.4.

Repasando los ejemplos desarrollados en la Sección 4.1, apreciamos que los invariantes utilizados podrían haberse obtenido con estas técnicas. Así, en el ejemplo del cálculo de n^2, el invariante

$$P \equiv 0 \leq i \leq n \wedge q = i^2 \wedge \ldots$$

es un debilitamiento, mediante la sustitución de la expresión n por la variable i, de la postcondición $R \equiv q = n^2$. Igualmente, en el programa que calcula la raíz cuadrada entera, el invariante

$$P \equiv a^2 \leq n < b^2$$

es un debilitamiento, mediante la sustitución de la expresión $a + 1$ por la variable b, de la postcondición $R \equiv a^2 \leq n < (a + 1)^2$.

Función que comprueba la ordenación de un vector

Queremos diseñar una función que, dados un vector de enteros a y un natural n, nos indique si el subvector $a[1..n]$ tiene sus valores ordenados de modo no decreciente.

Formalmente,

$\{Q \equiv n \geq 0\}$
fun $ordenado\ (a : vector; n : natural)$ **dev** $(b : booleano)$
$\{R \equiv b = (\forall \xi \in \{1..n-1\}.a[\xi] \leq a[\xi+1])\}$

Para simplificar la derivación, introducimos el predicado auxiliar

$$ord(a, j, k) = (\forall \xi \in \{j..k-1\}.a[\xi] \leq a[\xi+1])$$

con lo que la postcondición será

$$R \equiv b = ord(a, 1, n)$$

El diseño de la función puede consistir en un bucle que recorra los elementos del vector de izquierda a derecha (resp. de derecha a izquierda) comprobando si se satisface la propiedad de ordenación. Ello equivale a proponer un invariante $P \equiv b = ord(a, 1, i)$ (resp. $P \equiv b = ord(a, i, n)$, si se toma la segunda opción), que se ha obtenido sustituyendo en R una subexpresión por la variable i.

El rango de i ha de incluir n (resp. 1) ya que

$$(b = ord(a, 1, i)) \wedge (i = n) \Rightarrow b = ord(a, 1, n) \equiv R \tag{4.1}$$

Normalmente, el invariante delimita los valores permitidos para *todas* las variables que intervienen en el bucle.

Suponemos que el rango de valores permitidos para i es $1 \leq i \leq n$, con lo que

$$P \equiv 1 \leq i \leq n \wedge b = ord(a, 1, i)$$

Pasamos a deducir $\neg B$ de forma que $P \wedge \neg B \Rightarrow R$. Podemos elegir $\neg B \equiv i = n$ o $\neg B \equiv i \geq n$. En ambos casos se satisface 4.1. La segunda opción suele ser más conveniente para las demostraciones relacionadas con la función limitadora, así que escogeremos esta opción. Por tanto, $B \equiv i < n$.

Las inicializaciones han de establecer fácilmente P. Escogemos

$$\langle i, b \rangle := \langle 1, cierto \rangle$$

Investigamos si $Q \Rightarrow P_{i,b}^{1,cierto}$:

$$
\begin{array}{l}
P_{i,b}^{1,cierto} \\
\equiv \\
1 \leq 1 \leq n \wedge cierto = ord(a,1,1) \\
\equiv \\
cierto \wedge 1 \leq n \wedge (cierto = cierto) \\
\equiv \\
1 \leq n \\
\not\Leftarrow \\
0 \leq n \\
\equiv \\
Q
\end{array}
$$

Ese fracaso en la demostración es útil porque nos indica que algo falla, obligándonos a rehacer el programa, el invariante o ambos. En este caso, parece oportuno cambiar las inicializaciónes por $\langle i, b\rangle := \langle 0, cierto\rangle$, y el invariante por:

$$P \equiv 0 \leq i \leq n \wedge b = ord(a,1,i) \tag{4.2}$$

Podemos comprobar ahora, que todo funciona correctamente. El razonamiento que se hizo para deducir $\neg B$ sigue siendo válido a pesar del cambio, por lo que podemos proseguir.

Para deducir el cuerpo del bucle, primero hemos de diseñar *avanzar*. En este caso, sabiendo que i empieza valiendo 0 y termina cumpliendo $i \geq n$, parece adecuado ensayar

$$\textit{avanzar} \stackrel{\text{def}}{=} i := i+1$$

Siguiendo las pautas dadas más arriba, calculamos

$$T \equiv P_i^{i+1} \equiv 0 \leq i+1 \leq n \wedge b = ord(a,1,i+1)$$

y nos planteamos si $P \wedge B \stackrel{?}{\Rightarrow} P_i^{i+1}$. Observamos que $0 \leq i \Rightarrow 0 \leq i+1$ y que $i \leq n \wedge i < n \equiv i < n \Rightarrow i+1 \leq n$, pero sin embargo $b = ord(a,1,i) \not\Rightarrow b = ord(a,1,i+1)$. La razón es que b "no sabe nada" acerca de la pareja $(a[i], a[i+1])$. Es decir, tal como anticipamos, la instrucción *avanzar* ha destruido la propiedad invariante P. Para restablecerla, lo único que hay que hacer es tomar en consideración en b a la pareja $(a[i], a[i+1])$. Conjeturamos, pues, que

$$\textit{restablecer} \stackrel{\text{def}}{=} b := b \wedge (a[i] \leq a[i+1])$$

Para asegurarnos, comprobamos si $P \wedge B \stackrel{?}{\Rightarrow} T_b^{b\wedge(a[i]\leq a[i+1])}$:

$$\begin{array}{ll} & T_b^{b\wedge(a[i]\leq a[i+1])} \\ \equiv & \\ & 0 \leq i+1 \leq n \wedge Dom(a[i]) \wedge Dom(a[i+1]) \\ & \wedge(b \wedge (a[i] \leq a[i+1]) = ord(a,1,i+1)) \\ \equiv & \\ & 0 \leq i+1 \leq n \wedge 1 \leq i < n \wedge (b \wedge (a[i] \leq a[i+1]) = ord(a,1,i+1)) \\ \equiv & \\ & 1 \leq i < n \wedge (b \wedge (a[i] \leq a[i+1]) = ord(a,1,i+1)) \\ \not\Leftarrow & \\ & 0 \leq i < n \wedge b = ord(a,1,i) \\ \equiv & \\ & P \wedge B \end{array}$$

La razón de este nuevo fracaso radica en el rango de i, ya que $0 \leq i \not\Rightarrow 1 \leq i$. En otras palabras, si i comienza valiendo 0, el programa deducido hasta ahora:

$\langle i, b\rangle := \langle 0, cierto\rangle$;
mientras $i < n$ **hacer**
    $b := b \wedge (a[i] \leq a[i+1])$;
    $i := i + 1$
fmientras

produciría un fuera de rango en la primera iteración, tratando de acceder al elemento $a[0]$. Parece que el destino exige volver a inicializar i a 1 y retomar el invariante propuesto en 4.1. Aceptaremos momentáneamente dicho destino, que también nos obliga a rehacer la precondición, sustituyéndola por $Q' \equiv n \geq 1$. El programa obtenido es:

$\{n \geq 1\}$
$\langle i, b\rangle := \langle 1, cierto\rangle$;
mientras $i < n$ **hacer** $\{1 \leq i \leq n \wedge b = ord(a,1,i)\}$
    $b := b \wedge (a[i] \leq a[i+1])$;
    $i := i + 1$
fmientras
$\{b = ord(a,1,n)\}$

El lector puede rehacer las demostraciones afectadas y comprobar que ahora todo funciona bien. Para nuestra sorpresa, observamos que el programa sería también correcto si permitiéramos $n = 0$ en la precondición. En ese caso no entraría en el bucle y devolvería $b = cierto$. ¿Qué fallaba entonces en los razonamientos anteriores? Fallaba que el invariante era ligeramente más fuerte de lo necesario al excluir el caso $n = 0$. Este caso puede ser admitido, aunque entonces no deberíamos exigir $1 \leq i \leq n$. Las exigencias para i son correctas cuando $n \geq 1$ pero dejan de serlo si $n = 0$. En consecuencia, el invariante ajustado será:

$$P \equiv ((1 \leq i \leq n) \vee (n = 0 \wedge i = 1)) \wedge b = ord(a, 1, i)$$

El lector puede rehacer (una vez más) todas la demostraciones con este nuevo invariante y la precondición original $\{Q \equiv n \geq 0\}$ para comprobar que ahora todas las piezas encajan debidamente. No podemos darnos todavía por satisfechos habida cuenta de que el programa admite mejoras evidentes de eficiencia: en el momento en que se dectecta una pareja desordenada, no se debería continuar iterando. Puede devolverse directamente $b = \mathit{falso}$. Este razonamiento informal equivale a proponer una condición del bucle $\neg B \equiv i \geq n \vee \neg b$, es decir, $B \equiv i < n \wedge b$. Hemos de complementar entonces la demostración de $P \wedge \neg B \Rightarrow R$ con el siguiente argumento formal:

$$\begin{array}{ll} & P \wedge \neg b \\ \equiv & \\ & ((1 \leq i \leq n) \vee (n = 0 \wedge i = 1)) \wedge b = \mathit{falso} = ord(a, 1, i) \\ \equiv & \\ & (1 \leq i \leq n) \wedge b = \mathit{falso} \wedge \neg ord(a, 1, i) \\ \Rightarrow & \\ & b = \mathit{falso} \wedge \neg ord(a, 1, n) \\ \Rightarrow & \\ & R \end{array}$$

Por otra parte, puesto que el cuerpo del bucle se realiza ahora bajo la condición $b = cierto$, podemos simplificar la asignación a b dentro de éste a $b := a[i] \leq a[i+1]$ sin tener por ello que rehacer ninguna demostración. Con estos cambios, el programa queda finalmente:

$\{Q \equiv n \geq 0\}$
fun *ordenado* $(a : vector; n : natural)$ **dev** $(b : booleano)$
var $i : natural$ **fvar**
  $\langle i, b \rangle := \langle 1, cierto \rangle$;
    $\{P \equiv ((1 \leq i \leq n) \vee (n = 0 \wedge i = 1)) \wedge b = ord(a, 1, i)\}$
  mientras $i < n \wedge b$ **hacer**
    $b := a[i] \leq a[i+1]$;
    $i := i + 1$
  fmientras
ffun
$\{R \equiv b = ord(a, 1, n)\}$

Acción que inserta en un vector ordenado

Queremos diseñar un procedimiento que modifique un vector de enteros en el siguiente sentido: inicialmente, entre las posiciones 1 a $n-1$, los elementos están en orden no decreciente. En la posición n hay un elemento que puede no conservar el orden. Se trata de permutar los elementos del vector de manera que, finalmente, se conserve la ordenación desde 1 hasta n. Los elementos más a la derecha de n, si existiesen, no son considerados por el algoritmo. Precisando este enunciado, proponemos la siguiente especificación formal que fue propuesta como problema 2.6:

$\{Q \equiv n \geq 1 \wedge ord(a, 1, n-1) \wedge a = A\}$
accion $insertar$ $(a$: **ent/sal** $vector; n : natural)$
$\{R \equiv perm(a, A, n) \wedge ord(a, 1, n)\}$

El predicado ord es el mismo que el utilizado en el apartado anterior. Nótese que, para $n = 1$, $ord(a, 1, n-1)$ es trivialmente *cierto*. El predicado $perm$ está tomado del problema 2.1 y expresa que los valores de $a[1..n]$ son una permutación de los valores de $A[1..n]$.

El invariante que queremos proponer expresará la siguiente idea: en un punto intermedio del bucle, el elemento inicialmente en $a[n]$ ha "viajado" hacia su izquierda hasta una cierta posición p, $1 \leq p \leq n$. Mantiene la ordenación con los que están a su derecha, pero es posible que no la mantenga con respecto a los de su izquierda, si bien éstos continúan estando ordenados entre sí. Formalmente:

$$P \equiv perm(a, A, n) \wedge ord(a, 1, p-1) \wedge ord(a, p, n) \wedge 1 \leq p \leq n$$

En términos de las técnicas de debilitamiento de postcondiciones descritas al comienzo de esta sección, este invariante representa una combinación de las dos propuestas:

- Por un lado, se ha introducido una variable adicional p, junto con su rango $1 \leq p \leq n$. Para un valor particular de esa variable, $p = 1$, el invariante conduce directamente a la postcondición.
- Por otro, se ha eliminado una conjunción de la postcondición R: al descomponer el predicado cuantificado universalmente $ord(a, 1, n)$ en los dos predicados $ord(a, 1, p-1) \wedge ord(a, p, n)$, se ha eliminado la conjunción $a[p-1] \leq a[p]$.

La discusión precedente conduce a deducir como condición de terminación del bucle la siguiente condición compuesta:

$$\neg B \equiv p \leq 1 \vee_c a[p-1] \leq a[p] \text{ , es decir, } B \equiv p > 1 \wedge_c a[p-1] > a[p]$$

donde los subíndices de $\vee_c$ y de $\wedge_c$ significan que se trata de las versiones *condicionales*, o no estrictas, de los operadores $\vee$ y $\wedge$ respectivamente. Dichos operadores se definen del modo siguiente: si la condición izquierda de $\vee_c$ vale *cierto*, el resultado es directamente *cierto*, sin evaluar la segunda condición, e incluso aunque la segunda condición esté indefinida (como sucede precisamente en el predicado $\neg B$ ya que, si $p = 1$, $a[p-1]$ está indefinido). Si la condición izquierda vale *falso*, la expresión toma el valor de la condición derecha. Similarmente, si la condición izquierda de $\wedge_c$ vale *falso*, el resultado es directamente *falso*, sin evaluar la segunda condición. Si vale *cierto*, la expresión toma el valor de la segunda condición[3].

Las inicializaciones que establecen fácilmente P consisten en la única instrucción $p := n$. Veámoslo:

$$
\begin{array}{ll}
& P_p^n \\
\equiv & \\
& perm(a,A,n) \wedge ord(a,1,n-1) \wedge ord(a,n,n) \wedge 1 \leq n \leq n \\
\equiv & \quad \{ord(a,n,n) = cierto \wedge n \leq n = cierto\} \\
& perm(a,A,n) \wedge ord(a,1,n-1) \wedge 1 \leq n \\
\Leftarrow & \\
& n \geq 1 \wedge ord(a,1,n-1) \wedge a = A \\
\equiv & \\
& Q
\end{array}
$$

Si p comienza valiendo n y termina, en el peor caso, valiendo 1, la mejor candidata a instrucción *avanzar* es $p := p-1$. Calculamos,

$$
\begin{array}{ll}
& P_p^{p-1} \\
\equiv & \\
& perm(a,A,n) \wedge ord(a,1,p-2) \wedge ord(a,p-1,n) \\
& \wedge 1 \leq p-1 \leq n \\
\stackrel{?}{\Leftarrow} & \\
& perm(a,A,n) \wedge ord(a,1,p-1) \wedge ord(a,p,n) \\
& \wedge 1 < p \leq n \wedge a[p-1] > a[p] \\
\equiv & \\
& P \wedge B
\end{array}
$$

Comprobamos que la implicación $\stackrel{?}{\Leftarrow}$ no es cierta, pero no lo es por muy poco. En efecto,

$$ord(a,1,p-1) \wedge 1 < p \leq n \Rightarrow ord(a,1,p-2) \wedge 1 \leq p-1 \leq n$$

[3] Muchos lenguajes imperativos suministran estos operadores. Por ejemplo, el **and** y el **or** de Modula-2 y de C son, en realidad, los operadores condicionales mencionados aquí, pues se evalúan siempre de izquierda a derecha. En cambio, Ada proporciona las dos versiones: **and** y **and then**, y **or** y **or else**. Pascal, por su parte, sólo tiene las versiones no condicionales.

En cambio, $ord(a,p,n) \wedge a[p-1] > a[p] \not\Rightarrow ord(a,p-1,n)$. Pero ello nos da la pista de lo que falta por hacer para restablecer P: si permutamos los valores de $a[p-1]$ y $a[p]$, $perm(a,A,n)$ se mantiene invariante y se consigue establecer $a[p-1] < a[p]$, dado que el valor más alto de los dos pasaría a estar en $a[p]$ y el más bajo en $a[p-1]$. Sin embargo, para establecer $ord(a,p-1,n)$, necesitamos además que el valor $a[p]$ después de permutar, es decir $a[p-1]$ antes de permutar, sea menor o igual que $a[p+1]$ y no tenemos nada en el invariante que nos lo garantice. Para ser completamente formales, hemos de reforzar el invariante con la conjunción

$$1 < p < n-1 \rightarrow a[p-1] \leq a[p+1]$$

Dejamos como ejercicio para el lector demostrar que las inicializaciones establecen esta nueva conjunción y que el cuerpo del bucle la conserva invariante. Tras estas consideraciones, el programa derivado formalmente es:

$\{Q \equiv n \geq 1 \wedge ord(a,1,n-1) \wedge a = A\}$
accion $insertar$ (a : **ent/sal** $vector; n : natural$)
var $p : natural$ **fvar**
    $p := n;$
        $\{P \equiv perm(a,A,n) \wedge ord(a,1,p-1) \wedge ord(a,p,n)$
            $\wedge (1 < p < n-1 \rightarrow a[p-1] \leq a[p+1]) \wedge 1 \leq p \leq n\}$
    mientras $p > 1 \wedge_c a[p-1] > a[p]$ **hacer**
        $\langle a[p], a[p-1]\rangle := \langle a[p-1], a[p]\rangle;$
        $p := p-1$
    fmientras
faccion
$\{R \equiv perm(a,A,n) \wedge ord(a,1,n)\}$

4.4 RECURSIÓN EN PROGRAMAS IMPERATIVOS

Una vez presentado el método de razonamiento sobre programas imperativos, estamos en condiciones de combinar las técnicas dadas en la Sección 3.3.2 para razonar sobre la corrección de funciones recursivas, con las presentadas en este capítulo. Ampliaremos también aquellas técnicas al caso de procedimientos recursivos (no sólo funciones) en los que pueden existir parámetros de entrada/salida.

Las ideas continúan siendo las mismas que en cualquier otro tipo de programas imperativos: hemos de deducir asertos intermedios que permitan razonar sobre la corrección de cada instrucción. La única diferencia es que, en el caso de existir en el texto del programa imperativo una llamada recursiva al propio procedimiento o función, se habrá de demostrar que la precondición de la misma se satisface justo antes de la invocación y se podrá suponer, por hipótesis de inducción, que su postcondición se cumple justo después de ésta. Los razonamientos sobre terminación de funciones recursivas dados en la Sección 3.3.2 se aplican sin modificación alguna. Igualmente, los convenios sobre parámetros de entrada/salida enunciados en la Sección 2.3 siguen siendo aplicables. Ilustraremos estos aspectos en el siguiente

Ejemplo 4.6.

Dado un vector de elementos de cualquier tipo $a[1..n]$, con $n \geq 0$, queremos *invertir* la posición de sus elementos, es decir, el valor que estaba en $a[1]$, pasará a estar en $a[n]$, el $a[2]$ pasará a $a[n-1]$, etc. La especificación formal es

$\{Q \equiv n \geq 0 \wedge a = A\}$
accion $invertir$ $(a :$ **ent/sal** $vector; n : integer)$
$\{R \equiv \forall \xi \in \{1..n\}.a[\xi] = A[n - \xi + 1]\}$

Para descomponer recursivamente el problema, necesitamos realizar una inmersión, introduciendo una variable auxiliar i que señale el elemento a partir del cual hay que comenzar a invertir. Es decir,

$\{Q \equiv 1 \leq i \leq (n \textbf{ div } 2) + 1 \wedge a = A\}$
accion $iinvertir$ $(a :$ **ent/sal** $vector; i, n : integer)$
$\{R \equiv \forall \xi \in \{i..n - i + 1\}.a[\xi] = A[n - \xi + 1]\}$

Aunque no se menciona explícitamente en R, suponemos que la función no está autorizada a modificar el resto del vector a. Es decir, que R satisface también $\forall \xi \in \{1..i-1\} \cup \{n-i+2..n\}.a[\xi] = A[\xi]$. Obviamente, el resultado de $invertir(a, n)$ se obtiene mediante la llamada $iinvertir(a, 1, n)$. El análisis por casos es también bastante inmediato:

$i > n \textbf{ div } 2$	el vector tiene 0 o 1 elementos no hay que realizar acción alguna
$i \leq n \textbf{ div } 2$	Intercambiar $a[i]$ y $a[n - i + 1]$, e invertir $a[i + 1..n - i]$

El mismo da lugar al siguiente programa recursivo, en el que aparecen construcciones imperativas tales como parámetros de entrada/salida, la instrucción de asignación y la composición secuencial de instrucciones:

accion $iinvertir$ $(a :$ **ent/sal** $vector; i, n : integer)$
  caso $i > n \textbf{ div } 2 \rightarrow$ **nada**
  $\square$ $i \leq n \textbf{ div } 2 \rightarrow \langle a[i], a[n - i + 1]\rangle := \langle a[n - i + 1], a[i]\rangle;$
    $\{V\}$
    $iinvertir(a, i + 1, n)$
  fcaso
faccion

Para demostrar formalmente su corrección, hemos intercalado un aserto intermedio V justo antes de la llamada recursiva. Conjeturamos que,

$$V \equiv a[i] = A[n-i+1] \wedge a[n-i+1] = A[i]$$
$$\wedge\ a[i+1..n-i] = A[i+1..n-i] \wedge 1 \leq i \leq n \textbf{ div } 2$$

Las implicaciones a demostrar son las siguientes:

1. Se cumple la precondición de la llamada recursiva

$$\begin{array}{ll} & V \\ \Rightarrow & \\ & 1 \leq i \leq n \textbf{ div } 2 \\ \Rightarrow & \quad \{\text{aritmética}\} \\ & 1 \leq i+1 \leq (n \textbf{ div } 2) + 1 \end{array}$$

2. Propagación del aserto V

$$\begin{array}{ll} & V_{a[i],a[n-i+1]}^{a[n-i+1],a[i]} \\ \equiv & \\ & a[n-i+1] = A[n-i+1] \wedge a[i] = A[i] \\ & \wedge a[i+1..n-i] = A[i+1..n-i] \wedge 1 \leq i \leq n \textbf{ div } 2 \\ \equiv & \\ & a[i..n-i+1] = A[i..n-i+1] \wedge 1 \leq i \leq n \textbf{ div } 2 \\ \Leftarrow & \\ & Q \wedge 1 \leq i \leq n \textbf{ div } 2 \end{array}$$

3. Postcondición en el caso no trivial: la llamada interna a $iinvertir$, garantiza

$$\forall \xi \in \{i+1..n-i\}.a[\xi] = A[n-\xi+1]\}$$

que, junto a lo que V garantiza para $a[i]$ y $a[n-i+1]$, implican la postcondición R, es decir,

$$\forall \xi \in \{i..n-i+1\}.a[\xi] = A[n-\xi+1]\}$$

4. Postcondición en el caso trivial:

$$\begin{array}{ll} & Q \wedge i > n \textbf{ div } 2 \\ \Rightarrow & \quad \{\text{aritmética}\} \\ & \{i..n-i+1\} = \emptyset \vee \{i..n-i+1\} = \{a[i]\} \\ \Rightarrow & \\ & \forall \xi \in \{i..n-i+1\}.a[\xi] = A[n-\xi+1]\} \\ \equiv & \\ & R \end{array}$$

5. La recursión termina: escogemos como función limitadora $t = (n \textbf{ div } 2) - i$

(a) $Q \wedge i \leq n \,\mathbf{div}\, 2 \Rightarrow (n \,\mathbf{div}\, 2) - i \geq 0$

(b) $Q \wedge i \leq n \,\mathbf{div}\, 2 \Rightarrow (n \,\mathbf{div}\, 2) - i - 1 < (n \,\mathbf{div}\, 2) - i$ ■

4.4.1 Ordenación rápida de Hoare

Como último ejemplo que combina las técnicas de diseño recursivo e imperativo presentamos un algoritmo clásico de ordenación en memoria interna, debido a C. A. R. Hoare, conocido como *ordenación rápida* o *quicksort*. La idea intuitiva del mismo se basa en la estrategia de diseño conocida como *divide y vencerás*, en virtud de la cual un problema se descompone en varios subproblemas cuyo tamaño sea una *fracción* del tamaño del problema original. A continuación, se resuelve separadamente cada uno de los subproblemas invocando recursivamente al algoritmo. Por último, se combinan las soluciones de los subproblemas para producir la solución del problema original.

En la fase de descomposición, el algoritmo *quicksort* elige un elemento del vector y lo utiliza como *pivote* con respecto al cual clasifica el resto de los elementos. Reubica los elementos del vector de forma que los que queden a la izquierda del pivote sean menores o iguales que él (aunque no estén necesariamente ordenados entre sí), y los que queden a su derecha sean mayores o iguales. Esta fase puede hacerse en un tiempo lineal. Llamaremos *particionar* al procedimiento responsable de la misma.

El resto del algoritmo es trivial: se ordenan separadamente los subvectores a la izquierda y a la derecha del pivote, invocando recursivamente al propio algoritmo *quicksort*. Dado que el pivote está situado en la posición correcta con respecto a los dos subvectores, el vector original queda ordenado.

Especificamos directamente la inmersión, es decir, un algoritmo *quicksort* capaz de ordenar un subvector $v[c..f]$ entre dos límites cualesquiera c y f. Admitiremos incluso que pueda ser $c > f$, es decir, que se nos pida ordenar un vector vacío. Si se pretende ordenar $v[1..n]$, la llamada inicial habrá de ser $quicksort(v, 1, n)$. La especificación recuerda bastante a la que dimos para la búsqueda dicotómica en la Sección 3.3.3:

$\{Q \equiv (1 \leq c \leq f + 1 \leq n + 1) \wedge v[c..f] = V[c..f]\}$
accion $quicksort$ (v : **ent/sal** $vector; c, f : integer$)
$\{R \equiv ord(v, c, f) \wedge perm(v, V, c, f)\}$

El predicado $ord(a, i, j)$ lo hemos utilizado ya otras veces y el predicado

$$perm(a, b, i, j)$$

establece que los elementos del subvector $a[i..j]$ son una permutación de los elementos de $b[i..j]$.

El análisis por casos conduce a que sólo es necesaria la descomposición cuando el vector tiene al menos dos elementos. Los vectores vacíos o de un elemento están ordenados por definición. Presentamos directamente el programa:

$$
\begin{array}{l}
\textbf{accion}\ quicksort\ (v:\ \textbf{ent/sal}\ vector; c, f: integer)\\
\quad \textbf{caso}\ c \geq f \rightarrow\ \textbf{nada}\\
\quad \square\quad c < f \rightarrow\ particionar(v, c, f, p);\\
\qquad\qquad\qquad quicksort(v, c, p-1);\\
\qquad\qquad\qquad quicksort(v, p+1, f)\\
\quad \textbf{fcaso}\\
\textbf{faccion}
\end{array}
$$

La acción *particionar* devuelve la posición p donde está situado el pivote, y el vector $v[c..f]$ modificado tal como se ha explicado más arriba. Es invocada cuando $c < f$, es decir, cuando existen al menos dos elementos. Su especificación formal es la siguiente:

$$
\begin{array}{l}
\{Q_p \equiv (1 \leq c < f \leq n) \wedge v[c..f] = V[c..f]\}\\
\textbf{accion}\ particionar\ (v:\ \textbf{ent/sal}\ vector; c, f: integer; p:\ \textbf{sal}\ entero)\\
\{R_p \equiv perm(v, V, c, f) \wedge (c \leq p \leq f) \wedge\\
\quad (\forall \xi \in \{c..p-1\}.v[\xi] \leq v[p]) \wedge (\forall \xi \in \{p+1..f\}.v[\xi] \geq v[p])\}
\end{array}
$$

Para demostrar la corrección de *quicksort* es necesario conjeturar dos asertos intermedios R_1 y R_2 en los lugares correspondientes a los ";" del caso no trivial. Dado que p no se modifica tras la llamada a particionar y que las dos llamadas internas a *quicksort* modifican porciones disjuntas del vector $v[c..f]$, proponemos los siguientes:

$$
\begin{array}{l}
R_1 \stackrel{\text{def}}{=} R_p \wedge Q \wedge c < f\\
R_2 \stackrel{\text{def}}{=} ord(v, c, p-1) \wedge perm(v, V, c, p-1) \wedge R_1
\end{array}
$$

Las implicaciones a demostrar son las siguientes:

1. La precondición cubre los casos trivial y no trivial:

$$Q \Rightarrow c \geq f \vee c < f$$

2. Postcondición en el caso trivial:

$$Q \wedge c \geq f \Rightarrow ord(v, c, f) \wedge perm(v, V, c, f)$$

3. Postcondición en el caso no trivial. Hay que demostrar las cinco implicaciones siguientes:

$$Q \wedge c < f \Rightarrow Q_p$$
$$R_1 \Rightarrow 1 \leq c \leq p \leq n+1$$
$$R_f^{p-1} \Rightarrow R_2$$
$$R_2 \Rightarrow 1 \leq p+1 \leq f+1 \leq n+1$$
$$R_2 \wedge R_c^{p+1} \Rightarrow R \equiv ord(v,c,f) \wedge perm(v,V,c,f)$$

   Todas ellas son inmediatas.

4. La recursión termina: escogemos como función limitadora $t = f - c + 1$. Obviamente, $Q \Rightarrow t \geq 0$.

5. Hay que ver que, en cada posible llamada recursiva, la t decrece, es decir:

$$Q \wedge c \leq p \leq f \Rightarrow p - 1 - c + 1 < f - c + 1$$
$$Q \wedge c \leq p \leq f \Rightarrow f - (p+1) + 1 < f - c + 1$$

   Ambas implicaciones son triviales.

El coste del algoritmo *quicksort*, en el caso ideal en el que el pivote divide cada vez el subvector $v[c..f]$ en dos mitades iguales, viene dado por la recurrencia

$$T(n) = 2T(n \ \mathbf{div}\ 2) + Kn$$

tomando como tamaño del problema $n = f - c + 1$, y siendo K una constante. La solución de la misma es $T(n) \in \Theta(n \log n)$. Es posible demostrar que éste es también el coste del algoritmo en el caso promedio. Además, es el algoritmo de ordenación con ese coste que tiene la constante multiplicativa más pequeña. Sin embargo, su peor caso, en el que el pivote divide sistemáticamente el vector en una porción vacía y otra de tamaño $n - 1$, viene dado por la recurrencia

$$T(n) = T(n-1) + Kn$$

cuya solución es $T(n) \in \Theta(n^2)$. Para completar el algoritmo, damos (sin verificar) en la figura 4.3 el texto de la acción *particionar*.

Ejercicio 4.5.

Proponer un invariante para cada uno de los bucles de la acción *particionar*, y verificar formalmente la misma. Justificar que su coste está en $\Theta(f - c)$. ■

4.5 LIMITACIONES DE LA TEORÍA

Los Capítulos 2, 3 y el actual, han presentado un conjunto de técnicas formales para especificar, diseñar y verificar pequeños (si bien, no triviales) algoritmos recursivos

$$
\begin{array}{l}
\textbf{accion}\ particionar\ (v:\ \textbf{ent/sal}\ vector; c, f: integer; p:\ \textbf{sal}\ entero) \\
\textbf{var}\ k, i, d: entero\ \textbf{fvar} \\
\quad k := escoger(\{c..f\}); permuta(v, c, k); \\
\quad i := c + 1; d := f; \\
\quad \textbf{mientras}\ i \neq d + 1\ \textbf{hacer} \\
\quad\quad \textbf{mientras}\ i \leq d \wedge_c v[i] \leq v[c]\ \textbf{hacer}\ i := i + 1\ \textbf{fmientras}\ ; \\
\quad\quad \textbf{mientras}\ i \leq d \wedge_c v[d] \geq v[c]\ \textbf{hacer}\ d := d - 1\ \textbf{fmientras}\ ; \\
\quad\quad \textbf{si}\ i < d\ \textbf{entonces} \\
\quad\quad\quad permuta(v, i, d); i := i + 1; d := d - 1 \\
\quad\quad \textbf{fsi} \\
\quad \textbf{fmientras}\ ; \\
\quad p := d; permuta(v, c, p) \\
\textbf{faccion}
\end{array}
$$

Figura 4.3. La acción *particionar* del algoritmo *quicksort*

e iterativos. Parece un momento apropiado para hacer una breve pausa y reflexionar sobre lo que hemos conseguido y lo que queda por conseguir. En particular, para discutir sobre la aplicabilidad de las técnicas descritas a la programación "de cada día".

En el apartado de lo conseguido habría que empezar por decir que la axiomatización del lenguaje de programación —la herramienta de trabajo del programador— propuesta por C. A. R. Hoare a finales de los 60 ha de considerarse como el establecimiento de una base científica para la programación. Se trataría de algo similar a lo que supusieron las Leyes de Newton para comprender el movimiento de los cuerpos. Antes de conocer las leyes que gobiernan los programas, los programadores no podían ser sino meros artesanos que basaban su trabajo sobre todo en la intuición y en la experiencia.

La diferencia de esta situación con la que se da en una disciplina científica está en que, en esta última, las leyes permiten *predecir* lo que sucederá sin esperar a comprobarlo en la práctica. Estas leyes serían similares a las que aplica un ingeniero de cualquier otra disciplina cuando diseña un puente o un edificio: No espera a que éstos se caigan para remendar los cimientos. Sus teorías le permiten construirlos *correctos* de entrada.

En el mundo de la programación, en cambio, lo habitual es que los programas *nunca* funcionen a la primera y que, para conseguir una mínima estabilidad en su funcionamiento, sean necesarias muchas horas de "puesta a punto". Las técnicas descritas, y en general los métodos formales, tratan de poner remedio a esta situación. Sus limitaciones las comentaremos en seguida, pero conviene tener presente lo dicho, y sobre todo que no parece haber alternativa a los mismos, salvo que se considere una alternativa el que los programadores trabajen como artesanos. Que los programas están plagados de errores y que el coste de producirlos (los programas y los errores) es desmesurado, es un hecho que casi nadie discute. Mientras tengamos que seguir construyendo nuestros propios programas, la intuición y la experiencia no bastan; han demostrado ser claramente insuficientes. Las técnicas formales son una esperanza para poder disminuir los (inmensos) costes de depuración y mantenimiento que actualmente padecen los programas. Otros beneficios añadidos son la mejora de la documentación y de la modificabilidad de los mismos.

Las limitaciones son de dos tipos: unas técnicas y otras prácticas. Entre las primeras se halla el que, tal y como la hemos presentado hasta ahora, aparentemente la teoría funciona sólo con tipos de datos muy elementales: enteros, booleanos y, a lo sumo, vectores de estos tipos. No hemos presentado algoritmos que sumen los elementos de una pila, o recorran un árbol binario, o calculen los caminos mínimos de un grafo. Tampoco hemos presentado algoritmos que incluyan instrucciones de entrada y salida sobre ficheros externos. ¿Siguen en estos casos funcionando igual las cosas? En caso contrario, ¿cómo hemos de manejar entonces estos tipos complejos?

Observemos que los enteros y los booleanos son conjuntos de valores con propiedades algebraicas familiares a la mayoría de los programadores. Es fácil simplificar expresiones, o razonar sobre predicados, construidos con sus operaciones. Los tipos estructurados de datos resultan ser menos familiares por lo que sus propiedades no son tan conocidas. Incluso, puede no haber acuerdo sobre las mismas. Necesitan ser axiomatizados para que podamos razonar sobre las propiedades que cumplen, de manera equivalente a como lo hemos hecho con los enteros y los booleanos.

Incluso trabajando con vectores, se producen ciertas paradojas cuya causa última es una insuficiente axiomatización de los mismos. Veamos un ejemplo de ello: consideremos el siguiente programa:

$$\{Q\}a[a[2]] := 1\{R \equiv a[a[2]] = 1\}$$

en el que queremos calcular una precondición Q que satisfaga esta especificación. Aplicando ingenuamente la regla de la asignación, obtendríamos:

$$R^1_{a[a[2]]} \equiv 1 = 1 \equiv \mathit{cierto}$$

es decir, *cualquier* estado de partida garantizaría que, tras asignar un 1 a $a[a[2]]$, obtendremos un 1 en $a[a[2]]$. Sin embargo, es fácil dar un contraejemplo para mostrar que ello no es así: si la ejecución comienza en el estado $a[1] = 3 \land a[2] = 2$, a la terminación del programa se obtiene el estado $a[1] = 3 \land a[2] = 1$ que no satisface

$a[a[2]] = 1$. Queda demostrado entonces que la precondición calculada mediante la regla ordinaria de la asignación es incorrecta.

El fondo del problema está en tratar los vectores como "agregados" de variables simples, visión estimulada por la mayoría de los lenguajes imperativos en los cuales es posible, por ejemplo, pasar un elemento de un vector como parámetro por referencia. La misma notación empleada para la asignación,

$$a[i] := Exp$$

sugiere que $a[i]$ es una variable simple. La paradoja mostrada desaparece si se considera el vector como una variable indivisible que sólo se puede manipular a través de las operaciones de consulta o modificación del valor de un elemento, entendiendo que cualquier modificación cambia el valor *global* del vector. En términos puramente funcionales, la modificación y la consulta son dos funciones con el siguiente perfil:

$$\begin{array}{rcl} asig & : & vector \times indice \times valor \longrightarrow vector \\ val & : & vector \times indice \longrightarrow valor \end{array}$$

La asignación $a[i] := Exp$ se reescribiría entonces como $a := asig(a, i, Exp)$, la instrucción del ejemplo, como

$$a := asig(a, val(a, 2), 1)$$

y el predicado R como $val(a, val(a, 2)) = 1$. En estas condiciones, la regla de la asignación funciona correctamente, dando lugar a:

$$R_a^{asig(a,val(a,2),1)} \equiv val(asig(a, val(a, 2), 1), val(asig(a, val(a, 2), 1), 2)) = 1$$

precondición de difícil comprensión intuitiva pero que, contando con los axiomas adecuados sobre el tipo de datos *vector*, puede simplificarse a

$$val(a, 2) \neq 2 \vee val(a, 1) = 1$$

o, en notación más convencional, a $a[2] \neq 2 \vee a[1] = 1$ que, como se aprecia, es distinta de *cierto*. Este ejemplo se desarrolla en detalle en la Sección 5.7.

La teoría presentada sigue entonces siendo válida, a condición de que las variables de tipos estructurados se traten como variables atómicas, y de que sus propiedades estén convenientemente axiomatizadas. Necesitamos una teoría algebraica para cada tipo de datos similar a la que la tenemos, gracias al contexto cultural, para los enteros y los booleanos. Este es el objetivo del Capítulo 5, en el que se presenta el concepto de *tipo abstracto de datos* y sus técnicas asociadas de especificación algebraica. En su Sección 5.7 se muestra cómo verificar programas que usan tipos abstractos de datos especificados algebraicamente.

En cuanto a las limitaciones prácticas de lo presentado hasta el momento, es bastante obvio que, si tratásemos de verificar formalmente todas las instrucciones de un programa grande, el esfuerzo intelectual sería desmesurado. Sólo se justificaría dicho esfuerzo para programas realmente críticos en cuanto a los daños humanos o económicos que podrían producirse en caso de fallo. Parte de ese esfuerzo se puede disminuir con una adecuada notación y una abundante práctica pero, aun así, la tarea continuaría siendo demasiado costosa. Una parte importante de la dificultad subyacente procede del propio paradigma imperativo de programación. Sólo con notaciones de más alto nivel se puede pensar en una aplicación más amplia de los métodos formales. Dado que el paradigma imperativo estará aun con nosotros durante bastante tiempo, se trata de obtener el máximo beneficio de las técnicas presentadas invirtiendo, no obstante, un esfuerzo razonable. Con ese fin, proporcionamos la siguiente lista de consejos prácticos:

- Antes de implementar, especificar con el mayor grado de formalismo posible el programa a desarrollar.
- Emplear notaciones y predicados cercanos al problema para reducir al mínimo los detalles. Definir estos predicados en términos de otros de más bajo nivel hasta llegar al grado de precisión deseado. Tratar de razonar, siempre que sea posible, con los predicados de alto nivel. Sólo en caso necesario, descender a los predicados detallados.
- Ser informal en lo obvio pero riguroso en lo complejo. Lamentablemente, la tendencia de muchos programadores suele ser la contraria.
- Pensar los invariantes antes de escribir los bucles. Derivar los bucles, aunque sea informalmente, a partir de los invariantes.
- Documentar el texto con asertos intermedios. Al menos se han de incluir los invariantes de los bucles que no sean triviales y la precondición y postcondición de cada procedimiento o función.

4.6 PROBLEMAS ADICIONALES

Los ejercicios que se proponen a continuación se realizarán con las técnicas descritas en la Sección 4.3. Salvo que se indique lo contrario, se seguirán sistemáticamente los siguientes pasos:

1. Especificación formal de la función o acción iterativa.
2. Derivación del invariante a partir de la postcondición.
3. Derivación de la condición de terminación del bucle.
4. Derivación formal de las inicializaciones.
5. Derivación del cuerpo del bucle.
6. Propuesta de función limitadora y demostración formal de que el bucle termina.

7. Análisis del coste.

Problema 4.1.

Dado un vector $a[1..n]$ de enteros, con $n \geq 1$, diseñar una función que calcule su máximo. La especificación formal puede verse en la Sección 2.3. ■

Problema 4.2 (Búsqueda lineal acotada).

Proponer un invariante, una función limitadora y verificar formalmente el siguiente programa:

$\{Q \equiv n \geq 0\}$
$i := 1;$
mientras $i \leq n \wedge_c a[i] \neq x$ **hacer**
    $i := i + 1$
fmientras ;
$encontrado := (i \leq n)$
$\{R \equiv encontrado = (\exists \beta \in \{1..n\}.a[\beta] = x \wedge$
    $(\forall \xi \in \{1..\beta - 1\}.a[\xi] \neq x)\ )\}$ ■

Problema 4.3.

Dado un vector $a[1..n]$ de enteros, con $n \geq 1$, diseñar una función que calcule la posición de su máximo más a la izquierda. La especificación formal puede verse en la Sección 2.3. ■

Problema 4.4.

Dado un vector $a[1..n]$ de enteros con $n \geq 0$, derivar formalmente, utilizando la función *insertar* desarrollada en la Sección 4.3, el algoritmo de ordenación *por inserción*. La idea es comenzar "insertando" $a[2]$ en el vector $a[1..1]$, después $a[3]$ en el vector $a[1..2]$, etc. ■

Problema 4.5.

Diseñar una función que calcule la *moda* de un vector $a[1..n]$, con $n \geq 1$. La especificación puede verse en la Sección 2.3. ■

Problema 4.6 (D. Gries—El rellano más largo).

Dado un vector $a[1..n]$ no decreciente de enteros, con $n \geq 1$, diseñar una función que calcule la longitud del *rellano* más largo. Un rellano es un tramo de valores consecutivos iguales. ■

Problema 4.7.

Derivar un algoritmo que, dados $a[1..n]$, con $n \geq 0$, x e y, sustituya en $a[1..n]$ todas las apariciones del valor x por el valor y. La especificación puede verse en la Sección 2.3. ■

Problema 4.8 (E. W. Dijkstra—La bandera holandesa).

Se tiene una hilera de n bolas azules, blancas y rojas, con $n \geq 0$. Se dispone de un brazo mecánico para manipular las bolas que puede realizar, bajo control de un programa, las dos funciones siguientes:

$color(i), 1 \leq i \leq n$	devuelve el color de la bola i
$permuta(i, j), 1 \leq i, j \leq n$	intercambia de lugar las bolas i y j

Derivar un algoritmo de coste lineal que coloque las bolas según los colores de la bandera holandesa: azul (izquierda), blanca (centro), roja (derecha). ■

Problema 4.9 (La bandera aragonesa).

Disponemos de una fila de n bolas rojas y amarillas, $n \geq 0$, y de un brazo mecánico que responde a las siguientes órdenes:

$color(i), 1 \leq i \leq n$	devuelve el color de la bola i
$permuta(i, j), 1 \leq i, j \leq n$	intercambia de lugar las bolas i y j

Usando dicho robot, diseñar algoritmos que resuelvan los siguientes problemas:

1. Uno que separe las bolas, poniendo en primer lugar todas las bolas rojas y a continuación todas las amarillas.
2. Otro que permute la fila de bolas de modo que formen la bandera aragonesa: en las posiciones impares habrá una bola amarilla y en las pares una roja. Las bolas sobrantes se colocarán al final de la fila. ■

Problema 4.10.

Derivar una función que, dado un natural n, decida si es un número *guay*. La definición de este tipo de números puede verse en el problema 2.8. ■

Problema 4.11.

Derivar una función que, dado un vector $a[1..n]$, decida si es *melchoriforme*. La definición de este tipo de vectores puede verse en el problema 2.9. ■

Problema 4.12 (E. W. Dijkstra—La siguiente permutación).

Derivar un programa que, dado un vector a de n enteros distintos, $n \geq 1$, devuelva en a la *siguiente permutación* a la dada. Para precisar la especificación, véanse los problemas 2.14, 2.15 y 2.16. *Ayuda*: Una de las posibles soluciones da lugar a un programa que consiste en tres bucles consecutivos. Derivar separadamente cada uno de ellos. ■

Problema 4.13.

Derivar una función que, dado un vector $a[1..n]$, decida si es *gaspariforme*. La definición de este tipo de vectores puede verse en el problema 2.10. ■

4.7 NOTAS BIBLIOGRÁFICAS

Los antecedentes de la verificación formal de programas iterativos se remontan a los trabajos [Nau66, Flo67], pero es [Hoa69] el que se considera como punto de partida del razonamiento formal sobre programas escritos en un lenguaje de alto nivel. Los trabajos posteriores de Dijkstra, [Dij75, Dij76], añaden el matiz de la *derivación* formal en lugar de la mera verificación *a posteriori*. Éste es el enfoque que ha prosperado y el que han difundido numerosos autores, quizás demasiados, considerando que las ideas fundamentales se contienen ya en [Dij76]. Entre ellos citamos [Gri81, Bac86, DF88, Coh90, Kal90], donde el lector puede ampliar lo presentado en este capítulo. Una obra escrita en castellano que merece citarse también, y en la que, a diferencia de las anteriores, se dedica un amplio espacio a la recursividad es [dISC90].

CAPITULO 5

Tipos abstractos de datos

5.1 CONCEPTO, TERMINOLOGÍA Y EJEMPLOS

La abstracción es un mecanismo de la mente humana fundamental para la comprensión de fenómenos o situaciones que involucren una gran cantidad de detalles. Por ejemplo, la biología clasifica a los seres vivos en especies, géneros, clases, órdenes, etc., con el fin de comprender sus similitudes y diferencias. Cada una de estas clasificaciones representa una abstracción, en virtud de la cual se destacan ciertas características relevantes (las que son comunes a la clase) y se ignoran (momentáneamente) las restantes. Abstraer es, por tanto, un proceso mental que tiene dos aspectos complementarios:

- El aspecto de *destacar* los detalles relevantes del objeto en estudio.
- El aspecto de *ignorar* los detalles irrelevantes del objeto. Se entiende que son irrelevantes en ese nivel de abstracción. Si descendemos de nivel, es probable que algunos de estos detalles pasen a ser relevantes.

La abstracción permite estudiar fenómenos complejos siguiendo un método *jerárquico*, es decir, por sucesivos niveles de detalle. La mayoría de las veces se sigue una dirección *descendente*, desde los niveles de menos detalle o más generales, a los de más detalle o más específicos. En ocasiones también se emplea una dirección ascendente.

Los programas son objetos complejos. Algunos de ellos alcanzan un tamaño de muchos miles de instrucciones, cada una de las cuales puede dar lugar a un fallo de todo el programa. Muchos programadores no son conscientes de las limitaciones de la mente humana para razonar con éxito en medio de tal multitud de detalles importantes. Algunos psicólogos afirman que la memoria inmediata de una persona es de un tamaño máximo de alrededor de siete. Es decir, siete es el número de detalles que una persona puede retener con toda precisión en un instante dado. Quizás por ello, tantas listas de cosas importantes (los días de la semana, los colores básicos, las notas musicales, muchos números de teléfono, los pecados capitales, etc.) tienen longitud siete.

La historia de la programación está repleta de ejemplos del uso de la abstracción como mecanismo para disminuir la complejidad —la palabra complejidad se emplea aquí como sinónimo de excesivo volumen de detalles— de los problemas:

- Los llamados *lenguajes de alto nivel* permitieron a los programadores abstraer el sinfín de detalles de los lenguajes ensambladores, y trabajar de un modo independiente de las máquinas concretas.
- La idea de *macro* en los lenguajes ensambladores y, posteriormente, la de *procedimiento* con parámetros, permiten dar un nombre a un conjunto complejo de instrucciones y activarlas con una sola instrucción.
- Las construcciones creadas para sincronizar procesos en muchos lenguajes de programación concurrente abstraen al programador de la necesidad de tener en cuenta si la máquina subyacente dispone de un solo procesador, de varios que comparten una memoria común, o si consiste en una red de computadores.
- Las especificaciones formales mediante predicados formalizan el efecto de las instrucciones de un lenguaje sin tener que descender al detalle de cómo se ejecutan en un computador.

Podría reforzarse la afirmación del párrafo precedente y decir que la historia de la programación es, en realidad, un camino hacia un grado creciente de abstracción. Los paradigmas de programación más modernos (la programación funcional y la programación lógica) abstraen en gran parte al programador de la secuencia concreta que sigue el computador al ejecutar las instrucciones de su programa. Muchas secuencias distintas conducen, en estos lenguajes, al mismo resultado. En consecuencia, el lenguaje no especifica este aspecto y se concentra en expresar las propiedades relevantes del programa.

La *abstracción funcional*, es decir, la idea de crear procedimientos y funciones e invocarlos mediante un nombre, se desarrolló muy temprano. Los primeros lenguajes de alto nivel (Fortran, Cobol), ya tenían este mecanismo. En este tipo de abstracción lo que se destaca es *qué* hace la función y lo que se ignora es *cómo* lo hace, es decir, el algoritmo concreto y las variables auxiliares necesarias para conseguir el efecto pretendido. El usuario del procedimiento sólo necesita conocer la especificación de la abstracción (el *qué*) y puede ignorar el resto de los detalles (el *cómo*). Diremos que la abstracción produce un *ocultamiento de información*.

La aplicación a los datos de estas ideas de abstracción y ocultamiento de información tardó bastante tiempo en producirse. Los primeros pasos consistieron en la idea de *tipo de datos* de los lenguajes de alto nivel. A partir de Pascal, los tipos elementales (enteros, booleanos, reales) son tratados de un modo bastante independiente de las máquinas subyacentes. Un entero o un real dejan de verse como un conjunto de *bits* que el programador puede manipular directamente. La *representación* concreta utilizada es invisible al programador, al cual sólo se le permiten usar las operaciones previstas para cada tipo. Así, es concebible que, si los computadores dejaran de trabajar en base dos y pasaran a hacerlo en, por ejemplo, base tres, los programas sólo necesitarían ser recompilados para ejecutarse correctamente en las nuevas máquinas.

El siguiente paso fue la creación de tipos definidos por el programador, que contribuyen a elevar el nivel del lenguaje, pues posibilitan la definición de tipos de datos cercanos al problema que se pretende resolver. Los tipos enumerados de Pascal permiten al programador definir explícitamente el dominio de valores del tipo y dar un nombre a cada uno. Normalmente, el compilador representa estos valores mediante un subrango de los enteros, pero ello es, de nuevo, invisible al programador. El lenguaje proporciona operaciones predefinidas (sucesor, predecesor, comparación por $=$, $<$, $\leq$, etc.) para manipular dichos valores.

Los *tipos estructurados* son un paso más allá, pues introducen la idea de *genericidad*. El lenguaje suministra unos *constructores* genéricos de tipos que el programador ha de completar, sustituyendo los tipos formales del mismo, por tipos concretos. Así, en la declaración Pascal:

$$\textbf{type}\ T = \textbf{array}\ [T_1]\ \textbf{of}\ T_2$$

el programador sustituye T_1 y T_2 por tipos concretos apropiados y obtiene un nuevo tipo.

Al igual que en los tipos enumerados, también en los estructurados el lenguaje proporciona operaciones predefinidas para manipular los valores de los nuevos tipos definidos. Así, los *arrays* son accedidos por medio de la operación $\_[\_] : T \times T_1 \longrightarrow T_2$, que permite seleccionar el elemento i-ésimo del mismo; los *records*, mediante operaciones $\_.nombre$ que seleccionan el componente situado en un determinado campo (el de nombre *nombre*) del registro.

Como se aprecia en la exposición precedente, los lenguajes no tratan de forma homogénea los tipos predefinidos y los definidos por el programador: para los primeros, la representación concreta queda oculta y el usuario sólo puede manipular los valores a través de las operaciones permitidas para el tipo. Para los segundos, se permite crear al programador dominios de valores (bien por enumeración, bien componiendo dominios preexistentes), pero no se le permite decidir cuáles son las operaciones permitidas para los nuevos tipos. En compensación a esta insuficiencia, el lenguaje suministra unas operaciones predefinidas que quizás no sean las más apropiadas para el nuevo tipo. Incluso pueden resultar inconvenientes. Un ejemplo puede contribuir a aclarar estos matices.

Imaginemos que el programador desea definir un tipo *fecha* para manipular valores cuyo significado sean fechas del calendario. Una forma de hacerlo en Pascal es la siguiente:

type *fecha* = **record**
dia : 1..31;
mes : 1..12;
año: 1900..2000
end

El programador puede definir variables del nuevo tipo mediante declaraciones de la forma:

var *f1*,*f2* : *fecha*;

e incluso definir procedimientos que operen sobre, o consulten propiedades de los valores del tipo:

function *fiesta* (*f* : *fecha*) : *boolean*;

Sin embargo, no puede impedir que se generen valores que no tienen semántica, teniendo en cuenta la intención del programador:

$f1.dia := 30; f1.mes := 2; \ldots$

o que se realicen operaciones sin sentido sobre los valores del tipo:

$f1.dia := 5 * f2.mes$

La razón última de estos inconvenientes es que los lenguajes como Pascal no permiten *definir* tipos, en el sentido exacto de la palabra definir, sino tan sólo *representar* unos tipos por otros. Más aun, la representación es *visible* en todo el ámbito del programa, lo que posibilita que los programadores puedan manipular los valores del tipo de un modo incongruente con su semántica. La situación equivalente respecto a los tipos predefinidos sería permitir que los programadores manipularan directamente los bits de un carácter o de un número real (de hecho, los primeros lenguajes de alto nivel proporcionaban esta "facilidad").

El concepto de *tipo abstracto de datos*, propuesto hacia 1974 por John Guttag y otros investigadores, vino a clarificar esta situación.

Definición 5.1 (Tipo abstracto de datos).

Un tipo abstracto es una colección de valores y de operaciones que se definen mediante una especificación que es independiente de cualquier representación.

El calificativo *abstracto* expresa precisamente esta cualidad de independencia de la representación. Para definir un nuevo tipo, el programador debería comenzar por decidir qué operaciones le parecen relevantes y útiles para operar con las variables pertenecientes al mismo. Es decir, debería comenzar por establecer la *interfaz* que van a tener los usuarios con dicho tipo.

Así, en el tipo *fecha*, podría considerarse útil establecer la siguiente interfaz. Damos las cabeceras de las operaciones, asignándoles un nombre que transmite el significado pretendido:

fun $crear\ (dia, mes, año : natural)$ **dev** $(f : fecha)$
fun $incrementar\ (f\_ini : fecha; num\_dias : entero)$ **dev** $(f\_fin : fecha)$
fun $distancia\ (f\_ini, f\_fin : fecha)$ **dev** $(num\_dias : entero)$
fun $dia\_de\_la\_semana\ (f : fecha)$ **dev** $(d : 1..7)$

Nótese que, si éstas son las únicas operaciones permitidas al programador, resulta imposible para éstos construir valores inválidos del tipo *fecha*. En efecto, la operación $crear$ sólo permitirá construir fechas correctas (por ejemplo, la llamada $crear\ (30, 2, 1992)$ produciría un error). La operación *incrementar* producirá fechas válidas a partir de fechas válidas. Si, utilizando *incrementar*, pretendiésemos construir un valor del tipo *fecha* más alto que lo previsto por la representación, la operación debería producir un error, similar en todos los aspectos a los errores de fuera de rango detectados por los lenguajes convencionales.

Una vez establecida la interfaz con los usuarios del nuevo tipo, el programador es libre para escoger la representación que más le convenga. Por ejemplo, podría escoger el registro de tres campos dado más arriba, o bien un registro con dos campos: el año, y el dia dentro del año (según este diseño, el par $\langle 1992, 36 \rangle$ representaría el 5 de febrero de 1992), o cualquier otra. La definición de la representación y de las operaciones que la utilizan directamente debería realizarse en un ámbito de declaración inaccesible al resto del programa. Los demás programadores sólo conocerían el nombre del tipo (lo que les permite declarar variables) y la especificación de las operaciones (lo que les permite manipular las variables declaradas). Si el programador que definió el tipo *fecha* decidiera posteriormente cambiar la representación por otra, sólo tendría que cambiar el *módulo* que contiene la definición de la representación y de las operaciones. El resto del programa, una vez recompilado, se vería inalterado en su funcionamiento por el cambio de representación.

De este modo, el tratamiento dado por el lenguaje a los tipos definidos por el programador sería equivalente al que da a sus propios tipos, y se resume en los dos aspectos ya comentados:

- *Privacidad* de la representación: los usuarios no conocen la representación de los valores en la memoria del computador.
- *Protección*: sólo se pueden utilizar para el nuevo tipo las operaciones previstas por la especificación.

A partir de este ejemplo, pueden hacerse una serie de consideraciones sobre el concepto de tipo abstracto de datos:

1. En primer lugar, el énfasis se desplaza de los valores a las operaciones. Un tipo no es simplemente una colección de valores. Tan importante o más que éstos son las operaciones permitidas sobre los mismos.
2. La colección de operaciones ha de permitir *generar* cualquier valor del tipo, ya que los usuarios no tienen otro modo de crearlos. Los lenguajes acostumbran a proporcionar *literales* para los tipos predefinidos, es decir, constantes con una sintaxis especial, que permiten designar cualquier valor del tipo. Algunos lenguajes extienden esta facilidad a los tipos estructurados. Los tipos abstractos también suministran constantes en ocasiones, si bien no en la forma de literales. Los valores de un tipo abstracto se generan mediante la aplicación reiterada de operaciones llamadas *generadoras* de las que las constantes son un caso particular. Una constante se entenderá como una operación sin parámetros que devuelve un resultado constante.
3. El programador de un tipo abstracto ha de crear dos piezas de documentación bien diferenciadas:
    - La *especificación* del tipo: única parte que conoce el usuario del mismo y que consiste en el *nombre* del tipo y la especificación de las operaciones permitidas. Esta especificación tendrá una parte sintáctica (nombre de cada operación, tipos de los parámetros y resultados) y otra semántica que, de momento, podemos suponer se realiza en lenguaje natural.
    - La *implementación* del tipo: conocida sólo por el programador del mismo, y que consiste en la *representación* del tipo por medio de otros tipos y en la implementación de las operaciones en términos de dicha representación.

    Idealmente, el lenguaje de programación debería soportar todos los aspectos de visibilidad y ocultamiento comentados, de forma que se impidan usos indebidos del tipo así creado.

4. Un tipo abstracto representa una abstracción en el sentido comentado al comienzo de esta sección:

    - Se *destacan* los detalles (normalmente pocos) de la especificación, es decir, el comportamiento observable del tipo. Es de esperar que este aspecto sea bastante estable durante la vida útil del programa.
    - Se *ocultan* los detalles (probablemente numerosos) de la implementación. Este aspecto es, además, propenso a cambios.

    Estas propiedades hacen que el tipo abstracto sea el concepto ideal alrededor del cual basar la descomposición en módulos de un programa grande. Este aspecto será desarrollado en la sección siguiente.

5.2 PROGRAMACIÓN CON TIPOS ABSTRACTOS DE DATOS

Los tipos abstractos, base del diseño modular

Cuando un programa va a tener una mínima entidad (más de 500 líneas puede considerarse, en muchos casos, una mínima entidad), surge la necesidad de dividir el programa en módulos. El concepto de tipo abstracto, definido en la sección precedente, proporciona una base ideal para esta descomposición.

La *modularidad* es una propiedad de los programas tan deseada como inalcanzada. Se ha escrito mucha literatura sobre el tema, pero sólo en muy pocos casos se concreta técnicamente cuál es la información que debería contener un módulo. Desde el punto de vista de la ingeniería de la programación, un módulo ha de cumplir ciertos requisitos interesantes para una correcta división del trabajo entre los programadores y para facilitar el posterior mantenimiento del producto. En esencia, dichos requisitos son:

1. Las conexiones del módulo con el resto del programa han de ser pocas y simples. De este modo se espera lograr una relativa independencia en el desarrollo de cada módulo con respecto a los otros.
2. La descomposición en módulos ha de ser tal que la mayor parte de los cambios y mejoras al programa impliquen modificar sólo un módulo o un número muy pequeño de ellos.
3. El tamaño de un módulo ha de ser el adecuado: si es demasiado grande, será difícil realizar cambios en él; si es demasiado pequeño, no es rentable asociar al mismo todas las tareas administrativas típicas de la producción industrial (documentación, control de versiones, etc.).

La parte del texto de un programa dedicada a la definición de un tipo abstracto de datos es un candidato a módulo que cumple los requisitos enunciados:

- La *interfaz* del tipo abstracto con sus usuarios constituye un ejemplo de pocas y simples conexiones con el resto del programa: los usuarios pueden declarar variables del tipo e invocar sus operaciones permitidas. Otras conexiones más peligrosas tales como compartir variables entre módulos, o compartir el conocimiento acerca de la estructura interna de un tipo complejo, están ausentes en el concepto de tipo abstracto.
- La parte de *implementación* puede ser cambiada libremente sin afectar al funcionamiento de los módulos usuarios. Es de esperar, por tanto, que muchos cambios al programa queden localizados en el interior de un solo módulo.
- El tamaño de un solo procedimiento que implementa una abstracción funcional es demasiado pequeño para ser útil como unidad modular. En cambio, la definición de un tipo abstracto constará en general de una colección de procedimientos y funciones, más una representación, lo que proporciona un tamaño más adecuado.

La programación con tipos abstractos forma parte de los *curricula* de la mayoría de las universidades que imparten docencia relacionada con la programación de computadores. Es de esperar, por tanto, que ésta sea la forma habitual de diseñar grandes programas en un futuro cercano que, en muchos lugares, es ya presente. Los lenguajes de programación diseñados con posterioridad a 1975 soportan este concepto, en mayor o menor medida, proporcionando construcciones para definir módulos con visibilidad limitada de sus identificadores, de forma que es posible impedir a los programas usuarios de un módulo el acceso a los detalles de implementación del mismo. Entre los que han alcanzado amplia difusión comercial citamos Ada, Modula-2, y C^{++}. Desgraciadamente, en la industria siguen siendo predominantes los lenguajes definidos antes de 1975 (Fortran, COBOL, C y el propio Pascal). Con mayor o menor esfuerzo (cuanto más antiguo el lenguaje, más esfuerzo), se puede implementar un diseño basado en tipos abstractos, en un lenguaje que no soporta el concepto. Será necesario suplir la insuficiencia del lenguaje con una disciplina en su uso, de forma que los programadores sólo utilicen las posibilidades del mismo que no violen los principios de ocultamiento establecidos en el diseño.

El método de los refinamientos sucesivos

El método de diseño mediante *refinamientos sucesivos* que se suele enseñar en el primer curso de programación es útil para pequeños programas, pero presenta problemas en programas más grandes. El mecanismo de abstracción en que se basa es la abstracción funcional: una acción o función es *refinada* por un pequeño programa en el que aparecen acciones más simples que, a su vez, son refinadas, y así sucesivamente hasta llegar a las instrucciones elementales del lenguaje. Los inconvenientes pueden resumirse en los siguientes:

- Los tipos de datos utilizados desde el principio suelen ser los predefinidos en el lenguaje. Ello introduce un desequilibrio, al tener que expresar acciones abstractas o de alto nivel en términos de tipos concretos o de bajo nivel.
- Las decisiones de *representación* de unos tipos en otros se toman demasiado temprano en el proceso de diseño. Dichas decisiones podrían y *deberían* ser aplazadas hasta el momento en que se conocen todas las operaciones que se van a necesitar para cada nuevo tipo.
- Los detalles de representación de los tipos están presentes en los algoritmos de alto nivel, oscureciendo innecesariamente su comprensión.

El siguiente ejemplo pretende ilustrar cómo se ve modificado el método de los refinamientos sucesivos cuando se introducen tipos abstractos de datos desde el comienzo del diseño.

```
accion estadistica (f : fichero_de_entero);
var
    t : tabla; x : entero; i, frec : natural
fvar
    inicializar (t); abrir (f);
    mientras ¬fin (f) hacer
        leer (f, x);
        añadir (t, x)
    fmientras ;
    para i desde 1 hasta total(t) hacer
        ⟨x, frec⟩ := info (t, i);
        escribir ('entero: ', x, ' frecuencia: ', frec)
    fpara
faccion
```

Figura 5.1. Ejemplo de programación con tipos abstractos

Ejemplo 5.1.

Supongamos que queremos diseñar un programa que lee una secuencia de enteros de un fichero, y ha de producir una estadística en la que se presenta cada entero distinto leído, junto con su frecuencia de aparición, en orden de frecuencias decrecientes.

La tentación a evitar es la de introducir tempranamente la forma en que se van a almacenar en memoria los enteros y sus frecuencias. En lugar de ello, se decide postular la existencia de un tipo abstracto *tabla* que se ocupará de dicho almacenamiento. Ni siquiera es necesario conocer desde el principio todas las operaciones que se van a necesitar de dicho tipo. Se irán conociendo a medida que progresa el diseño del (de los) programa(s) usuario(s). En este caso, el diseño es muy simple y puede escribirse directamente el programa principal. Este puede verse en la figura 5.1.

Como se aprecia, el algoritmo queda reducido a los aspectos esenciales, quedando aplazados a la implementación del tipo *tabla* los detalles sobre la estructura de datos que contendrá la información sobre frecuencias. Más aun, se conocen los requisitos que habrá de satisfacer dicha implementación, con lo que el programador posee todos los elementos para abordar su diseño. Dichos requisitos se expresan en la siguiente interfaz para el tipo *tabla*:

tipo abstracto $tabla$;
  accion $inicializar$ (t : **sal** $tabla$);
    { Crea una tabla vacía t de frecuencias}
  accion $añadir$ (t : **ent/sal** $tabla$; x : $entero$);
    { Modifica t de forma que x incrementa en 1 su frecuencia}
  fun $total$ (t : $tabla$) **dev** (n : $natural$);
    { Devuelve el numero n de enteros de t distintos}
  fun $info$ (t : $tabla$; i : $natural$) **dev** (y : $entero$; f : $natural$)
    { Devuelve el entero y, junto con su frecuencia f, que ocupa
    el lugar i-ésimo en t, en orden de frecuencias decrecientes }
ftipo abstracto

En un refinamiento posterior, el programador decidirá cuál es la implementación más adecuada para este tipo. Suponiendo que el volumen de enteros a tratar puede ser muy grande, nótese que conseguir una implementación eficiente de *añadir* y, a la vez, de *info*, no es tarea sencilla. Para la primera, sería tal vez adecuada una *tabla dispersa* (véase la Sección 6.3) cuyas claves serían los enteros, y cuya información asociada a cada entero sería su frecuencia, o bien una tabla ordenada alfabéticamente por el campo entero. En cambio, para la segunda, sería útil algún tipo de ordenación por el campo de la frecuencia. Esta ordenación puede ser dinámica, lo que haría pensar en una estructura de tipo *montículo* o *árbol de búsqueda* (véase la Sección 6.2), o bien realizarse una ordenación completa de la tabla una vez finalizadas las inserciones. En este último caso, sería necesario modificar la interfaz del tipo, y añadir una nueva operación *ordenar* que desencadenase dicha ordenación. Otra posibilidad es no ordenar y hacer que la operación *info* busque cada vez el elemento i-ésimo. Todas estas decisiones se pueden tomar con la tranquilidad de no afectar (o hacerlo en un grado mínimo) al programa usuario. ■

La programación en gran escala

La última parte del ejemplo anterior ilustra otra característica de la programación con tipos abstractos: el *refinamiento de tipos*. El método convencional de diseño mediante refinamientos sucesivos se ocupa solamente del refinamiento de acciones. Cuando se utilizan tipos abstractos, es bastante frecuente que la "distancia" que separa a éstos de los tipos del lenguaje no se salve de una vez. En otras palabras, al representar un tipo abstracto en términos de otros tipos más concretos, nada impide utilizar en la representación tipos abstractos de más bajo nivel los cuales, a su vez, serán representados en otros, y así sucesivamente hasta representar los de más bajo nivel en términos de los tipos predefinidos en el lenguaje.

Cuando se diseña *en gran escala*, esto es, cuando se aborda la construcción de un gran programa en el que han de trabajar simultáneamente varios programadores, es esencial descomponer la tarea en unidades independientes que exijan poca interacción entre los mismos. Como hemos visto, estas unidades podrían ser los tipos abstractos. Sin embargo, para poder cumplir el requisito de simultaneidad, se necesita una modificación adicional al método de diseño: hemos de realizar todos los refinamientos de tipos y de acciones de forma *incompleta*, sin detallar ningún algoritmo. Explicaremos esto en más detalle:

- En una *primera fase* de diseño, se establecen *las interfaces externas* de todos los módulos. Para ello, el diseñador ha de imaginar la representación de cada tipo y la implementación de cada acción, pero no ha de detallarlas. El objetivo es decidir si se necesitan tipos abstractos o acciones de más bajo nivel y, en caso afirmativo, cuál ha de ser la interfaz de éstos, para que la abstracción representada pueda implementarse cómodamente.
- Una vez decididos qué módulos se necesitan y qué interfaz presentan a sus usuarios, se *distribuye* el trabajo entre los programadores. Cada uno se responsabilizará de uno o más módulos.
- Cada programador completa, en una *segunda fase* de diseño, los detalles internos del módulo o módulos asignados. Si la primera fase se ha realizado correctamente, se supone que dispone de toda la información necesaria —la interfaz de su módulo y las interfaces de los que le está permitido usar— para realizar su trabajo sin apenas interacción con los responsables de otros módulos.

Realizar la primera fase de diseño, es decir, la descomposición de un gran programa en módulos, requiere abundante experiencia y un conocimiento muy amplio de las estructuras de datos y algoritmos existentes. Cuando especifica la interfaz de un tipo abstracto, el diseñador ha de estar bastante seguro de que existen una o más implementaciones razonables posibles para el tipo especificado. La explicación en detalle de esta actividad de diseño y el desarrollo de un ejemplo del tamaño suficiente para ilustrar las dificultades involucradas quedan más allá de los propósitos de este libro.

La programación genérica

Una característica final a destacar de la programación con tipos abstractos de datos es que éstos permiten el uso sistemático de la *genericidad*. La genericidad, como ya se ha comentado al hablar de los tipos estructurados de los lenguajes de programación, consiste en especificar tipos en los que se permite que algunas de sus características estén indefinidas. Definiendo posteriormente dichas características de distintas maneras, se obtienen tipos concretos distintos.

Las características indefinidas constituyen el llamado *parámetro formal* del tipo. Dicho parámetro consiste en uno o más tipos, posiblemente acompañados de operaciones y de constantes. Hay que distinguir, por tanto, dos actividades cuando se utilizan tipos abstractos genéricos (también llamados tipos parametrizados):

1. La *definición* del tipo genérico: se especifica y se implementa un tipo abstracto, suponiendo la existencia de uno o más tipos desconocidos *a priori* que constituyen el parámetro formal. Se puede suponer que dichos tipos poseen al menos las operaciones, constantes incluidas, especificadas como parte del parámetro formal.
2. La *concreción* del tipo genérico: sustituyendo el parámetro formal por un parámetro real con tipos y operaciones consistentes con lo especificado en el parámetro formal, se pueden construir tipos concretos distintos.

A modo de ejemplo, se podría pensar en un tipo genérico *lista ordenada* en el que se dejan indefinidos:

a) El *tipo* de datos de los elementos que constituyen la lista.
b) La *operación* $\preceq$ que permite ordenar los elementos de la lista.
c) La *longitud* máxima que puede alcanzar la lista.

El tipo abstracto se puede implementar usando nombres formales para esas tres características que constituyen conjuntamente el parámetro formal. Tendríamos entonces una lista genérica con las operaciones habituales sobre listas (ver la Sección 6.1.3).

Posteriormente, se puede concretar la lista genérica de diversas formas, dando lugar a tipos concretos distintos:

- Sustituyendo el *tipo* formal de los elementos por el tipo *palabra*, la relación formal $\preceq$ por una operación *anterior_o_igual* del tipo *palabra* que implemente la comparación lexicográfica de dos palabras, y la constante formal *longitud* por 1000, obtendremos el tipo abstracto "lista ordenada, de longitud máxima 1000, de palabras".

- Sustituyendo *tipo* por *entero*, $\preceq$ por $\leq$ y *longitud* por 100, obtendremos el tipo abstracto "lista ordenada, de longitud máxima 100, de enteros".
- Etc.

La genericidad es una facilidad muy importante para incrementar la *reutilización* de los programas. La misma idea explicada para los tipos de datos es aplicable a los algoritmos. Piénsese, por ejemplo, en las veces que un programador escribe algoritmos de ordenación que sólo se diferencian en el tipo de datos de los elementos a ordenar, en la longitud del vector a ordenar y en la operación que compara dos elementos. Un algoritmo genérico no es sino una operación que trabaja con tipos abstractos genéricos. Los algoritmos genéricos pueden, por tanto, tratarse en el mismo marco descrito para los tipos abstractos.

Se podría disponer así de una biblioteca de tipos abstractos y de algoritmos genéricos que contuviera, implementados (y verificados formalmente), los tipos de datos y los algoritmos más frecuentes. La tarea del programador en este marco consistiría, en gran parte, en concretar tipos y algoritmos genéricos a fin de obtener tipos y algoritmos concretos adaptados a su problema particular. No sólo ahorraría esfuerzo de desarrollo sino también, y más importante, de depuración.

Desgraciadamente, aun son pocos los lenguajes de programación (Ada es el más difundido entre los imperativos) que soportan adecuadamente los conceptos de genericidad. Los lenguajes funcionales modernos soportan un concepto, el de *polimorfismo*, muy relacionado con el de genericidad, aunque distinto. Es de esperar que, en los próximos años, se difundan más estas ideas y los programadores puedan emplear su tiempo en tareas más productivas que la de reinventar constantemente los mismos programas.

5.3 ESPECIFICACIÓN ALGEBRAICA DE TIPOS ABSTRACTOS

En esta sección se presenta una técnica formal para especificar tipos abstractos de datos, conocida con el nombre de *especificación algebraica*. El objetivo de la misma es definir de manera no ambigua un tipo de datos, es decir, el conjunto de los valores del tipo y el efecto de cada una de las operaciones permitidas para el tipo. Veremos que, frecuentemente, existirán operaciones que involucran a más de un tipo de datos por lo que una especificación algebraica podrá nombrar varios tipos de datos. Normalmente, uno de ellos será el de interés y el resto habrán sido especificado previamente. Sin embargo, la semántica que se dará considerará *simultáneamente* todas las especificaciones construidas, por lo que será importante vigilar el efecto que unas puedan tener sobre otras.

La principal virtud de esta técnica de especificación es que permite definir un nuevo tipo de manera *totalmente independiente* de cualquier posible representación. En las secciones anteriores se ha mencionado que algunos lenguajes de programación soportan la creación de tipos abstractos de datos. Siendo rigurosos, diremos que lo que en realidad permiten es la *representación* de unos tipos en otros, progresivamente más cercanos a los tipos del lenguaje, y el ocultamiento de dicha representación a los programas usuarios. Citando a Barbara Liskov[1], "... son las especificaciones, y no los programas, las que realmente describen una abstracción; los programas simplemente la implementan". Es decir, un tipo abstracto que se implementa mediante un programa *simula* el comportamiento de un tipo imaginado por el programador, tipo que, frecuentemente, no está especificado en ninguna parte. Si se pretende razonar sobre la corrección de dicha implementación, obviamente el tipo ha de ser definido de un modo independiente del programa que lo implementa. En esta sección y en la siguiente se explica cuál es el objeto formal que define una especificación algebraica, es decir, el tipo o tipos que define. En la Sección 5.8 se indica cómo ha de ser la relación entre una implementación y una especificación de un tipo abstracto para considerar aquella correcta.

Otros motivos que hacen conveniente la especificación formal de un tipo abstracto son los siguientes:

- Unanimidad de interpretación por parte de los distintos usuarios del tipo.
- Posibilidad de verificar formalmente los programas usuarios del tipo.
- Deducción, a partir de la especificación, de propiedades satisfechas por cualquier implementación válida de tipo.
- Posibilidad, en ciertos casos, de obtener una implementación automática a partir de la especificación algebraica.

En esta sección introduciremos la sintaxis, y una explicación informal de la semántica, de una especificación algebraica.

En primer lugar, utilizaremos una *notación funcional* para las operaciones de un tipo abstracto de datos. En el ejemplo 5.1 se empleó una notación imperativa para describir la interfaz del tipo abstracto *tabla*, habida cuenta de que, en las implementaciónes más habituales de un tipo de datos "voluminoso", las variables del tipo son parámetros modificados por las operaciones, es decir, parámetros de entrada/salida. Dado que nuestro interés aquí no es implementar, sino especificar, las consideraciones de eficiencia quedan al margen. Una operación en una especificación algebraica

[1] Ver [Lis79]

será una función que toma como parámetros cero o más valores de diversos tipos, y produce como resultado *un solo valor* de otro tipo.

- El caso de cero parámetros representa una *constante* del tipo del resultado.
- La restricción a un solo resultado por función no es importante, y obedece exclusivamente al deseo de facilitar la legibilidad de las especificaciones.
- La *traducción* de la notación algebraica a la imperativa es normalmente inmediata: por un lado, algunas operaciones darán lugar a procedimientos con posibles parámetros de entrada/salida y, por otro, es posible que varias operaciones con idénticos parámetros y distinto resultado se combinen en un solo procedimiento con varios parámetros de salida correspondientes a dichos resultados.

Con este convenio, la interfaz del tipo abstracto *tabla* del ejemplo 5.1 se expresaría, en notación algebraica, tal como se aprecia en la figura 5.2.

espec *TABLA*
  usa *NATURAL, ENTERO*
  generos $tabla$
  operaciones
    $inicializar : \longrightarrow tabla$
    $añadir : tabla\ \ entero \longrightarrow tabla$
    $total : tabla \longrightarrow natural$
    $info\_ent : tabla\ \ natural \longrightarrow entero$
    $info\_frec : tabla\ \ natural \longrightarrow natural$
fespec

Figura 5.2. Signatura del tipo *tabla* de frecuencias

Nótese que el procedimiento *añadir* del ejemplo es aquí una función, que el procedimiento *inicializar* es en realidad una constante del tipo *tabla*, y que la función *info* del ejemplo se ha desdoblado aquí en las dos operaciones *info_ent* e *info_frec*, una para cada resultado de la función original.

Distinguiremos entre el nombre de una especificación, normalmente en mayúsculas, y el nombre de los tipos que se especifican dentro de ella, normalmente en minúsculas. En este ejemplo sólo se especifica uno pero, en general, pueden especificarse cero o más tipos en una especificación. La cláusula **usa** se utiliza para importar las definiciones realizadas en otras especificaciones. En el ejemplo, se supone que las especificaciones NATURAL y ENTERO especifican, respectivamente, los tipos

$natural$ y $entero$. La cláusula **generos** sirve para *nombrar* los tipos de nueva creación que se introducen en la especificación.

Admitiremos una sintaxis flexible para indicar el perfil de las operaciones. Si no se indica nada, se entenderá que las operaciones son prefijas, esto es, el nombre de la operación precede a los operandos y éstos van entre paréntesis y separados por comas. Así, el término

$$total\,(añadir\,(inicializar, 2))$$

es sintácticamente correcto. Para indicar operaciones prefijas sin paréntesis, infijas o mix-fijas, indicaremos mediante el símbolo '_' la posición de los argumentos con respecto al nombre de la operación. Se añadirán los paréntesis necesarios para indicar, cuando sea ambiguo, el orden de aplicación de las operaciones. Así, en la especificación (incompleta) de la figura 5.3, los términos

$$0+1\,,\ \neg cierto\,,\ \neg(1 \leq 0)\,,\ (0+1)*1$$

son sintácticamente correctos.

espec *NATBOOL*
  generos $natural, booleano$
  operaciones
    $0, 1 : \longrightarrow natural$
    $cierto, falso : \longrightarrow booleano$
    $\_+\_, \_*\_ : natural\ \ natural \longrightarrow natural$
    $\neg\_ : booleano \longrightarrow booleano$
    $\_\leq\_, \_>\_ : natural\ \ natural \longrightarrow booleano$
fespec

Figura 5.3. Signatura de naturales y booleanos

La parte de una especificación explicada hasta ahora, es decir el conjunto de las cláusulas **generos** y **operaciones** , recibe el nombre de *signatura*.

Pasando a la parte semántica, a una especificación como las presentadas hasta ahora, en las cuales sólo se establece el nombre de los tipos y el perfil de las operaciones, ya se le puede atribuir un significado. En esencia, dicho significado consiste en considerar que cada término sintácticamente correcto denota un valor del tipo al que pertenece la expresión construida. Así, 0 y 1 denotan ya valores de tipo $natural$, como también lo son $(0+1)$ y $(0+0)+0$. Igualmente, $cierto$, $\neg falso$ y $1 \leq (1+1)$ son valores de tipo booleano. No necesitamos inventar una notación especial para nombrar los valores de cada nuevo tipo de datos que construyamos. Sus "nombres" son simplemente los términos sintácticamente correctos que construyen dicho valor mediante la aplicación reiterada de operaciones del tipo.

En la semántica que, en la Sección 5.4, vamos a dar a una especificación algebraica, llamada *semántica inicial*, sólo pertenecen a cada tipo especificado aquellos valores que puedan ser *generados* mediante los términos sintácticamente correctos de dicho tipo. Así, si en el ejemplo del tipo $tabla$ suprimiésemos la operación *inicializar*, el tipo $tabla$ consistiría en un conjunto vacío de valores, ya que no es posible partir de valor alguno para aplicar la operación *añadir*.

Puede ocurrir que dos términos sintácticamente distintos generen el mismo valor según la idea intuitiva que el programador posee acerca del tipo que está construyendo. Por ejemplo, los términos

$$\textit{añadir}\,(\textit{añadir}\,(\textit{añadir}\,(inicializar, 2), 3), 2)$$
$$\textit{añadir}\,(\textit{añadir}\,(\textit{añadir}\,(inicializar, 3), 2), 2)$$

denotan un valor del tipo $tabla$ en el que están almacenados el entero 2 con frecuencia 2, y el entero 3 con frecuencia 1. Intuitivamente, representan el mismo valor. Sin embargo, la semántica inicial considera, por defecto, valores distintos a aquéllos que se construyen con términos sintácticamente distintos. Esta propiedad es muy útil en algunos casos. Por ejemplo, si no tuviésemos predefinido el tipo $natural$ y quisiéramos construirlo, la especificación

espec *NAT1*
    generos $natural$
    operaciones
        $0 : \longrightarrow natural$
        $suc : natural \longrightarrow natural$
fespec

hace exactamente eso. En efecto, los únicos valores que se pueden construir son de la forma $suc(\ldots suc(suc(0))\ldots)$, aplicando un número finito de veces la operación suc, cuyo significado intuitivo es calcular el sucesor de un natural. Cada término denota un valor diferente que es precisamente lo que pretendemos: queremos que el sucesor de un natural siempre sea un natural distinto. Sin embargo, la especificación

espec *NAT2*
    generos $natural$
    operaciones
        $0 : \longrightarrow natural$
        $suc : natural \longrightarrow natural$
        $\_ + \_ : natural\ \ natural \longrightarrow natural$
fespec

construye algo distinto de los naturales de todos conocidos. Por ejemplo, los términos $(0 + suc(0))$ y $suc(0)$ denotan, en principio, valores distintos. Sin embargo, nuestro conocimiento acerca de cómo se comportan los naturales nos indica que *deberían* denotar el mismo natural.

Para poder expresar la igualdad de valores construidos de modo distinto, una especificación algebraica puede incluir un apartado de *ecuaciones*. Sintácticamente, una ecuación tiene la forma $t_1 == t_2$, siendo t_1 y t_2 dos términos sintácticamente correctos del mismo tipo. Semánticamente, expresa que el valor construido mediante el término t_1 es *el mismo* que el valor construido mediante el término t_2. Para no tener que escribir infinitas ecuaciones, se admite que los términos que aparecen en una ecuación tengan variables. Dichas variables han de ser de los tipos apropiados y se acostumbra a declararlas antes del conjunto de ecuaciones. La interpretación de las ecuaciones es, entonces, la de establecer la igualdad de los pares de valores que se obtienen asignando a las variables todos los posibles valores de su tipo. Es decir, cada ecuación es una fórmula lógica cuantificada universalmente por sus variables.

espec *NAT3*
  generos $natural$
  operaciones
    $0 : \longrightarrow natural$
    $suc : natural \longrightarrow natural$
    $\_ + \_ : natural\ natural \longrightarrow natural$
  var
    $x, y : natural$
  ecuaciones
    $x + 0 == x$
    $x + suc(y) == suc(x + y)$
fespec

Figura 5.4. Especificación algebraica de los naturales

La especificación de la figura 5.4 vuelve a construir los naturales habituales, pero ahora con la operación adicional $\_ + \_$. Las dos ecuaciones expresan igualdades que sabemos ciertas en los naturales. A saber:

- Que al sumar 0 a cualquier natural x, obtenemos el mismo valor x.
- Que se obtiene el mismo valor natural sumando a cualquier x el siguiente natural a otro cualquiera y que sumando primero x e y y calculando después el natural siguiente a la suma obtenida.

Las igualdades son ciertas cualesquiera que sean los valores naturales que asignemos a x y a y. Más difícil es, sin embargo, convencerse de que estas dos ecuaciones expresan *todas* las igualdades que deseamos. ¿No podría ocurrir que, pese a las ecuaciones, tengamos todavía más naturales de los debidos? ¿Cómo podemos estar seguros de que no hacen falta más ecuaciones? La respuesta a esta pregunta no es inmediata. En este ejemplo tenemos un modelo conocido, los naturales de las matemáticas, y sería posible demostrar que el modelo construido por la especificación NAT3 es *isomorfo*[2] a los naturales. En otras ocasiones, cuando se especifica un tipo de datos nuevo, el único modelo disponible es la idea informal que el programador tiene en su cabeza. En esos casos, una posible garantía de "corrección" es el método seguido para construir la especificación. En la Sección 5.5 se propone una técnica sistemática para construir especificaciones algebraicas que conduce, con gran probabilidad, a que el programador especifique lo que realmente desea y no un tipo de datos distinto. Nótese, finalmente, que las ecuaciones constituyen un *conjunto* y, por tanto, el orden en que se escriban es irrelevante.

Como último ejemplo de esta sección, presentamos una especificación de las *listas* de elementos (véase la figura 5.5). En este caso, se trata de una especificación genérica en la que el parámetro formal es el tipo *elemento*. Véase que la cláusula **parametro formal** permite definir los componentes de dicho parámetro.

En el caso general, el parámetro formal constará de un conjunto de géneros, operaciones y ecuaciones. Su sintaxis será la misma que la de una especificación no genérica. En este ejemplo, sólo es necesario el apartado correspondiente a los géneros. El significado pretendido de cada operación está indicado como comentario a la derecha de la misma. Las tres primeras ecuaciones expresan propiedades conocidas de la concatenación, a saber, que es asociativa y que tiene la lista vacía [ ] como elemento neutro. Las dos siguientes pueden entenderse como la definición de las operaciones "añadir por la izquierda" y "añadir por la derecha", en función de "concatenar". Las tres últimas expresan igualdades entre los naturales especificados en la especificación NAT3 y los (en principio, nuevos) naturales que pueden conseguirse consultando la longitud de una lista.

La semántica de una especificación parametrizada es más compleja que la de una no parametrizada. Si adoptásemos la visión anterior, la semántica del tipo *elemento* del ejemplo sería un conjunto vacío de valores, ya que no posee operaciones capaces de generar valores del tipo.

La intención es, en cambio, que el parámetro formal se sustituya, en el momento de concretar la especificación genérica, por una especificación, que llamaremos *parámetro real*, en la que el tipo que tome el lugar de *elemento* pueda ser cualquiera (más

[2]El concepto de isomorfismo se define en la Sección 5.4.

espec *LISTAS*
usa *NAT3*
parametro formal
  generos $elemento$
fparametro
generos $lista$
operaciones
  $[\,]: \longrightarrow lista$ { lista vacía}
  $[\_]: elemento \longrightarrow lista$ { lista unitaria}
  $\_ +\!\!+ \_ : lista\ lista \longrightarrow lista$ { concatenar }
  $\_ : \_ : elemento\ \ lista \longrightarrow lista$ { añadir por la izquierda}
  $\_\#\_ : lista\ \ elemento \longrightarrow lista$ { añadir por la derecha}
  $long : lista \longrightarrow natural$ { longitud}
var
  $x : elemento; l, l_1, l_2, l_3 : lista$
ecuaciones
  $l +\!\!+ [\,] == l$
  $[\,] +\!\!+ l == l$
  $(l_1 +\!\!+ l_2) +\!\!+ l_3 == l_1 +\!\!+ (l_2 +\!\!+ l_3)$
  $x : l == [x] +\!\!+ l$
  $l\#x == l +\!\!+ [x]$
  $long\,([\,]) == 0$
  $long\,([x]) == suc\,(0)$
  $long\,(l_1 +\!\!+ l_2) == long\,(l_1) + long\,(l_2)$
fespec

Figura 5.5. Especificación algebraica de las listas

específicamente, cualquiera no vacío). Por tanto, los géneros, operaciones y ecuaciones del parámetro formal se entenderán más bien como *requisitos* que ha de cumplir cualquier parámetro real para ser considerado *admisible*. Una vez suministrado un parámetro real admisible,

- Si éste es una especificación no genérica (también llamada *estándar*), la semántica del resultado será la explicada intuitivamente más arriba. Es decir, cada tipo es el conjunto de valores que pueden ser generados por los términos de su tipo, considerando iguales los valores que puedan ser construidos por las partes izquierda y derecha de alguna ecuación.

- Si el parámetro real es a su vez una especificación genérica, la semántica del resultado es una nueva especificación genérica que conserva, como parámetro formal (y valga la redundancia), el parámetro formal del parámetro formal.

En las Secciones 5.4 y 5.6 se formaliza la semántica de una especificación estándar. La de las especificaciones parametrizadas está ausente debido fundamentalmente al tecnicismo involucrado, considerado excesivo para los objetivos de este libro. El lector interesado en este tema puede encontrar las referencias pertinentes en la bibliografía.

5.4 SEMÁNTICA DE UNA ESPECIFICACIÓN ALGEBRAICA

En esta sección construimos, en primer lugar, el objeto formal que en este libro adoptaremos como semántica de una especificación algebraica estándar. Esta construcción se hará en términos puramente sintácticos, es decir, empleando exclusivamente los elementos que proporciona la propia especificación. A continuación, se estudia la noción de *satisfacción* de una especificación por un álgebra.

Cuando un álgebra satisface una especificación, diremos que es un *modelo* de la misma. Se estudian las relaciones entre dichos modelos y se muestra que la primera construcción corresponde al llamado *modelo inicial*. Se comentan las consecuencias de adoptar otros posibles modelos.

Construcción del álgebra denotada por una especificación

Como se ha sugerido en la sección precedente, una especificación algebraica se construye incrementalmente mediante pequeños textos, que también hemos llamado especificaciones algebraicas, cada uno de los cuales introduce unos pocos géneros, operaciones y ecuaciones. Para dar la semántica de una especificación, consideraremos *simultáneamente* el conjunto de dichos textos. En esta sección entenderemos por especificación un *conjunto* de especificaciones algebraicas ligadas entre sí por cláusulas **usa** . Denotaremos S al conjunto de *nombres* de tipos introducidos por las cláusulas **generos** , OP al conjunto de *símbolos* de operación introducidos por las cláusulas **operaciones** , y E al conjunto de ecuaciones introducido por las cláusulas **ecuaciones** .

Muchas de las construcciones que vamos a realizar estarán indexadas por el conjunto S. Para simplificar las mismas damos las siguientes definiciones.

Definición 5.2.

Dado un conjunto S, llamaremos *S-conjunto* C a una familia de conjuntos indexada por S, es decir, $C = \{C_s\}_{s \in S}$. Escribiremos $C = \varnothing$ siempre que, para todo $s \in S$, se tenga $C_s = \varnothing$. Asimismo, si $C1$ y $C2$ son S-conjuntos, diremos que $C1$ es un *subconjunto* de $C2$, denotado $C1 \subseteq C2$, siempre que, para todo $s \in S$, se tenga $C1_s \subseteq C2_s$. Denotaremos por $C1 \times C2$ al S-conjunto $\{C1_s \times C2_s\}_{s \in S}$.

Definición 5.3.

Dados dos S-conjuntos $C1$ y $C2$, una *S-aplicación* $f : C1 \longrightarrow C2$ es una familia de aplicaciones $\{f_s\}_{s \in S}$ tal que, para todo $s \in S$, $f_s : C1_s \longrightarrow C2_s$. Diremos que f es inyectiva (resp. suprayectiva, biyectiva) cuando, para todo $s \in S$, f_s es inyectiva (resp. suprayectiva, biyectiva).

Definición 5.4.

Dado un S-conjunto C, una *S-relación binaria* en C es cualquier subconjunto $R \subseteq C \times C$. Diremos que R es de orden, equivalencia, etc., si todas las R_s lo son.

Definición 5.5.

Dado un S-conjunto C y una relación R de equivalencia en C, el *conjunto cociente* de C con respecto a R, denotado C/R. es la familia $\{C_s/R_s\}_{s \in S}$.

Las siguientes definiciones formalizan los conceptos de *signatura* de una especificación y de *término* sintácticamente correcto con respecto a una signatura.

Definición 5.6.

Una *signatura* SIG es un par (S, OP), donde S es un conjunto de *géneros* y OP es un conjunto de *símbolos de operación*. Cada símbolo $\sigma \in OP$ tiene asociado un *perfil* $s_1 \ldots s_n \rightarrow s$ que consta de una *aridad* $s_1 \ldots s_n$ que especifica el género de sus argumentos, y de un *rango* s que especifica el género del resultado.

Para formalizar la especificación del perfil de los símbolos de operación, consideraremos que OP tiene estructura de S^+-conjunto, donde S^+ denota el conjunto de las cadenas no vacías de elementos de S. Es decir, OP es la familia

$$\{OP_{w.s}\}_{w \in S^*, s \in S}$$

Emplearemos la notación $\sigma : s_1 \ldots s_n \rightarrow s$ como sinónimo de $\sigma \in OP_{s_1 \ldots s_n . s}$. Si $n = 0$, es decir, si $\sigma \in OP_{\epsilon . s}$, siendo ϵ la cadena vacía, escribiremos $\sigma : \ \rightarrow s$ y diremos que σ es un símbolo de *constante*. Nótese que tanto S como OP son meros conjuntos de *nombres* sin significado alguno. Los símbolos $s \in S$ y $\sigma \in OP$ denotan nombres que serán posteriormente *interpretados* en algún álgebra A, dando lugar a conjuntos de valores y a operaciones que denotaremos, respectivamente, A_s y σ^A.

Definición 5.7.

Dada una signatura $SIG = (S, OP)$, una *SIG-álgebra* es un par (A, OP^A), donde

- A es un S-conjunto. Cada A_s es un conjunto no vacío de valores que recibe el nombre de *soporte* del género s.
- OP^A es un S^+-conjunto de operaciones tal que

  $$\forall \sigma : s_1 \ldots s_n \rightarrow s. \ \exists \sigma^A \in OP^A. \ \sigma^A : A_{s_1} \times \cdots \times A_{s_n} \longrightarrow A_s$$

  Cada operación σ^A se denomina *interpretación* en A del símbolo de operación σ.

Nótese que el único requisito que se exige a una SIG-álgebra es que su "aspecto" sintáctico venga descrito por SIG. El significado de un símbolo de operación σ en dos SIG-álgebras distintas A y B será, en general, distinto.

Definición 5.8.

Dada una signatura $SIG = (S, OP)$ la *SIG-álgebra de términos cerrados*, denotada T_{SIG}, se define del modo siguiente:
Soportes: Para todo $s \in S$,

- $\forall \sigma : \to s.\ \sigma \in T_{SIG,s}$
- $\forall \sigma : s_1 \ldots s_n \to s.\ \forall t_1 \in T_{SIG,s_1} \ldots \forall t_n \in T_{SIG,s_n}.\ \sigma(t_1, \ldots, t_n) \in T_{SIG,s}$

Operaciones: Para todo $s \in S$,

- $\forall \sigma : \to s$, la interpretación $\sigma^{T_{SIG}}$ de σ en T_{SIG} es el propio término $\sigma \in T_{SIG,s}$.
- $\forall \sigma : s_1 \ldots s_n \to s.\ \forall t_1 \in T_{SIG,s_1} \ldots \forall t_n \in T_{SIG,s_n}$, la interpretación $\sigma^{T_{SIG}}$ de σ en T_{SIG} es la siguiente:

$$\sigma^{T_{SIG}}(t_1, \ldots, t_n) \stackrel{\text{def}}{=} \sigma(t_1, \ldots, t_n)$$

Como se aprecia, la definición de T_{SIG} construye el álgebra más obvia posible a partir de la signatura:

- Cada término sintácticamente correcto es un valor distinto del tipo apropiado.
- La aplicación de una operación a un conjunto de términos de los tipos apropiados es el término sintáctico que puede construirse prefijando a dichos términos, separados por comas y entre paréntesis, con el símbolo de operación correspondiente (a efectos formales, consideraremos que cada símbolo de operación tiene una versión prefija).

Si una especificación algebraica no posee ecuaciones, el objeto formal que define es el álgebra T_{SIG} de términos cerrados de la definición 5.8.

Para definir formalmente las ecuaciones, hemos de introducir el concepto de variable y de *término abierto* o con variables.

Definición 5.9.

Dada una signatura $SIG = (S, OP)$, un *conjunto de variables* con respecto a SIG, es un S-conjunto X tal que, para todo $s \neq s'$, $X_s \cap X_{s'} = \varnothing$. Además, los identificadores de X no figuran ni en S ni en OP.

Definición 5.10.

Dada una signatura $SIG = (S, OP)$ y un conjunto X de variables con respecto a SIG, el *álgebra de términos abiertos*, denotada $T_{SIG}(X)$, se define de modo similar a T_{SIG} (véase la definición 5.8), con la salvedad de que, además de los símbolos de constante, toda $x \in X_s$ es un término de $T_{SIG}(X)_s$. Los restantes términos y las operaciones siguen literalmente la definición 5.8.

Nótese que

$$T_{SIG} \subseteq T_{SIG}(X)$$

y que, si $X = \varnothing$,

$$T_{SIG} = T_{SIG}(X)$$

Definición 5.11.

Dada una signatura $SIG = (S, OP)$ y un conjunto X de variables con respecto a SIG, una *ecuación* de género s con respecto a SIG es una terna $\langle X, t_1, t_2 \rangle$, con $t_1, t_2 \in T_{SIG}(X)_s$.

Definición 5.12.

Una *especificación algebraica* es un par $SPEC = (SIG, E)$ donde SIG es una signatura y E un conjunto de ecuaciones con respecto a SIG.

El modelo formal que define una especificación es, como se verá inmediatamente, un álgebra cociente de T_{SIG} según la relación de equivalencia definida por las ecuaciones de la especificación. Cada "valor" en los soportes de dicho modelo será una clase de términos cerrados, equivalentes entre sí según las ecuaciones. Para construir dicho modelo, necesitamos el concepto de *sustitución*.

Definición 5.13.

Dada una signatura $SIG = (S, OP)$ y un conjunto X de variables con respecto a SIG, una *sustitución* h es una aplicación $h : X \longrightarrow T_{SIG}$ de variables a términos cerrados. Llamaremos *extensión* de una sustitución h a la S-aplicación, también denotada h, $h : T_{SIG}(X) \longrightarrow T_{SIG}$ definida como sigue:

- Si $t = x \in X_s, h(t) \stackrel{\text{def}}{=} h(x)$.
- Si $t = \sigma \in OP_{\epsilon,s}, h(t) \stackrel{\text{def}}{=} \sigma$.
- Si $t = \sigma(t_1, \ldots, t_n), h(t) \stackrel{\text{def}}{=} \sigma(h(t_1), \ldots, h(t_n))$.

Definición 5.14.

Dada una especificación $SPEC = (SIG, E)$, denotamos por $\equiv_E$ a la menor relación en T_{SIG} que satisface:

reflexividad $\forall t \in T_{SIG}. \, t \equiv_E t$
simetría $\forall t_1, t_2 \in T_{SIG}. \, t_1 \equiv_E t_2 \Rightarrow t_2 \equiv_E t_1$
transitividad $\forall t_1, t_2, t_3 \in T_{SIG}. \, t_1 \equiv_E t_2 \wedge t_2 \equiv_E t_3 \Rightarrow t_1 \equiv_E t_3$
ecuaciones $\forall \langle X, izq, der \rangle \in E. \forall h : X \longrightarrow T_{SIG}. \, h(izq) \equiv_E h(der)$
congruencia $\forall \sigma : s_1 \ldots s_n \rightarrow s$, para cualesquiera pares de términos, $t_1, t'_1 \in T_{SIG,s_1}, \ldots, t_n, t'_n \in T_{SIG,s_n}$,

$$t_1 \equiv_E t'_1 \wedge \ldots \wedge t_n \equiv_E t'_n \Rightarrow \sigma(t_1, \ldots, t_n) \equiv_E \sigma(t'_1, \ldots, t'_n)$$

Teorema 5.1.

La relación $\equiv_E$ es de equivalencia en T_{SIG} y es compatible con las operaciones de T_{SIG}, es decir, es una congruencia. La llamaremos *congruencia engendrada en T_{SIG} por las ecuaciones E.*

La propiedad de ser *la menor* relación de equivalencia que satisface los cinco apartados de la definición 5.14, hace que dos términos sean equivalentes si y sólo si dicha equivalencia se deduce de las ecuaciones.

Definición 5.15.

Dada una especificación *SPEC* $= (SIG, E)$ el *álgebra definida por SPEC* , denotada T_{SPEC}, es la siguiente SIG-álgebra:

soportes $T_{SPEC} \stackrel{\text{def}}{=} T_{SIG}/\equiv_E$. Dado $t \in T_{SIG}$, denotaremos por $[t]$ a la clase de equivalencia del término t.

operaciones $\forall s \in S$

- $\forall \sigma : \rightarrow s.\ \sigma^{T_{SPEC}} \stackrel{\text{def}}{=} [\sigma]$
- $\forall \sigma : s_1 \dots s_n \rightarrow s.\ \sigma^{T_{SPEC}}([t_1], \dots, [t_n]) \stackrel{\text{def}}{=} [\sigma(t_1, \dots, t_n)]$

Se demuestra fácilmente que la definición de las operaciones de T_{SPEC} no depende de los representantes $t_1, \dots, t_n$ escogidos para cada clase de equivalencia. Obsérvese que, según la definición dada para T_{SPEC}, se pueden realizar las siguientes afirmaciones:

- Sólo pertenecen a T_{SPEC} valores que puedan ser *generados* por algún término t.
- T_{SPEC} satisface las ecuaciones en el sentido de que dos términos "conducen" al mismo valor (están en la misma clase) si ello se deduce del conjunto de ecuaciones.
- Las únicas igualdades que pueden darse en T_{SPEC} son las que se deducen de las ecuaciones ($\equiv_E$ es la menor relación de equivalencia que engloba las igualdades deducidas de las ecuaciones).

Modelos de una especificación

Además de T_{SPEC} habrá, en general, muchas SIG-álgebras, que satisfacen las ecuaciones de una especificación. En este apartado se analiza la relación entre los diferentes modelos de una especificación y las propiedades que caracterizan al modelo elegido como semántica.

Definición 5.16.

Dada una SIG-álgebra (A, OP^A) y un S-conjunto X de variables, se denomina *valuación* a toda S-aplicación $V : X \longrightarrow A$.

Una valuación se puede extender de manera única a la evaluación de términos abiertos: primero se evalúan las variables y, a continuación, se interpretan en A las operaciones indicadas en el término:

Definición 5.17.

Dada una valuación $V : X \longrightarrow A$ y un término $t \in T_{SIG}(X)$, la *evaluación* de t en A según V, denotada $t^{A,V}$, se define como sigue:

- Si $t = x \in X$, $t^{A,V} \stackrel{\text{def}}{=} V(x)$.
- Si $t = \sigma \in OP_{\epsilon.s}$, $t^{A,V} \stackrel{\text{def}}{=} \sigma^A$
- Si $t = \sigma(t_1, \ldots, t_n)$, $t^{A,V} \stackrel{\text{def}}{=} \sigma^A(t_1^{A,V}, \ldots, t_n^{A,V})$

En particular, si $t \in T_{SIG}$, la evaluación $t^{A,V}$ es la misma para cualquier valuación V, y la denotaremos simplemente t^A.

Definición 5.18.

Dada una especificación *SPEC* $= (SIG, E)$, y una ecuación $\langle X, i, d \rangle \in E$ diremos que una SIG-álgebra (A, OP^A) *satisface* la ecuación si para toda valuación $V : X \longrightarrow A$ se cumple $i^{A,V} =_A d^{A,V}$.

Una SIG-álgebra A *satisface* una especificación *SPEC*, o bien es un *modelo* de *SPEC*, o bien es una *SPEC*-álgebra, si satisface todas las ecuaciones E de *SPEC*. Usaremos también la notación $A \models E$.

Es fácil ver que la especificación $NAT3$ de la figura 5.4 tiene como modelos, además de los naturales, otras SIG-álgebras. Por ejemplo:

1. Los enteros $\mathcal{Z}$, interpretando 0 como el cero de los enteros, $+$ como la suma de enteros, y suc como el sucesor de un entero.
2. Los naturales módulo 3, es decir $\mathcal{A} = \{0, 1, 2\}$, interpretando 0 como 0 de $\mathcal{A}$, suc como el sucesor módulo 3 (i.e. $suc(2) = 0$) y la suma como la suma módulo 3 (p.e. $2 + 2 = 1$).

Para poder comparar modelos, necesitamos una herramienta más, los homomorfismos, que pasamos a definir.

Definición 5.19.

Dadas dos SIG-álgebras A y B, un *SIG-homomorfismo* es una S-aplicación $f : A \longrightarrow B$ que conmuta con las operaciones, es decir, satisface:

1. $\forall s \in S. \forall \sigma : \to s.\ f_s(\sigma^A) = \sigma^B$
2. $\forall \sigma : s_1 \ldots s_n \to s. \forall a_i \in A_{s_i}, i \in \{1..n\}.$

$$f_s(\sigma^A(a_1, \ldots, a_n)) = \sigma^B(f_{s_1}(a_1), \ldots, f_{s_n}(a_n))$$

Un *SIG-isomorfismo* es un homomorfismo biyectivo. Si existe un SIG-isomorfismo de A a B diremos que A y B son *isomorfas*, denotándolo $A \approx B$.

La composición funcional de dos homomorfismos es otro homomorfismo. El hecho de que exista un SIG-homomorfismo f de una SIG-álgebra A a otra B, satisfaciendo ambas una misma especificación *SPEC*, tiene como consecuencia que en A se forman clases de equivalencia, en cada una de las cuales están los valores cuya imagen en B coincide. Es fácil demostrar que el cociente de A con respecto a esa relación de equivalencia es una SIG-álgebra isomorfa a la imagen $f(A) \subseteq B$. Es decir, los homomorfismos identifican en la imagen valores que son distintos en el origen. Por tanto, es de esperar que un álgebra con más valores distintos tenga homomorfismos hacia otras con menos valores, pero no a la inversa. El modelo que nos interesa como semántica de una especificación tiene la propiedad de que existe exactamente un homomorfismo de él a cada álgebra que satisface la especificación. Las siguientes definiciones y resultados precisan este concepto.

Definición 5.20.

Un álgebra I se dice *inicial* en una clase de álgebras si existe un único homomorfismo de I a cada una de las álgebras de la clase.

Teorema 5.2.

Si una clase posee álgebra inicial, ésta es única salvo isomorfismo. Es decir, si existe otra álgebra inicial I' entonces $I \approx I'$, y si $I \approx I''$ entonces I'' es también inicial.

Dadas SIG (resp. $SPEC = (SIG, E)$), denotaremos por $Alg(SIG)$ (resp. $Alg(SPEC)$) a la clase de todas las SIG-álgebras (resp. $SPEC$-álgebras) con todos los SIG-homomorfismos entre cada par de álgebras.

Teorema 5.3.

1. El álgebra T_{SIG} es inicial en la clase $Alg(SIG)$. El homomorfismo único de T_{SIG} a cualquier SIG-álgebra A es la evaluación de términos t^A de la definición 5.17.
2. El álgebra T_{SPEC} es inicial en la clase $Alg(SPEC)$. El homomorfismo único $f : T_{SPEC} \longrightarrow A$, se define, para cada valor de T_{SPEC} del modo siguiente: $f([t]) \stackrel{\text{def}}{=} t^A$.

Para ilustrar las consecuencias prácticas de estas definiciones y teoremas, consideremos la especificación de la figura 5.6.

espec *BOLSAS_NAT*
  usa *NAT3*
  generos $bolsa$ { Bolsas de naturales}
  operaciones
    $[\,] : \longrightarrow bolsa$ { bolsa vacia}
    $[\_] : natural \longrightarrow bolsa$ { bolsa unitaria}
    $\_ \cup \_ : bolsa\ bolsa \longrightarrow bolsa$ { unir bolsas}
    $\_ \oplus \_ : natural\ bolsa \longrightarrow bolsa$ { añadir }
  var
    $x : natural; b, b_1, b_2, b_3 : bolsa$
  ecuaciones
    $b \cup [\,] == b$
    $[\,] \cup b == b$
    $(b_1 \cup b_2) \cup b_3 == b_1 \cup (b_2 \cup b_3)$
    $x \oplus b == [x] \cup b$
fespec

Figura 5.6. Especificación algebraica del tipo *bolsa*

El tipo *bolsa* de naturales tiene una operación $\cup$ que es asociativa y tiene como elemento neutro a la bolsa vacía $[\,]$. Aparentemente, las bolsas se comportan como *conjuntos* de naturales. Sin embargo, es fácil ver que también los *multiconjuntos* de naturales (interpretando $\cup$ como la unión de multiconjuntos) y las *listas* de naturales (interpretando $\cup$ como la concatenación de listas), satisfacen las ecuaciones.

La decisión de escoger el modelo inicial como semántica de nuestras especificaciones hace que este ejemplo concreto especifique en realidad las *listas* de naturales. Los multiconjuntos y los conjuntos tienen más igualdades que las que se deducen de la especificación, ya que la operación $\cup$, además de asociativa, es conmutativa. Así, la igualdad

$$[3] \cup [4] = [4] \cup [3]$$

es cierta en los multiconjuntos y en los conjuntos pero no en las listas. Los conjuntos satisfacen además la idempotencia, es decir, la ecuación $b \cup b == b$. Se podría definir un homomorfismo tal que, a cada lista, le hiciera corresponder el multiconjunto resultante de olvidar el orden de los elementos en la lista. Igualmente, existirá un homomorfismo de multiconjuntos a conjuntos consistente en conservar solamente una copia de cada elemento del multiconjunto de partida.

La idea de inicialidad va asociada, pues, a satisfacer estrictamente las igualdades establecidas en la especificación y ninguna otra adicional. El álgebra inicial sólo satisface las igualdades que son válidas en todas las álgebras de la clase. En ese sentido, se dice que el álgebra inicial es *típica* en la clase $Alg(SPEC)$. También diremos que en el álgebra inicial no existe *confusión* de valores.

La segunda idea que caracteriza la inicialidad es la de *generabilidad*, o el hecho de que todo valor del álgebra ha de poder ser generado mediante la evaluación de algún término de T_{SIG}. También se hace referencia a esta propiedad diciendo que el modelo inicial no contiene *basura*. Se considera como tal a los posibles valores de un cierto modelo de *SPEC* que no sean el resultado de la evaluación de algún término. Como ejemplo de esto último, un posible modelo de la especificación *NAT3* de la figura 5.4 son los enteros, interpretando 0, suc y $+$ como las correspondientes operaciones sobre enteros. Los números negativos también cumplen las ecuaciones de *NAT3* y, por tanto, los enteros serían un modelo válido. Sin embargo, no es el inicial ya que los valores negativos no pueden ser generados con las operaciones proporcionadas por la signatura. Siguiendo con *NAT3*, el álgebra de los naturales módulo 3 no tiene basura, pero sí confusión. Satisface la ecuación adicional $suc(suc(suc(x))) == x$. El eslogan del modelo inicial puede resumirse en: *sin confusión y sin basura*.

Otras formas posibles de dar semántica a una especificación algebraica son las siguientes:

- Tomar como modelo el llamado modelo *final*, el cual también es único salvo isomorfismo. Para poder definirlo, primeramente se clasifican los géneros en *visibles* y *no visibles*. Los primeros suelen corresponder a tipos de datos conocidos (enteros, booleanos, etc.) y los segundos a tipos de nueva creación. Dos términos de tipo no visible se consideran congruentes si todas las observaciones visibles que pueden realizarse sobre los mismos coinciden.

- Tomar como modelo la clase de todas las *SPEC*-álgebras cuyas observaciones visibles coinciden. Esta semántica, que atribuye a una especificación un conjunto de álgebras en lugar de una sola, se denomina *de comportamiento*.
- Tomar como modelo la clase de *todas* las álgebras que satisfacen la especificación, es decir, la clase completa $Alg(SPEC)$. Esta semántica se denomina *laxa*.

Las ventajas e inconvenientes de cada una de estas opciones son bastante subjetivas. Las semánticas final y de comportamiento están más de acuerdo con los principios de ocultamiento enunciados al comienzo de este capítulo. De un tipo no visible sólo se pueden conocer sus observaciones visibles, por tanto es irrelevante que el programador implemente realmente el tipo especificado o una simulación suya que tenga el mismo comportamiento visible. Por ejemplo, se podría especificar el tipo *conjunto* de naturales pero, de hecho, implementarlo como una lista sin repeticiones. El usuario del tipo no notaría la diferencia, ya que las operaciones de pertenencia, cardinal, etc. se comportarían como las equivalentes de los conjuntos.

Los defensores de la semántica inicial dirían que una cuestión es el tipo especificado y otra distinta la de cuándo se considera que un tipo implementa a otro. Es decir, la noción de implementación habría de tener en cuenta que el tipo implementador no tiene por qué ser isomorfo al tipo implementado. Por otra parte, la semántica inicial ha sido más estudiada y es la más apta para otras cuestiones, como la demostración de teoremas y la construcción automática de prototipos a partir de una especificación. Por estas razones, aquí se ha optado por la semántica inicial.

La semántica laxa parece apropiada para dar significado al parámetro formal de una especificación parametrizada. Aquí interesa que cualquier álgebra que cumpla los requisitos del parámetro formal pueda ser un parámetro real admisible.

5.5 CONSTRUCCIÓN DE ESPECIFICACIONES

La escritura de especificaciones algebraicas tiene bastante en común con la escritura de programas. En ambos casos se trata de construir un texto con un significado preciso. A pesar de que el nivel de abstracción de una especificación es mucho mayor que el de un programa, las especificaciones pueden llegar a ser, si los tipos a especificar son complejos, textos voluminosos. Por tanto, las consideraciones de modularidad, legibilidad, estructuración, etc., típicas de programas grandes, también son aplicables a las especificaciones.

Como ya se ha dicho, construiremos una especificación comenzando por los tipos básicos (enteros, booleanos, etc.) y progresando a continuación, en sentido ascendente, hacia tipos más complejos. Cada especificación será un texto delimitado por los paréntesis **espec** y **fespec** que introducirá o bien un nuevo género (o un número reducido de ellos), o bien nuevas operaciones de géneros especificados previamente. La cláusula **usa** indicará qué especificaciones se utilizan de las ya construidas. Nótese que, puesto que la semántica que se ha dado en la Sección 5.4 considera simultáneamente la *unión* del conjunto de especificaciones ligadas entre sí por cláusulas **usa** , al añadir una nueva especificación a un conjunto se podría destruir el significado de lo ya construido. Un caso típico es la "corrupción" de los booleanos cuando, de una especificación mal construida, se deduce la ecuación $\mathit{cierto} = \mathit{falso}$. Otra posibilidad es la aparición, en un género previamente especificado, de nuevos términos para los que no puede demostrarse su congruencia con los términos ya existentes en el mismo, "contaminándolo" así con nuevos valores. Esta cuestión se detallará más al hablar de la escritura de las ecuaciones.

Una vez presentadas las especificaciones de los tipos básicos, supondremos que forman parte de la biblioteca de especificaciones predefinidas de nuestro sistema. Supondremos también, sin pérdida de generalidad, que un cierto género s es el *tipo de interés* en un momento dado. El método de especificación que vamos a proponer consiste en introducir un cierto orden en la escritura de las ecuaciones relacionadas con dicho género, de forma que el objeto formal definido para ese tipo responda a los deseos del especificador y, al mismo tiempo, no destruya el significado de los tipos ya especificados. Se trata de un conjunto de heurísticas que, en la mayoría de los casos, se han revelado útiles. No obstante, conviene hacer notar que lo fundamental para especificar bien es comprender la construcción del algebra inicial T_{SPEC} dada en la Sección 5.4. Sólo así se podrá evaluar el efecto de incluir o excluir una posible ecuación.

Clasificación de las operaciones

Una vez decidida la signatura que nos interesa, *clasificamos* el conjunto de las operaciones relacionadas con el género de interés s, que denotaremos $\mathit{OP}\ (s)$, en dos subconjuntos:

constructoras Son las operaciones cuyo resultado es de género s, es decir,

$$\mathit{Cons}\ (s) = \{\mathit{OP}_{w.s}\}_{w \in S^*}$$

observadoras Son las operaciones que toman como argumento uno o más valores de género s y cuyo resultado no es de género s, es decir,

$$\mathit{Obs}\ (s) = \{\mathit{OP}_{w.s'}\}_{w=s_1 \cdots s_n, \exists i \in \{1..n\}. s_i = s, s' \neq s}$$

Así, en la especificación *NAT3* de la figura 5.4, las operaciones 0, suc y $+$ son todas ellas constructoras del género $natural$. Una operación observadora de dicho género sería, por ejemplo, la comparación de dos naturales por menor o igual, cuyo perfil es

$$\_ \leq \_ : natural\ natural \longrightarrow booleano$$

El paso siguiente es seleccionar un subconjunto de las operaciones constructoras, que llamaremos *generadoras* del tipo, que tiene la propiedad de que sólo con ellas es posible generar cualquier valor del tipo, y excluyendo cualquiera de ellas hay valores que no pueden ser generados. Si denominamos $Gen\ (s)$ a dicho subconjunto y $SPEC = (SIG, E)$ a la especificación ya terminada, se ha de cumplir:

$$\forall t \in T_{SIG,s}.\ \exists t' \in T_{Gen\ (s)}.\ t \equiv_E t'$$

En el ejemplo *NAT3* de la figura 5.4, la elección obvia es $Gen\,(natural) = \{0, suc\}$ ya que, con cualquier otra elección (p.e. $Gen\ (s) = \{0, +\}$) no es posible generar todos los naturales. En la especificación *LISTAS* de la figura 5.5, una posible elección es $Gen_1(lista) = \{[\,], [\_], \_ +\!\!+ \_\}$. Nótese, sin embargo, que en ocasiones hay más de una elección posible. En este ejemplo se podrían elegir también los conjuntos $Gen_2(lista) = \{[\,], \_ : \_\}$ y $Gen_3(lista) = \{[\,], \_\#\_\}$.

Al resto de las constructoras, que no forman parte del conjunto de generadoras escogido, las denominaremos operaciones *modificadoras* del género. Denotaremos por $Mod(s)$ al conjunto de las mismas. En resumen:

$$OP\ (s) = \begin{cases} Cons\ (s) = & \begin{cases} Gen\ (s) & \text{Generadoras} \\ Mod\ (s) & \text{Modificadoras} \end{cases} \\ Obs\ (s) & \text{Observadoras} \end{cases}$$

Volviendo al conjunto $Gen\ (s)$ de generadoras del género s, pueden darse dos situaciones:

Conjunto libre de generadoras Diremos que $Gen\ (s)$ es un conjunto libre de generadoras, o que las operaciones $\sigma \in Gen\ (s)$ son generadoras libres, cuando todo término de $T_{Gen\ (s)}$ denota un valor diferente en el tipo de datos de interés.

Conjunto no libre de generadoras En caso contrario, es decir, cuando dos o más términos distintos de $T_{Gen\ (s)}$ denotan un mismo valor del tipo de datos de interés, diremos que $Gen\ (s)$ es un conjunto no libre de generadoras

En la especificación *NAT3*, $\{0, suc\}$ es un conjunto libre de generadoras, ya que cada término de la forma 0 o $suc^n(0)$, los únicos posibles en $T_{Gen\ (s)}$, denota un natural diferente. En la especificación *LISTAS*, el conjunto $Gen_1(s)$ es de generadoras no libres y cualquiera de los conjuntos $Gen_2(s)$ y $Gen_3(s)$ es de generadoras libres. Para ilustrar la primera afirmación, véase que, por ejemplo, la lista $[3, 4, 5]$ puede generarse de varias formas distintas con términos de $T_{Gen_1(s)}$. He aquí algunas de ellas:

$([3] ++ [4]) ++ [5]$
$[3] ++ ([4] ++ [5])$
$(([3] ++ [\,]) ++ ([\,] ++ [4])) ++ [5]$

Nótese que cuando *Gen* (s) es un conjunto libre de generadoras, se puede establecer una correspondencia biyectiva entre el conjunto $T_{Gen\ (s)}$ y el soporte $T_{SPEC,s}$ de la especificación terminada correspondiente a s. Para cada clase $[t]$ de $T_{SPEC,s}$ (es decir, para cada valor del tipo de interés), existe un único término $t_c \in [t] \cap T_{Gen\ (s)}$. Ese término t_c lo tomaremos como representante típico o *término canónico* de la clase. Es decir, para cada valor del tipo, tenemos un único término canónico t_c formado sólo por operaciones generadoras. En el caso de *NAT3*, los términos canónicos son 0 y $suc^n(0)$.

Cuando *Gen* (s) no sea un conjunto libre de generadoras, existirán por lo general varios términos $t' \in T_{Gen\ (s)} \cap [t]$ para cada clase $[t]$ de $T_{SPEC,s}$. El especificador elegirá uno de ellos, normalmente el más sencillo, como representante canónico de la clase. Por ejemplo, en la especificación *LISTAS*, tomando *Gen*$_1(s)$ como generadoras, se podría tomar como representante canónico de la lista $[3, 4, 5]$, el término

$[3] ++ ([4] ++ ([5] ++ [\,]))$

Esta elección, al igual que la realizada para seleccionar el conjunto *Gen* (s), influirá en la forma que tomarán las ecuaciones.

Escritura de las ecuaciones

Una vez realizadas las clasificaciones del apartado anterior, se utilizarán para escribir las ecuaciones de *SPEC* de modo sistemático según el esquema siguiente:

1. Si *Gen* (s) son generadoras libres, las únicas ecuaciones a escribir son las relacionadas con las operaciones modificadoras y observadoras (ver puntos 3 y 4). Si la signatura SIG consiste sólo en las operaciones *Gen* (s), el álgebra T_{SIG} de términos cerrados es ya el modelo buscado para el tipo. Como ejemplo, véase la especificación *NAT1* de la Sección 5.3.
2. Si *Gen* (s) no son generadoras libres, un primer grupo de ecuaciones estará dedicado a hacer congruentes entre sí ciertos términos de $T_{Gen\ (s)}$. Las llamaremos *ecuaciones entre generadoras*. El criterio para escribirlas es el de forzar a todo término no canónico de $T_{Gen\ (s)}$ a hacerse congruente con el representante canónico de su clase. Las tres primeras ecuaciones de la especificación *LISTAS* de la figura 5.5 cumplen este papel.

3. Para cada operación modificadora, se escribirán tantas ecuaciones como sean necesarias para garantizar que todo término de $T_{Cons\,(s)}$ sea congruente a algún término de $T_{Gen\,(s)}$. A veces, una ecuación bastará, y otras serán necesarias varias. Una estrategia que suele funcionar es poner la operación modificadora como la más externa de un término, y descomponer cada parámetro del tipo de interés en todos sus posibles patrones formados con las operaciones generadoras. Es decir, supondremos que cada parámetro del tipo de interés pertenece a $T_{Gen\,(s)}$. Sin embargo, no supondremos que tenga que ser necesariamente canónico. Los términos así construidos se igualan a términos derechos en los que la operación modificadora ya no es la más externa. Este tipo de ecuaciones pueden considerarse, leídas de izquierda a derecha, como reglas de reescritura que permiten reducir, en un número finito de pasos, un término que contiene una operación modificadora a otro en el que ésta no figura. Las dos ecuaciones de la especificación *NAT3* y las ecuaciones cuarta y quinta de *LISTAS* están escritas con estos criterios.
4. Para cada operación observadora se escribirán tantas ecuaciones como sean necesarias para garantizar que todo término de $T_{OP\,(s)}$ de género s', $s' \neq s$ sea congruente a algún término de $T_{Cons\,(s')}$. Estas ecuaciones son delicadas ya que, por un lado, si no se ponen suficientes, podría ocurrir que el tipo correspondiente al género s' se viera "invadido" por infinitos nuevos valores procedentes de las observaciónes del género s que no son congruentes con los valores existentes previamente construidos sólo con *Cons* (s'); por otro, si se ponen demasiadas, podrían hacerse congruentes valores del género s' que previamente no lo eran. Los nombres técnicos para estos dos problemas potenciales son, respectivamente, ausencia de *completitud suficiente* y falta de *consistencia*. Las heurísticas recomendadas en el punto 3 serán útiles también aquí para escribir las ecuaciones. Las tres últimas ecuaciones de la especificación *LISTAS* utilizan estas recomendaciones.

En ocasiones, una operación modificadora (resp. observadora) puede especificarse exclusivamente en términos de otra u otras operaciones modificadoras (resp. observadoras), sin que aparezcan en las ecuaciones operaciones generadoras del tipo de interés. Diremos entonces que se trata de una operación *derivada*. Por ejemplo, podríamos especificar la igualdad de naturales $\_ = \_$ en términos de las operaciones $\_ \leq \_$ y $\_ \geq \_$, supuestas éstas especificadas previamente, mediante la ecuación:

$$(x = y) == (x \leq y) \wedge (x \geq y)$$

Ejercicio 5.1.

Especificar, siguiendo el método explicado, las operaciones $\_ \leq \_$ y $\_ \geq \_$ de los naturales. ■

Ejercicio 5.2.

Especificar la operación $\_ * \_$, producto de naturales. Se puede hacer uso de la operación $\_ + \_$. ■

Ejercicio 5.3.

Especificar, siguiendo el método que se ha explicado, una operación $rotar\_iz$ que toma una lista, extrae el elemento más a la izquierda, y lo sitúa al final. ¿Cuál es el conjunto de generadoras más apropiado para esta especificación? ■

No todas las operaciones modificadoras han de estar especificadas con respecto al mismo conjunto de generadoras. Lo realmente importante es que todo término que incluya una modificadora pueda finalmente ser reducido a un término canónico. No importa que en el proceso de reducción se introduzcan nuevas modificadoras si éstas pueden, a su vez, ser eliminadas por medio de otras ecuaciones.

Ejercicio 5.4.

Especificar, siguiendo el método explicado, una operación *cremallera* que toma dos listas y forma una lista de pares. El par i-ésimo $\langle x_i, y_i \rangle$ del resultado consiste en los elementos i-ésimos x_i e y_i de las listas argumento. La formación de pares termina cuando se agota una de las dos listas. ¿Cuál es el conjunto de generadoras más apropiado para esta especificación? ■

Ejercicio 5.5.

Especificar una operación $rotar\_de$ que toma una lista, extrae el elemento más a la derecha, y lo sitúa al comienzo. ¿Cuál es, en este caso, el conjunto de generadoras más apropiado? ■

Los booleanos

Especificaremos en primer lugar el tipo de datos *bool* cuya intención es modelar los booleanos, con las operaciones más frecuentes sobre los mismos:

$T, F : \longrightarrow bool$
$\neg\_ : bool \longrightarrow bool$
$\_ \wedge \_, \_ \vee \_, \_ \rightarrow \_, \_ \leftrightarrow \_ : bool\ \ bool \longrightarrow bool$

Podemos elegir como generadoras el conjunto $\{T, F\}$ que, evidentemente, forman un conjunto libre. En ese caso, la especificación de las modificadoras $\neg$, $\wedge$ y $\vee$ tiene el aspecto de una tabla de verdad, como puede apreciarse en la especificación de la figura 5.7.

espec *BOOL1*
  generos *bool*
  operaciones
    $T, F : \longrightarrow bool$
    $\neg : bool \longrightarrow bool$
    $\_ \wedge \_, \_ \vee \_ : bool\ \ bool \longrightarrow bool$
  var
    $x : bool$
  ecuaciones
    $\neg T == F$
    $\neg F == T$
    $x \wedge T == x$
    $x \wedge F == F$
    $x \vee T == T$
    $x \vee F == x$
fespec

Figura 5.7. Especificación algebraica de los booleanos

Si eligiéramos, por ejemplo, $\{T, \neg\}$ como generadoras, tendríamos que incluir ecuaciones entre generadoras ya que, en esta ocasión, no forman un conjunto libre (p.e. el booleano *cierto* es denotado por infinitos términos: $T, \neg\neg T, \neg\neg\neg\neg T$, etc.). La ecuación que necesitamos es, simplemente, $\neg\neg x == x$. Las restantes ecuaciones cambian de aspecto. La especificación resultante puede verse en la figura 5.8. Incluimos la especificación de $\rightarrow$ e $\leftrightarrow$, que se consideran aquí operaciones derivadas.

El objeto formal definido por las especificaciones *BOOL1* y *BOOL2* (ignorando las operaciones $\rightarrow$ y $\leftrightarrow$ no presentes en *BOOL1*) es el mismo, y podría demostrarse que es isomorfo al álgebra de Boole de las matemáticas. Las especificaciones presentadas ilustran además otro aspecto interesante de las especificaciones algebraicas: la *modularidad* de las mismas. La adición de nuevas operaciones aumenta proporcionalmente el número de ecuaciones, pero no modifica las ya existentes.

Los enteros

Deseamos especificar el álgebra de los números enteros con, al menos, las operaciones de suma y resta. Advertimos que, aun incluyendo el cero en la signatura, no es

espec *BOOL2*
  generos $bool$
  operaciones
    $T, F : \longrightarrow bool$
    $\neg : bool \longrightarrow bool$
    $\_ \wedge \_, \_ \vee \_, \_ \rightarrow \_, \_ \leftrightarrow \_ : bool \;\; bool \longrightarrow bool$
  var
    $x, y : bool$
  ecuaciones
    $\neg\neg x == x$
    $F == \neg T$
    $x \wedge T == x$
    $x \wedge \neg T == F$
    $x \vee T == T$
    $x \vee \neg T == x$
    $x \rightarrow y == \neg x \vee y$
    $x \leftrightarrow y == x \rightarrow y \wedge y \rightarrow x$
fespec

Figura 5.8. Otra especificación algebraica de los booleanos

posible generar todos los enteros con sólo las operaciones propuestas. Añadimos entonces una operación suc (de sucesor) capaz de generar todos los positivos a partir del cero, y otra operación $pred$ (de predecesor) que puede generar todos los negativos. La signatura propuesta es, por tanto, la siguiente:

espec *ENTEROS*
  generos ent
  operaciones
    $0 : \longrightarrow ent$
    $suc, pred : ent \longrightarrow ent$
    $\_ + \_, \_ - \_ : ent \;\; ent \longrightarrow ent$
fespec

Las generadoras son, sin duda, $Gen\ (ent) \stackrel{\text{def}}{=} \{0, suc, pred\}$ que no forman un conjunto libre. En efecto, cada entero puede generarse a partir de muchos términos distintos de $T_{Gen\ (ent)}$. Por ejemplo, el cero puede ser generado, entre otros, por los términos $0, pred\ (suc\ (0))$ y $suc\ (pred\ (0))$. Si no incluyéramos ecuaciones entre generadoras, el modelo definido no sería el deseado ya que el álgebra libremente generada por las operaciones de $Gen\ (ent)$ no es isomorfa a los enteros de las matemáticas. Elegimos como términos canónicos los siguientes:

$$\begin{array}{rl} 0 & \text{para denotar el cero} \\ suc^n(0) & \text{para denotar el entero positivo } n \\ pred^n(0) & \text{para denotar el entero negativo } -n \end{array}$$

La especificación completa se presenta en la figura 5.9. Comentamos a continuación cómo se ha construido. Las ecuaciones entre generadoras eliminan, de los términos de $T_{Gen\ (ent)}$, las repeticiones innecesarias de pares $pred\ (suc\ (\cdots))$ y $suc\ (pred\ (\cdots))$, para así poder reducirlos a términos canónicos.

espec *ENTEROS*
  generos ent
  operaciones
    $0 : \longrightarrow ent$
    $suc, pred : ent \longrightarrow ent$
    $\_ + \_, \_ - \_ : ent\ \ ent \longrightarrow ent$
  var
    $x, y : ent$
  ecuaciones
    $suc\ (pred\ (x)) == x$
    $pred\ (suc\ (x)) == x$
    $x + 0 == x$
    $x + suc\ (y) == suc\ (x + y)$
    $x + pred\ (y) == pred\ (x + y)$
    $x - 0 == x$
    $x - suc\ (y) == pred\ (x - y)$
    $x - pred\ (y) == suc\ (x - y)$
fespec

Figura 5.9. Especificación algebraica de los enteros

Las tres siguientes ecuaciones están dedicadas a especificar la operación modificadora $\_ + \_$. Véase que la técnica empleada es un análisis por casos sobre los patrones posibles para el segundo parámetro, considerando que éste es un término, no necesariamente canónico, de $T_{Gen\ (ent)}$. Los términos derechos de las ecuaciones segunda y tercera de $\_ + \_$ son más cercanos a términos de $T_{Gen\ (ent)}$ que los términos izquierdos, ya que la operación $+$ es más interna. Aplicando reiteradamente ambas ecuaciones, llegará un momento en que sea posible aplicar el patrón de la primera ecuación, con lo que la operación $+$ desaparecerá del término.

Las tres últimas ecuaciones emplean la misma técnica para la operación $\_ - \_$. Si tuviésemos un término de $T_{Cons\ (ent)}$ con varias operaciones $+$ y $-$, siempre podríamos eliminarlas de una en una, aplicando reiteradamente los dos grupos de ecuaciones, y llegar finalmente a un término de $T_{Gen\ (ent)}$. Las ecuaciones entre generadoras permitirían reducir éste a la forma canónica. Conviene advertir, no obstante, que el orden en que se aplican las ecuaciones puede ser cualquiera. También se podría empezar por eliminar del término inicial los posibles pares redundantes de la forma $pred\,(suc\,(\cdots))$ y $suc\,(pred\,(\cdots))$ aplicando las dos primeras ecuaciones, para después tratar de eliminar las operaciones $+$ y $-$, o bien seguir una estrategia mixta. El especificador ha de convencerse de que, cualquiera que sea el orden en que se aplican las ecuaciones, el término canónico al que se llega es siempre el mismo.

Ejercicio 5.6.

Aplicar, en todos los órdenes posibles, las ecuaciones de la figura 5.9 al término siguiente y comparar los términos canónicos obtenidos: $(suc\,(pred\,(0)) + pred\,(0)) - pred\,(0)$. ■

Ejercicio 5.7.

Especificar la operación $\_ * \_$, producto de enteros. ■

Las pilas

La pila es un tipo de datos que aparece con mucha frecuencia en la programación. En la Sección 3.6 dimos una explicación informal de su comportamiento y en la Sección 6.1 hablaremos de sus posibles implementaciones. Aquí estamos interesados en su especificación formal. La signatura propuesta es la siguiente:

espec *PILAS*
  generos $pila$
  operaciones
    $pvacia : \longrightarrow pila$
    $apilar : pila\ \ elem \longrightarrow pila$
    $cima : pila \longrightarrow elem$
    $desapilar : pila \longrightarrow pila$
    $vacia? : pila \longrightarrow bool$
fespec

El tipo de datos $elem$ puede ser cualquiera, es decir, la especificación que construiremos será genérica. El tipo de datos *bool* se supone especificado previamente.

Las generadoras obvias son, en este caso, $Gen\ (pila) \stackrel{\text{def}}{=} \{pvacia, apilar\}$, que forman un conjunto libre. En efecto, toda aplicación de $apilar$ produce una pila distinta y todas ellas son distintas de la pila vacía. No hacen falta, por tanto, ecuaciones entre generadoras. Los términos canónicos de género $pila$ son de la forma:

$$pvacia \quad \text{y} \quad apilar\ (\cdots apilar\ (pvacia, x_1) \cdots, x_n)$$

Las ecuaciones relativas a la modificadora $desapilar$ y a las observadoras $cima$ y $vacia?$ siguen la misma técnica empleada en la especificación de los enteros: se realiza un análisis por casos sobre los patrones posibles del parámetro de tipo $pila$.

Sin embargo, al tratar de escribir las ecuaciones correspondientes a los términos $cima\ (pvacia)$ y $desapilar\ (pvacia)$, aparece una dificultad inesperada: ¿a qué términos son congruentes? Intuitivamente, estos términos representan situaciones indeseadas o de error. Nadie debería tratar de obtener la cima de una pila vacía porque la operación $cima$ no está definida para ese valor de su argumento. Es decir, se trata de una operación *parcial*. El fenómeno de las operaciones parciales ya fué comentado en el Capítulo 2. Allí se presentó la técnica de especificación con predicados en la cual la precondición juega precisamente el papel de establecer el dominio para el que la función está definida. El marco formal que hemos establecido para las especificaciones algebraicas en la Sección 5.4 contempla exclusivamente funciones *totales*. Ese marco es inadecuado para tratar las situaciones de error, por lo que será modificado convenientemente. Las definiciones pertinentes se presentan en la Sección 5.6.

En lo que sigue, y a la espera de la formalización adecuada, introduciremos los siguientes cambios en la sintaxis de las especificaciones:

1. Cuando una operación sea parcial, lo indicaremos en la signatura anteponiendo la palabra clave **parcial** al nombre de la operación.
2. Añadiremos a la especificación un apartado **ecuaciones de definitud** en el que, para cada operación parcial, se registran los términos que el especificador estima están bien definidos. Emplearemos la notación *Def* (t), con $t \in T_{SIG}(X)$, para indicar que el término t está definido para toda sustitución de las variables de X por valores definidos. Por exclusión, supondremos que los no mencionados están indefinidos.
3. Sustituiremos el símbolo $==$ de las ecuaciones por el símbolo $\stackrel{\text{e}}{=}$, leído "existencialmente igual a". Una ecuación existencial $t_1 \stackrel{\text{e}}{=} t_2$ tiene el siguiente doble significado:

   - Afirmamos que t_1 y t_2 son términos siempre definidos, cualquiera que sea la sustitución de sus variables por valores definidos.

- Además, t_1 y t_2 son términos congruentes.

4. Cuando el especificador no pueda asegurar que ambos términos de una ecuación están siempre definidos, pero quiera expresar que, en caso de estarlo, han de ser congruentes, utilizará la notación $t_1 \stackrel{\mathrm{d}}{=} t_2$, donde el símbolo $\stackrel{\mathrm{d}}{=}$ se leerá "débilmente igual a".

Esta presentación intuitiva se formaliza en la Sección 5.6.

Con estos criterios, la especificación de las pilas que resulta puede verse en la figura 5.10. Se aprecia que existe una redundancia entre las ecuaciones existenciales y el apartado **ecuaciones de definitud**, pues de aquéllas se deduce que los términos $cima\ (apilar\ (p, x))$ y $desapilar\ (apilar\ (p, x))$ siempre están definidos. Formalmente, podríamos prescindir en muchos casos del apartado **ecuaciones de definitud**, o incluir en él menos términos. Sin embargo, por razones metodológicas, insistiremos en que el especificador indique explícitamente, para cada operación parcial, cuál es su dominio de definición. Esta insistencia es, por otra parte, coherente con la técnica de especificación con predicados presentada en el Capítulo 2, donde se exigía una precondición para cada función.

Obsérvese finalmente que el comportamiento intuitivo de las pilas está reflejado en las ecuaciones correspondientes a las operaciones $cima$ y $desapilar$: la cima de una pila no vacía es el último elemento apilado, y al desapilar una pila no vacía desaparece el último elemento apilado.

Ejercicio 5.8.

Añadir a la especificación de las listas de la figura 5.5 dos operaciones parciales max y min que proporcionen, respectivamente, el máximo y el mínimo de una lista. Se puede suponer que el parámetro formal $elem$ está dotado de las operaciones de comparación $\_ \leq \_$ y $\_ \geq \_$. ■

Los conjuntos

Especificaremos en este apartado el tipo genérico *conjunto* de elementos, con operaciones elementales para añadir y eliminar elementos de uno en uno. La signatura propuesta puede verse en la figura 5.11. En este caso, todas las operaciones son totales por lo que, al estar todos los términos definidos, emplearemos $\stackrel{\mathrm{e}}{=}$. La única elección posible para las generadoras es $Gen\ (conj) \stackrel{\mathrm{def}}{=} \{\varnothing, añad\}$, que no es un conjunto libre. Por ejemplo, el conjunto de naturales $\{3, 4\}$ puede generarse añadiendo, en cualquier orden, el 3 y el 4 al conjunto vacío. Incluso, pueden añadirse varias copias de cada elemento, y el conjunto resultante seguirá siendo el mismo. Las ecuaciones

espec *PILAS*
parametro formal
generos $elem$
fparametro
generos $pila$
operaciones
$pvacia : \longrightarrow pila$
$apilar : pila\ \ elem \longrightarrow pila$
parcial $cima : pila \longrightarrow elem$
parcial $desapilar : pila \longrightarrow pila$
$vacia? : pila \longrightarrow bool$
var
$p : pila, x : elem$
ecuaciones de definitud
$Def\,(cima(apilar(p, x)))$
$Def\,(desapilar(apilar(p, x)))$
ecuaciones
$cima(apilar(p, x)) \stackrel{e}{=} x$
$desapilar(apilar(p, x)) \stackrel{e}{=} p$
$vacia?(pvacia) \stackrel{e}{=} T$
$vacia?(apilar(p, x)) \stackrel{e}{=} F$
fespec

Figura 5.10. Especificación algebraica de las pilas

entre generadoras han de expresar, en consecuencia, que la operación *añad* es conmutativa e idempotente. Es difícil imaginar un término canónico para un conjunto dado $\{e_1, \ldots, e_n\}$, salvo en el aspecto de añadir una sola copia de cada elemento. Cualquier término que añada, en cualquier orden, una copia de cada elemento será igualmente aceptable como canónico.

Los patrones posibles para un término $c \in T_{Gen\ (conj)}$ son $\varnothing$ y $añad(c', x)$. Empleando la técnica del análisis por casos usada en las especificaciones precedentes, las ecuaciones de las observadoras $esta?$ y $vacio?$ no presentan dificultad alguna. Para la primera, necesitamos una operación de igualdad entre elementos que permita discernir si el elemento buscado coincide con alguno de los incluidos en el conjunto. Esta operación y sus ecuaciones han de ser consideradas como requisitos que debe satisfacer el parámetro formal. Sin embargo, al especificar la modificadora $elim$

espec *CONJUNTOS*
  parametro formal
    generos $elem$
  fparametro
  generos $conj$
  operaciones
    $\varnothing : \longrightarrow conj$
    añad: $conj\ \ elem \longrightarrow conj$ {*añadir* un elemento}
    $elim : conj\ \ elem \longrightarrow conj$ {eliminar un elemento}
    $esta? : conj\ \ elem \longrightarrow bool$ {pertenencia de un elemento}
    $vacio? : conj \longrightarrow bool$ {¿conjunto vacio?}
fespec

Figura 5.11. Signatura del tipo *conj*

aparece un contratiempo: el término $elim$ (*añad* $(c, x), y)$ es congruente con dos términos diferentes según sea la sustitución que hagamos de las variables x e y por elementos concretos.

- Si x e y se sustituyen por el mismo elemento, el término congruente es $elim\ (c, y)$—y no c, como ingenuamente se podría pensar. La técnica supone que $c \in T_{Gen\ (conj)}$ pero no que c sea canónico. En particular, c podría contener más copias del elemento y, que han de ser eliminadas. Ver el ejercicio 5.9.
- Si x e y se sustituyen por elementos distintos, el término congruente es *añad* $(elim\ (c, y), x)$, donde la operación *elim* no aparece ya como operación más externa.

Ambas situaciones han de complementarse con la especificación del caso trivial alcanzado en el proceso de reducción de un término que contenga la operación $elim$. Dicho caso trivial es la aplicación de $elim$ al otro patrón de conjuntos, es decir, $elim\ (\varnothing, y)$ que, para que el razonamiento anterior funcione, ha de ser congruente con $\varnothing$.

La solución que daremos al problema planteado exige modificar de nuevo la sintaxis y la semántica de las especificaciones. Admitiremos *ecuaciones condicionales* de la forma:

$$\bigwedge_{i=1}^{n} t_i \stackrel{\mathrm{e}}{=} t'_i \Longrightarrow t \stackrel{\mathrm{e}}{=} t' \quad \text{y} \quad \bigwedge_{i=1}^{n} t_i \stackrel{\mathrm{e}}{=} t'_i \Longrightarrow t \stackrel{\mathrm{d}}{=} t'$$

donde $t_i, t'_i, t, t' \in T_{SIG}(X)$. La parte a la izquierda del símbolo $\Longrightarrow$ se denomina *premisa*, y la ecuación a la derecha del mismo, *conclusión*. Su significado intuitivo, formalizado en la Sección 5.6, es el siguiente: Siempre que se pueda demostrar que todos los pares de términos de la premisa de una ecuación están definidos y son congruentes para una cierta sustitución de las variables, los términos correspondientes de la conclusión de la ecuación,

- Están definidos y son congruentes, en caso de que la conclusión sea existencial.
- Si están definidos, son congruentes, en caso de que la conclusión sea débil.

Las ecuaciones condicionales permiten especificaciones más compactas y eliminan, en algunos casos, la necesidad de introducir operaciones auxiliares en una especificación. Una operación *auxiliar*, es una operación no utilizable por el usuario, que se añade a la signatura para facilitar o posibilitar la especificación de las operaciones utilizables. Las operaciones auxiliares no han de ser, por tanto, implementadas. En el apartado siguiente se apreciará la utilidad de estas operaciones.

Admitiendo la introducción de ecuaciones condicionales, podemos completar la especificación de los conjuntos. El resultado puede verse en la figura 5.12.

Ejercicio 5.9.

Supongamos que en la especificación de los conjuntos de la figura 5.12 se sustituye la cuarta ecuación por la siguiente versión de la misma:

$$igual\,(x, y) \stackrel{e}{=} T \Longrightarrow elim\,(añad\,(c, x), y) \stackrel{e}{=} c$$

En esas condiciones, demostrar que todos los términos de género $conj$ son congruentes al término $\varnothing$. *Sugerencia:* Reducir el término

$$elim\,(añad\,(añad\,(\varnothing, 2), 2), 2)$$

en todos los órdenes posibles. ∎

Los ficheros Pascal

Como final de esta sección, acometemos la especificación de un tipo de datos complejo que exhibe todas las dificultades que se pueden encontrar en una especificación algebraica: genericidad, ecuaciones condicionales, parcialidad y necesidad de operaciones auxiliares.

espec *CONJUNTOS*
parametro formal
generos $elem$
operaciones
$igual : elem \ \ elem \longrightarrow bool$
var
$a, b, c : elem$
ecuaciones
$igual(a,a) \stackrel{e}{=} T$
$igual(a,b) \stackrel{e}{=} T \Longrightarrow igual(b,a) \stackrel{e}{=} T$
$igual(a,b) \stackrel{e}{=} T \wedge igual(b,c) \stackrel{e}{=} T \Longrightarrow igual(a,c) \stackrel{e}{=} T$
fparametro
generos $conj$
operaciones
$\varnothing : \longrightarrow conj$
$añad: conj \ \ elem \longrightarrow conj$
$elim : conj \ \ elem \longrightarrow conj$
$esta? : conj \ \ elem \longrightarrow bool$
$vacio? : conj \longrightarrow bool$
var
$c : conj; x, y : elem$
ecuaciones
$añad(añad(c,x),x) \stackrel{e}{=} añad(c,x)$
$añad(añad(c,x),y) \stackrel{e}{=} añad(añad(c,y),x)$
$elim(\varnothing,x) \stackrel{e}{=} \varnothing$
$igual(x,y) \stackrel{e}{=} T \Longrightarrow elim(añad(c,x),y) \stackrel{e}{=} elim(c,y)$
$igual(x,y) \stackrel{e}{=} F \Longrightarrow elim(añad(c,x),y) \stackrel{e}{=} añad(elim(c,y),x)$
$esta?(\varnothing,x) \stackrel{e}{=} F$
$esta?(añad(c,x),y) \stackrel{e}{=} igual(x,y) \vee esta?(c,y)$
$vacio?(\varnothing) \stackrel{e}{=} T$
$vacio?(añad(c,x)) \stackrel{e}{=} F$
fespec

Figura 5.12. Especificación algebraica de los conjuntos

La signatura visible es el conjunto de operaciones suministradas por el lenguaje Pascal para la manipulación de ficheros:

espec *FICHEROS_PASCAL*
  parametro formal
    generos *elemento*
  fparametro
  generos *file*
  operaciones
    $rewrite : \longrightarrow file$
    $asig : file\ \ elem \longrightarrow file$
    $put, reset, get : file \longrightarrow file$
    $vent : file \longrightarrow elemento$
    $eof : file \longrightarrow bool$
fespec

Recordamos brevemente el efecto informal de cada operación:

$rewrite$	Crea un fichero vacío en modo escritura
$asig$	Asigna un valor a la "ventana" $f\uparrow$ del fichero f
put	Añade el contenido de la ventana al fichero
$reset$	Retrocede al primer elemento y pone el fichero en modo lectura
$vent$	Consulta el contenido $f\uparrow$ de la ventana, en modo lectura
get	Avanza el cursor al siguiente elemento, en modo lectura
eof	Cierto, si el cursor está más allá del último elemento

Las operaciones de más alto nivel, $read$ y $write$, son derivadas de estas básicas. La operación $read$, aplicada sobre un fichero, produce dos valores: uno de tipo fichero en el que el cursor se ha incrementado, y otro de tipo elemento con el contenido de la ventana antes de incrementar el cursor. Formalmente, se podría definir mediante la ecuación débil:

$$read\,(f) \stackrel{\mathrm{d}}{=} \langle get\,(f), vent\,(f)\rangle$$

Similarmente, se definiría $write\,(f, x) \stackrel{\mathrm{d}}{=} put\,(asig\,(f, x))$.

Las cinco constructoras son generadoras, ya que cada una produce una modificación del estado del fichero que no es posible alcanzar prescinciendo de ella. Es decir, $Gen\,(file) \stackrel{\mathrm{def}}{=} \{rewrite, asig, put, reset, get\}$. Sin embargo, no forman un conjunto libre de generadoras ya que, en algunos casos, se alcanza el mismo estado con términos sintácticamente distintos. Por ejemplo, el efecto de dos aplicaciones consecutivas de $reset$ es el mismo que el de sólo una aplicación. También, el resultado de dos o más asignaciones consecutivas de elementos a la ventana es el mismo que el producido por la última asignación. El aspecto de un término canónico de género *file* que contiene los elementos $\langle x_1, \ldots, x_n \rangle$, es el siguiente:

$$get\,(\cdots get\,(reset\,(put\,(asig\,(\cdots put\,(asig\,(rewrite, x_1))\cdots, x_n))))\cdots)$$

Por otra parte, la mayoría de las operaciones de la signatura son parciales. Así, $asig$ y put sólo están definidas cuando el fichero está en modo escritura, mientras que get y $vent$ sólo lo están si el modo es lectura. En cambio, $rewrite, reset$ y eof están totalmente definidas. Adicionalmente, hay otras situaciones en las que no está definido el resultado de alguna operación: tratar de aplicar put cuando la ventana no ha sido asignada y tratar de consultar la ventana, o de aplicar get, cuando la condición $eof\,(f)$ es cierta.

Para poder expresar todas estas situaciones, enriqueceremos algo más la sintaxis y la semántica de nuestras especificaciones en los dos sentidos siguientes:

1. Introduciremos un apartado **operaciones auxiliares** para registrar el nombre y el perfil de las operaciones auxiliares. A efectos formales, tienen el mismo rango que las utilizables y se considerarán incluidas en la signatura. La razón de separarlas es metodológica. Se indica que no se pretende que sean utilizadas por el usuario (porque revelan información irrelevante para éste o porque su uso es peligroso para la integridad del tipo), ni que sean implementadas.
2. Admitiremos que la enumeración de términos definidos sea condicional y que en la premisa y en la conclusión de cualquier ecuación condicional pueda aparecer el predicado $Def(t)$, que expresa que el término t está definido para cualquier sustitución de sus variables por valores definidos. Cuando un término t esté incondicionalmente definido, escribiremos simplemente $Def\,(t)$. Cuando una operación $\sigma : s_1 \ldots s_n \to s$ sea total, supondremos la inclusión, sin necesidad de escribirla, de una ecuación incondicional $Def\,(\sigma(x_1, \ldots, x_n))$ en el apartado **ecuaciones de definitud** , siendo $x_1, \ldots, x_n$ variables de los géneros apropiados.
   A efectos formales, las ecuaciones de definitud se tratarán conjuntamente con las que definen la congruencia de términos. Como se verá en la Sección 5.6, la expresión $Def\,(t)$ no es sino una abreviatura de la ecuación $t \stackrel{\text{e}}{=} t$ que expresa simplemente que t está definido. La separación de ambos conjuntos de ecuaciones se hace, por tanto, por razones metodológicas. Como ya se ha dicho, no consideramos grave que pueda existir redundancia entre las ecuaciones de definitud y las de congruencia.

Con ello, podemos continuar con la especificación de los ficheros. Para poder expresar las condiciones de definitud, introducimos las siguientes operaciones auxiliares:

- $modo$: *file*$\longrightarrow\{R, W\}$, que indica si el fichero está en modo lectura (R) o escritura (W). La especificación del tipo enumerativo $\{R, W\}$ es trivial y no se dará. Es una operación total.
- $vasig$: *file*$\longrightarrow bool$, definida sólo en modo escritura, que indica si la ventana tiene un valor asignado.
- $long$: *file*$\longrightarrow natural$, que dice el número de elementos efectivamente escritos en el fichero. Totalmente definida.
- pos : *file*$\longrightarrow natural$, que indica la posición del cursor. Totalmente definida.

Finalmente, para poder especificar cómodamente la consulta de la ventana, introducimos una operación auxiliar $elem$: *file* $natural \longrightarrow elem$, que permite acceder al elemento i-ésimo de un fichero tratando éste como si fuera un vector.

Evidentemente, esta operación se añade por razones de especificación y en absoluto se pretende que se utilicen los ficheros de este modo. La operación $elem\ (f, i)$ sólo está definida cuando $1 \leq i \leq long\ (f)$.

La especificación completa puede verse en las figuras 5.13 y 5.14.

Aunque sin duda resulta voluminosa, no es menos cierto que su estructura es bastante modular: cada operación está relacionada con un número reducido de ecuaciones. Por tanto, puede ser estudiada por partes.

Como se verá en la Sección 5.6, el objeto formal que define la unión de ambos conjuntos de ecuaciones, las de definitud y las de congruencia, es un álgebra con operaciones parciales, que es inicial en dos sentidos:

1. Está *mínimamente definida*, es decir, sólo tiene definidos aquellos valores generados por términos cuya definitud se deduce de las ecuaciones.
2. Sólo son iguales los valores generados por términos definidos cuya congruencia se deduce de las ecuaciones. Es decir, tiene la *mínima confusión* posible con respecto a todas las álgebras que satisfacen las ecuaciones.

5.6 EXTENSIONES AL MODELO BÁSICO

En la Sección 5.5 se han introducido informalmente extensiones a la técnica básica de especificación algebraica presentada en las Secciones 5.3 y 5.4. Tales extensiones incluyen ecuaciones condicionales, operaciones parciales y ecuaciones de definitud. En esta sección se define formalmente el modelo que denota una especificación de estas características.

espec *FICHEROS_PASCAL_1*
parametro formal
generos $elemento$
fparametro
generos *file*
operaciones
$rewrite : \longrightarrow file$
parcial $asig : file\ \ elem \longrightarrow file$
parcial $put, get : file \longrightarrow file$
$reset : file \longrightarrow file$
parcial $vent : file \longrightarrow elemento$
$eof : file \longrightarrow bool$
operaciones auxiliares
$modo : file \longrightarrow \{R, W\}$
parcial $vasig : file \longrightarrow bool$
$long, pos : file \longrightarrow natural$
parcial $elem : file\ \ natural \longrightarrow elemento$
var
$f : file; x, y : elemento; i : natural$
ecuaciones de definitud
$modo(f) \stackrel{e}{=} W \Longrightarrow Def(asig(f, x))$
$modo(f) \stackrel{e}{=} W \wedge vasig(f) \stackrel{e}{=} T \Longrightarrow Def(put(f))$
$modo(f) \stackrel{e}{=} R \wedge eof(f) \stackrel{e}{=} F \Longrightarrow Def(get(f))$
$modo(f) \stackrel{e}{=} R \wedge eof(f) \stackrel{e}{=} F \Longrightarrow Def(vent(f))$
$modo(f) \stackrel{e}{=} W \Longrightarrow Def(vasig(f))$
$(1 \leq i \wedge i \leq long(f)) \stackrel{e}{=} T \Longrightarrow Def(elem(f, i))$
ecuaciones
{ Ecuaciones entre generadoras }
$asig(asig(f, x), y) \stackrel{d}{=} asig(f, y)$
$reset(asig(f, x)) \stackrel{d}{=} reset(f)$
$reset(get(f)) \stackrel{d}{=} reset(f)$
$reset(reset(f)) \stackrel{e}{=} reset(f)$
{ Ecuaciones que definen las operaciones observadoras }
$vent(f) \stackrel{d}{=} elem(f, pos(f))$
$eof(f) \stackrel{e}{=} pos(f) > long(f)$
fespec

Figura 5.13. Especificación algebraica de los ficheros Pascal (parte 1)

espec *FICHEROS_PASCAL_2*
usa *FICHEROS_PASCAL_1*
var
$f : file; x : elemento; i : natural$
ecuaciones
{ Ecuaciones que definen las operaciones auxiliares }
$modo(rewrite) \stackrel{e}{=} W$
$modo(asig(f,x)) \stackrel{e}{=} W$
$modo(put(f)) \stackrel{e}{=} W$
$modo(reset(f)) \stackrel{e}{=} R$
$modo(get(f)) \stackrel{d}{=} R$
$vasig(rewrite) \stackrel{e}{=} F$
$vasig(put(f)) \stackrel{d}{=} F$
$vasig(asig(f,x)) \stackrel{d}{=} T$
$long(rewrite) \stackrel{e}{=} 0$
$long(asig(f,x)) \stackrel{d}{=} long(f)$
$long(put(f)) \stackrel{d}{=} long(f) + 1$
$long(reset(f)) \stackrel{e}{=} long(f)$
$long(get(f)) \stackrel{d}{=} long(f)$
$modo(f) \stackrel{e}{=} W \Longrightarrow pos(f) \stackrel{e}{=} long(f) + 1$
$pos(reset(f)) \stackrel{e}{=} 1$
$pos(get(f)) \stackrel{d}{=} pos(f) + 1$
$i \stackrel{e}{=} long(f) + 1 \Longrightarrow elem(put(asig(f,x)), i) \stackrel{d}{=} x$
$(i \leq long(f)) \stackrel{e}{=} T \Longrightarrow elem(put(asig(f,x)), i) \stackrel{d}{=} elem(f,i)$
$elem(asig(f,x), i) \stackrel{d}{=} elem(f,i)$
$elem(reset(f), i) \stackrel{d}{=} elem(f,i)$
$elem(get(f), i) \stackrel{d}{=} elem(f,i)$
fespec

Figura 5.14. Especificación algebraica de los ficheros Pascal (parte 2)

Los conceptos de S-conjunto, signatura $SIG = (S, OP)$, término, álgebra T_{SIG} de términos cerrados y álgebra $T_{SIG}(X)$ de términos abiertos dados en la Sección 5.4, siguen siendo válidos sin modificación. En cambio, hay que generalizar los de SIG-álgebra, SIG-homomorfismo y evaluación de términos para tomar en consideración la posibilidad de operaciones parcialmente definidas.

Definición 5.21.

Dada una signatura $SIG = (S, OP)$, una *SIG-álgebra parcial* es un par (A, OP^A), donde

- A es un S-conjunto. Cada A_s se denomina *soporte* de género s
- OP^A es un S^+-conjunto de operaciones tal que,
  1. $\forall\sigma : \to s.\ \sigma^A$, o bien está indefinido, o bien $\sigma^A \in A_s$
  2. $\forall\sigma : s_1 \ldots s_n \to s.\ \sigma^A : A_{s_1} \times \cdots \times A_{s_n} \longrightarrow A_s$ es una operación parcial, es decir, dados $a_i \in A_{s_i}, i \in \{1..n\}$, $\sigma^A(a_1, \ldots, a_n)$ no está necesariamente definido. Cuando lo esté, lo indicaremos escribiendo $\sigma^A(a_1, \ldots, a_n) \in A_s$

Definición 5.22.

Dada una signatura $SIG = (S, OP)$ y dos SIG-álgebras parciales A y B, un *SIG-homomorfismo* es una S-aplicación (total) $f : A \longrightarrow B$ que, para todo símbolo de operación $\sigma : s_1 \ldots s_n \to s, n \geq 0$, satisface:

$$\sigma^A(a_1, \ldots, a_n) \in A \Rightarrow \begin{cases} \sigma^B(f(a_1), \ldots, f(a_n)) \in B \wedge \\ f(\sigma^A(a_1, \ldots, a_n)) =_B \sigma^B(f(a_1), \ldots, f(a_n)) \end{cases}$$

Un homomorfismo biyectivo, cuyo inverso sea un homomorfismo, se denomina *isomorfismo*.

A diferencia de lo que sucede en el marco de las álgebras totales, aquí el inverso de un homomorfismo biyectivo podría no ser un homomorfismo. Denotaremos por *PAlg* (SIG) a la clase de todas las SIG-álgebras parciales junto con todos los SIG-homomorfismos (totales) entre ellas. La evaluación de términos en un álgebra A es una aplicación parcial $\_^A : T_{SIG} \longrightarrow A$, ya que, dado $t \in T_{SIG}$, t^A puede no estar definido. No es por tanto un homomorfismo, a diferencia de lo que ocurría en el marco de las álgebras totales. En consecuencia, T_{SIG} no es el álgebra inicial de *PAlg* (SIG). Nótese que, si existe un homomorfismo $f : A \longrightarrow B$, B puede tener definidos más términos que A. El álgebra inicial de una clase de álgebras parciales será la *mínimamente definida*, es decir, sólo están definidos en ella aquellos términos que están definidos en todas las álgebras de la clase. En particular, en la clase *PAlg* (SIG), el álgebra inicial tiene todos los soportes vacíos y las operaciones correspondientes a *OP* completamente indefinidas. Si existe un homomorfismo $f : A \longrightarrow B$, se satisface la siguiente propiedad:

$$\forall t \in T_{SIG}.\ t^A \in A \Rightarrow t^B \in B \wedge f(t^A) =_B t^B$$

La forma que pueden tomar las ecuaciones de una especificación, y la noción de satisfacción de una especificación por una SIG-álgebra, también han de ser generalizadas:

Definición 5.23.

Una *especificación parcial* es un par $SPEC = (SIG, E)$, donde SIG es una signatura y E un conjunto de ecuaciones con respecto a SIG. Una ecuación $e \in E$ tiene, en el caso general, el siguiente aspecto:

$$\bigwedge_{i=1}^{n} \phi_i \Longrightarrow \Phi \quad \text{, con } n \geq 0. \text{ Si } n = 0, \text{ escribiremos simplemente } \Phi$$

La parte anterior al símbolo $\Longrightarrow$ se denomina *premisa*, y la que le sigue *conclusión*. Cada ϕ_i tiene la forma $t_1 \stackrel{\text{e}}{=} t_2$ y Φ tiene la forma $t_1 \stackrel{\text{e}}{=} t_2$ o $t_1 \stackrel{\text{d}}{=} t_2$. El primer tipo se denomina ecuación (o igualdad) *existencial* y, el segundo, ecuación (o igualdad) *débil*. Usaremos *Def* (t) como abreviatura de $t \stackrel{\text{e}}{=} t$.

La interpretación intuitiva de una ecuación existencial $t_1 \stackrel{\text{e}}{=} t_2$ es, como ya se ha dicho en la Sección 5.5, afirmar que tanto t_1 como t_2 son términos definidos en todos los modelos de la especificación y que su evaluación, cuando se sustituyen las variables por valores definidos, coincide. En particular, *Def*(t) significa que todas las concreciones de t, obtenidas sustituyendo sus variables por valores, están definidas en todos los modelos. La interpretación de una ecuación débil $t_1 \stackrel{\text{d}}{=} t_2$ es condicional: si ambos términos (para una sustitución concreta cualquiera) están definidos en un modelo, su evaluación ha de coincidir. Si uno, o ambos, están indefinidos, la ecuación se satisface igualmente. La ecuación $t_1 \stackrel{\text{d}}{=} t_2$ es, por tanto, una abreviatura para la siguiente ecuación existencial condicional:

$$Def(t_1) \wedge Def(t_2) \Longrightarrow t_1 \stackrel{\text{e}}{=} t_2$$

Las siguientes definiciones precisan estas ideas.

Definición 5.24.

Dada una SIG-álgebra A, una ecuación $e \stackrel{\text{def}}{=} t_1 \stackrel{\text{e}}{=} t_2$ (resp. $e \stackrel{\text{def}}{=} t_1 \stackrel{\text{d}}{=} t_2$), con $t_1, t_2 \in T_{SIG}(X)$, y una valuación $V : X \longrightarrow A$, diremos que A *satisface* la ecuación e para la valuación V, denotado $A \models_V e$, si

$$t_1^{A,V} \in A \wedge t_2^{A,V} \in A \wedge t_1^{A,V} =_A t_2^{A,V}$$

$$(\text{resp. } t_1^{A,V} \in A \wedge t_2^{A,V} \in A \Rightarrow t_1^{A,V} =_A t_2^{A,V})$$

Definición 5.25.

Dada una SIG-álgebra A, una ecuación $e \stackrel{\text{def}}{=} \bigwedge_{i=1}^{n} \phi_i \Longrightarrow \Phi$, con $var(e) = X$, y una valuación $V : X \longrightarrow A$, diremos que A *satisface la ecuación e para la valuación* V, denotado $A \models_V e$, si se cumple

$$(\forall i \in \{1..n\}.\ A \models_V \phi_i) \Rightarrow A \models_V \Phi$$

Diremos que A *satisface* la ecuación e, denotado $A \models e$, si $A \models_V e$ para toda valuación V.

Al igual que en el marco de álgebras totales, una SIG-álgebra parcial A satisface una especificación parcial *SPEC* $= (SIG, E)$, o es una *SPEC*-álgebra, denotado $A \models E$, si satisface todas las ecuaciones E de *SPEC*. Denotaremos por *PAlg* (*SPEC*) a la clase de todas las *SPEC*-álgebras junto con todos los homomorfismos entre ellas.

Un resultado de la investigación en especificaciones algebraicas es que, dada una especificación parcial de las caracteríticas descritas en la definición 5.23, siempre existe modelo inicial en la clase *PAlg*(*SPEC*). Este modelo tiene las siguientes propiedades:

- Es *generado*, es decir, todo valor de cada uno de los tipos se puede obtener mediante la evaluación de algún término.
- Está *mínimamente definido*, es decir, un término está definido si y sólo si lo está en todas las álgebras de la clase.
- Tiene *confusión mínima*, es decir, dos términos definidos se evalúan al mismo valor si y sólo si se evalúan al mismo valor en todas las álgebras de la clase.

La construcción de dicho modelo inicial puede hacerse como conjunto inductivamente generado a partir de las ecuaciones E de la especificación. La definición que daremos define a la vez el subconjunto de T_{SIG} que contiene todos los términos definidos, al que denotaremos Dom_E, y la relación de congruencia entre dichos términos definidos, que denotaremos $\equiv_E$. El modelo inicial será el cociente de Dom_E con respecto a dicha relación de equivalencia.

Para simplificar la definición, supondremos que todas las ecuaciones de la especificación son existenciales. Si existiera una igualdad débil

$$t_1 \stackrel{\mathrm{d}}{=} t_2$$

como conclusión de alguna ecuación, se convertirá en igualdad existencial, reforzando la premisa de la ecuación con las conjunciones

$$\mathit{Def}(t_1) \qquad \text{y} \qquad \mathit{Def}(t_2)$$

Es decir, toda ecuación de la forma

$$\bigwedge_{i=1}^{n} \phi_i \Longrightarrow t_1 \stackrel{\mathrm{d}}{=} t_2$$

será interpretada, a efectos de la definición 5.27, como

$$\bigwedge_{i=1}^{n} \phi_i \wedge t_1 \stackrel{\mathrm{e}}{=} t_1 \wedge t_2 \stackrel{\mathrm{e}}{=} t_2 \Longrightarrow t_1 \stackrel{\mathrm{e}}{=} t_2$$

Definición 5.26.

Dado un S-conjunto X de variables y $t \in T_{SIG}(X)$, siendo t de la forma

$$t = \sigma(t_1, \ldots, t_n)$$

diremos que

$$t_1, \ldots, t_n$$

son *subtérminos inmediatos* de t. El conjunto de todos los subtérminos de un término dado t es el cierre reflexivo y transitivo de esta relación. Usaremos la notación

$$t' \prec\!\!\prec t$$

para indicar que t' es un subtérmino de t.

Definición 5.27.

Dada una especificación parcial $SPEC = (SIG, E)$, el subconjunto $Dom_E \subseteq T_{SIG}$ y la relación binaria $\equiv_E \subseteq T_{SIG} \times T_{SIG}$ son, respectivamente, el menor conjunto y la menor relación que satisfacen las siguientes propiedades:

Definitud 1. Para toda ecuación incondicional $t_1 \stackrel{e}{=} t_2 \in E$, todo subtérmino cerrado $t \prec\!\prec t_1$ o $t \prec\!\prec t_2$, $t \in T_{SIG}$ está definido, es decir, $t \in Dom_E$.

Definitud 2. $t \in Dom_E \Rightarrow (\forall t' \prec\!\prec t.\ t' \in Dom_E)$.

Reflexividad. $t \in Dom_E \Rightarrow t \equiv_E t$.

Simetría. $t_1 \equiv_E t_2 \Rightarrow t_2 \equiv_E t_1$.

Transitividad. $t_1 \equiv_E t_2 \wedge t_2 \equiv_E t_3 \Rightarrow t_1 \equiv_E t_3$.

Ecuaciones. Para toda ecuación

$$(\bigwedge_{i=1}^{n} t_i \stackrel{e}{=} t'_i) \Longrightarrow t \stackrel{e}{=} t' \in E$$

con $t_i, t'_i, t, t' \in T_{SIG}(X)$, $i \in \{1..n\}$, para toda sustitución $h : X \longrightarrow Dom_E$, si se satisface:

$$\forall i \in \{1..n\}.\ h(t_i) \equiv_E h(t'_i)$$

entonces $h(t) \in Dom_E$, $h(t') \in Dom_E$ y $h(t) \equiv_E h(t')$.

Nótese en particular que, para toda ecuación incondicional $t_1 \stackrel{e}{=} t_2 \in E$, con $t_1, t_2 \in T_{SIG}(X)$, la premisa es trivialmente cierta y, por tanto, para toda sustitución $h : X \longrightarrow Dom_E$, $h(t_1) \in Dom_E$, $h(t_2) \in Dom_E$ y $h(t_1) \equiv_E h(t_2)$.

Congruencia. Para todo símbolo de operación $\sigma : s_1 \ldots s_n \to s$, para cualesquiera pares de términos

$$t_1, t'_1 \in Dom_{E,s_1}, \ldots, t_n, t'_n \in Dom_{E,s_n}$$

tales que $\sigma(t_1, \ldots, t_n) \in Dom_{E,s}$ o $\sigma(t'_1, \ldots, t'_n) \in Dom_{E,s}$, si se satisface

$$t_1 \equiv_E t'_1 \wedge \ldots \wedge t_n \equiv_E t'_n$$

entonces ambos $\sigma(t_1, \ldots, t_n)$ y $\sigma(t'_1, \ldots, t'_n)$ pertenecen a $Dom_{E,s}$ y, además, $\sigma(t_1, \ldots, t_n) \equiv_E \sigma(t'_1, \ldots, t'_n)$.

Por la forma en que se han definido Dom_E y $\equiv_E$, es inmediato comprobar que $\equiv_E$ es una relación de equivalencia en Dom_E y que Dom_E es el conjunto $\{t \in T_{SIG} \mid t \equiv_E t\}$. Además, Dom_E es cerrado con respecto a la relación subtérmino (ver propiedad 2 de la definicion 5.27), y relativamente cerrado por operaciones, lo que quiere decir que, para todo símbolo $\sigma : s_1 \ldots s_n \to s$ y para cualesquiera pares de términos $t_1, t'_1 \in Dom_{E,s_1}, \ldots, t_n, t'_n \in Dom_{E,s_n}$, si se cumple

$$t_1 \equiv_E t'_1 \wedge \ldots \wedge t_n \equiv_E t'_n$$

entonces, o bien ambos $\sigma(t_1, \ldots, t_n)$ y $\sigma(t'_1, \ldots, t'_n)$ pertenecen a Dom_E y son congruentes, o bien ninguno de los dos pertenece a Dom_E. Estamos, con ello, en condiciones de construir el álgebra definida por una especificación parcial.

Definición 5.28.

Dada una especificación parcial *SPEC* $= (SIG, E)$, el *álgebra definida* por *SPEC* , denotada T_{SPEC}, es la siguiente SIG-álgebra parcial:
Soportes. $T_{SPEC} \stackrel{\text{def}}{=} Dom_E / \equiv_E$. Si $t \in Dom_E$, denotaremos por $[t]$ a la clase de equivalencia de t
Operaciones. Para todo símbolo de operación $\sigma : s_1 \ldots s_n \to s$, con $n \geq 0$,

$$\sigma^{T_{SPEC}}([t_1], \ldots, [t_n]) \stackrel{\text{def}}{=} \begin{cases} [\sigma(t_1, \ldots, t_n)] & \text{, si } \sigma(t_1, \ldots, t_n) \in Dom_E \\ \text{indefinido} & \text{, en caso contrario} \end{cases}$$

Teorema 5.4.

T_{SPEC} es inicial en *PAlg*(*SPEC*). El homomorfismo único $f : T_{SPEC} \longrightarrow A$, para cualquier álgebra $A \in$ *PAlg* (*SPEC*) se define $f([t]) \stackrel{\text{def}}{=} t^A$.

5.7 VERIFICACIÓN CON ESPECIFICACIONES ALGEBRAICAS

En esta sección mostramos el modo de combinar las técnicas de verificación formal presentadas en los Capítulos 3 y 4, con las técnicas de especificación algebraica de tipos abstractos de datos (en adelante usaremos la abreviatura *tad's*) presentadas en este capítulo. Uno de los beneficios de trabajar con *tad's*, y de hacer el esfuerzo de especificar éstos formalmente, es poder dividir modularmente la tarea de razonamiento formal, de modo que se pueda verificar el programa total a base de verificar independientemente pequeños fragmentos del mismo que involucren, cada uno, pocos detalles a tener en cuenta simultáneamente.

Véamos cómo se haría esta división:

- Por un lado, los programas *usuarios* de un *tad* se verificarán formalmente haciendo uso *tan sólo* de la especificación algebraica del mismo. Esta forma de proceder es correcta siempre que la implementación del *tad*, cualquiera que sea ésta, satisfaga dicha especificación.
- Por otro, se verificará que los programas que *implementan* un *tad* satisfacen la especificación formal del mismo. Se ignoran los usos del tipo abstracto por parte del resto del programa.

Como se aprecia, la especificación algebraica actúa como una *barrera* que permite descomponer la tarea de verificación en dos subtareas independientes. En esta sección atenderemos al primer aspecto, es decir, a la verificación de programas usuarios de *tad's*, y dejaremos para la Sección 5.8 el desarrollo del segundo aspecto.

La verificación de programas que usan *tad's*, no conlleva excesivas diferencias con el modo en que hemos procedido hasta ahora. Las consideraciones adicionales a tener en cuenta pueden resumirse como sigue:

- En un predicado podrán aparecer (entre otras) operaciones, implementadas o no, pertenecientes a *tad's*, siempre que estén especificadas formalmente.

  Por ejemplo, suponiendo especificado el tipo *pila* (ver figura 5.10), un posible predicado sería el siguiente:

  $$R \equiv vacia?\ (q) \vee (\neg vacia?\ (q) \wedge cima\ (q) > 0) \tag{5.1}$$

- La regla de la asignación seguirá siendo válida si las operaciones que modifican *tad's* se interpretan como si estuviesen escritas en notación *funcional* y se entiende, además, que las variables pertenecientes a un *tad* son indivisibles. Una operación que modifica una variable de un *tad* se interpretará como una función que construye un nuevo valor del *tad*, el cual es asignado a la variable, que pierde así su antiguo valor. Por ejemplo, si la operación *apilar* se ha implementado mediante un procedimiento con el siguiente perfil

  accion $apilar\ (p:$ **ent/sal** $pila, x : entero)$

  y en el programa figura la llamada $apilar(q, 4)$, ésta se tratará a efectos de verificación como la asignación

  $$q := apilar(q, 4)$$

  donde *apilar* se considera una función. Si, por ejemplo, deseamos que tras esta llamada se satisfaga la postcondición R de 5.1, la regla de la asignación nos da:

  $$R_q^{apilar\ (q,4)} \equiv vacia?\ (apilar\ (q, 4)) \vee$$

$$(\neg vacia?\ (apilar\ (q,4)) \wedge$$
$$cima\ (apilar\ (q,4)) > 0) \tag{5.2}$$

La principal diferencia de los predicados que pueden presentarse cuando se trabaja con *tad's* con respecto a los predicados con tipos sencillos está en el modo de simplificarlos o de realizar deducciones con ellos. En el caso de tipos sencillos, como ya adelantamos en la Sección 4.5, sus leyes son familiares por el contexto cultural y es fácil convencerse de la certeza de una implicación, o transformar un predicado en otro equivalente. En el caso de los *tad's*, sus leyes son las ecuaciones de la especificación algebraica y todas las propiedades que puedan deducirse de ellas. Hay que aplicar estas leyes, no tan familiares, para poder realizar las demostraciones y las simplificaciones oportunas.

A veces, estas simplificaciones son obvias. Por ejemplo, aplicando directamente las ecuaciones del tipo $pila$, el predicado $R_q^{apilar(q,4)}$ de 5.2 puede simplificarse a

$$falso \vee (\neg falso \wedge 4 > 0) \equiv cierto$$

Otras veces, es necesario demostrar alguna propiedad que se deduce de la especificación pero que no es directamente una de las ecuaciones. Hay dos tipos de propiedades distintas, que exigen demostraciones también distintas:

1. *Propiedades ecuacionales*: Son nuevas ecuaciones que se deducen de las ecuaciones de la especificación mediante el cálculo ecuacional. El cálculo ecuacional consiste en aplicar las reglas de la congruencia $\equiv_E$ de la definición 5.27 admitiendo que los términos puedan tener variables. En esencia, se trata de sustituir iguales por iguales. El siguiente es un ejemplo de deducción ecuacional:

$$desapilar\ (apilar\ (p,x)) \stackrel{e}{=} q \Leftrightarrow p \stackrel{e}{=} q \Leftrightarrow apilar\ (p,y) \stackrel{e}{=} apilar\ (q,y)$$

2. *Propiedades inductivas*: Son propiedades que se demuestran recurriendo a un principio de inducción sobre los valores del *tad*. Dado que éstos son generados por términos construidos a partir de un conjunto finito de operaciones generadoras, se realiza una inducción sobre la estructura de dichos términos. Debido a ello, este principio recibe el nombre de *inducción estructural*. Se aplica del modo siguiente:

   base de la inducción Se demuestra la propiedad para los valores básicos del tipo, que son los generados por las operaciones generadoras constantes, o por generadoras en cuyos argumentos no figuren valores del tipo.

   hipótesis de inducción Para cada valor no básico, cuyo patrón tiene como operación más externa una generadora con argumentos del tipo, se supondrá que dichos argumentos satisfacen la propiedad.

paso de inducción Para cada valor no básico, se demostrará que satisface la propiedad, suponiendo cierta la hipótesis de inducción.

Las propiedades ecuacionales son satisfechas por todos los modelos de la especificación (es decir, por todas las álgebras de *PAlg* (*SPEC*)), mientras que las propiedades inductivas sólo las satisfacen los modelos generados o sin basura. Dado que el modelo inicial es generado, los dos tipos de razonamientos expuestos son válidos para nuestras especificaciones.

Ejemplo 5.2.

Suponiendo que la operación total *inv* invierte una lista (ver especificación de la figura 5.5), y viene definida por las siguientes ecuaciones

ecuaciones

$$\begin{array}{l} \dots \\ inv\,([\,]) \stackrel{e}{=} [\,] \\ inv\,([x]) \stackrel{e}{=} [x] \\ inv\,(l_1 \;+\!\!+\; l_2) \stackrel{e}{=} inv\,(l_2) \;+\!\!+\; inv\,(l_1) \\ \dots \end{array}$$

un ejemplo de propiedad inductiva para el tipo *lista*, es el siguiente:

$$\forall l \in lista.\, inv\,(inv\,(l)) \stackrel{e}{=} l$$

Veamos la demostración:

base de la inducción Los dos casos básicos satisfacen la propiedad

$$\begin{array}{l} inv\,(inv\,([\,])) \stackrel{e}{=} inv\,([\,]) \stackrel{e}{=} [\,] \\ inv\,(inv\,([x])) \stackrel{e}{=} inv\,([x]) \stackrel{e}{=} [x] \end{array}$$

paso de inducción El único patrón no básico es $l_1 \;+\!\!+\; l_2$

$$\begin{array}{ll} & inv\,(inv\,(l_1 \;+\!\!+\; l_2)) \\ \stackrel{e}{=} & \quad \{\text{cálculo ecuacional}\} \\ & inv\,(inv\,(l_2) \;+\!\!+\; inv\,(l_1)) \\ \stackrel{e}{=} & \quad \{\text{cálculo ecuacional}\} \\ & inv\,(inv\,(l_1)) \;+\!\!+\; inv\,(inv\,(l_2)) \\ \stackrel{e}{=} & \quad \{\text{hipótesis de inducción}\} \\ & l_1 \;+\!\!+\; l_2 \end{array}$$

■

Manipulación ecuacional de vectores

Vamos a resolver formalmente la simplificación del predicado que obtuvimos al final de la Sección 4.5 en el cálculo de una precondición para la asignación

$$a[a[2]] := 1$$

Para hacerlo más general, supondremos que la asignación es $a[a[i]] := j$ y la postcondición deseada $R \equiv a[a[i]] = j$. Si no se indica nada en contra, supondremos que el símbolo $=$ empleado en las deducciones, se refiere a la igualdad existencial $\stackrel{e}{=}$. Rehaciendo las sustituciones, obtenemos:

$$R_a^{asig(a,val(a,i),j)}$$
$$\equiv$$
$$val\,(asig\,(a, val\,(a,i), j), val\,(asig\,(a, val\,(a,i), j), i)) \stackrel{e}{=} j \tag{5.3}$$

donde *asig* y *val* son, respectivamente, las operaciones de asignar un valor y de consultar el contenido de una posición de un vector.

Lo primero que necesitamos es una especificación formal del tipo de datos *vector*. Proponemos la de la figura 5.15.

Se trata de un vector genérico con índices enteros, en el que los límites inferior y superior del índice y el tipo de los elementos constituyen el parámetro formal. Hemos introducido la operación auxiliar $existe$ para determinar el domimio de definición de la operación val. Nos informa de si existe o no un valor asignado en una determinada posición i.

Para simplificar las deducciones, llamaremos t_2 al término

$$val\,(asig\,(a, val\,(a,i), j), i)$$

del predicado 5.3, y t_1 al término a la izquierda del símbolo $\stackrel{e}{=}$ de dicho predicado. Es obvio que $t_2 \prec\!\prec t_1$. Al ser las operaciones $asig$ y val parciales, primero estableceremos el dominio en el que el término t_1 está definido.

Recorriendo t_1 de izquierda a derecha, y aplicando las ecuaciones de definitud de la figura 5.15, obtenemos las siguientes condiciones:

1. Dom_1 (los dos $val\,(a,i)$ de t_1) $\equiv c \le i \le f \wedge existe\,(a,i)$
2. Dom_2 (los dos $asig$ de t_1) $\equiv c \le val\,(a,i) \le f \wedge c \le j \le f$
3. Dom_3 (el val más a la izquierda de t_1) $\equiv c \le j \le f \wedge existe\,(a,j)$

espec *VECTOR*
parametro formal
generos $elem$
operaciones
$c, f : \longrightarrow ent$ {Límites inferior y superior}
fparametro
generos $vector$
operaciones
$crear : \longrightarrow vector$ {Crea un vector vacío}
parcial $asig : vector\ \ ent\ \ elem \longrightarrow vector$
parcial $val : vector\ \ ent \longrightarrow elem$
operaciones auxiliares
$existe : vector\ \ ent \longrightarrow bool$
var
$a : vector; i, j : ent; e, e_1, e_2 : elem$
ecuaciones de definitud
$c \leq i \wedge i \leq f \stackrel{e}{=} T \Longrightarrow Def(asig(a, i, e))$
$c \leq i \wedge i \leq f \wedge existe(a, i) \stackrel{e}{=} T \Longrightarrow Def(val(a, i))$
ecuaciones
$asig(asig(a, i, e_1), i, e_2) \stackrel{d}{=} asig(a, i, e_2)$
$(i = j) \stackrel{e}{=} F \Longrightarrow asig(asig(a, i, e_1), j, e_2) \stackrel{d}{=} asig(asig(a, j, e_2), i, e_1)$
$val(asig(a, i, e), i) \stackrel{d}{=} e$
$(i = j) \stackrel{e}{=} F \Longrightarrow val(asig(a, i, e), j) \stackrel{d}{=} val(a, j)$
$existe(crear, i) \stackrel{e}{=} F$
$existe(asig(a, i, e), j) \stackrel{d}{=} (i = j) \vee existe(a, j)$
fespec

Figura 5.15. Especificación algebraica del tipo *vector*

Suponiendo que se cumplen todas ellas, aplicamos las ecuaciones de la figura 5.15 para simplificar, mediante el cálculo ecuacional, t_1 y t_2:

$$t_1 \begin{cases} val\ (a, i) = t_2 \Rightarrow t_1 = j \\ val\ (a, i) \neq t_2 \Rightarrow t_1 = val\ (a, t_2) \end{cases}$$

$$t_2 \begin{cases} val\ (a, i) = i \Rightarrow t_2 = j \\ val\ (a, i) \neq i \Rightarrow t_2 = val\ (a, i) \end{cases}$$

Combinando todas las posibilidades, hay tres condiciones bajo las cuales t_1 se reduce al valor j:

1. $val\ (a, i) \neq i$. En ese caso, $t_2 = val\ (a, i) \wedge t_1 = j$
2. $val\ (a, i) = i \wedge i = j$. En ese caso, $t_2 = i = j = t_1$
3. $val(a, i) = i \wedge i \neq j \wedge val(a, j) = j$. En ese caso, $t_2 = j \wedge t_1 = val(a, j) = j$

Sustituyendo las posibilidades para t_2 en Dom_3, obtenemos finalmente la siguiente precondición:

$$
\begin{array}{ll}
 & val\ (a, i) \neq i \wedge c \leq val\ (a, i) \leq f \\
 & \quad \wedge\ existe\ (a, val\ (a, i)) \wedge Dom_1 \\
\vee & \\
 & val\ (a, i) = i \wedge i = j \wedge Dom_1 \\
\vee & \\
 & val\ (a, i) = i \wedge i \neq j \wedge val\ (a, j) = j \wedge c \leq j \leq f \\
 & \quad \wedge\ existe\ (a, j) \wedge Dom_1
\end{array}
$$

Se invita al lector a poner ejemplos de estados que satisfagan cada una de estas disyunciones y a comprobar que todos ellos conducen a la postcondición deseada. También sugerimos que compruebe que la simplificación dada para $R_a^{asig(a,val(a,2),1)}$ en la Sección 4.5 es un caso particular del resultado obtenido aquí.

Propiedades inductivas de las pilas

Presentamos un ejemplo de programa iterativo que vamos a verificar combinando las técnicas del Capítulo 4 con las de especificación algebraica presentadas en éste. Se trata de un bucle que calcula la pila inversa de una pila dada. He aquí el programa y su especificación:

$\{Q \equiv p = p_{ini}\}$
$q := pvacia;$
mientras $\neg vacia?\ (p)$ **hacer**
    $x := cima\ (p); p := desapilar\ (p);$
    $q := apilar\ (q, x)$
fmientras
$\{R \equiv q = inv\ (p_{ini})\}$

Hemos de especificar la operación (total) $inv : pila \longrightarrow pila$, para lo que emplearemos una operación auxiliar (también total) $\_ +\!\!+ \_ : pila \quad pila \longrightarrow pila$ que concatena dos pilas. Las ecuaciones que definen estas operaciones pueden verse en la figura 5.16. Hemos escrito ecuaciones existenciales, dado que todos los términos que aparecen están definidos.

espec *PILAS*

...

ecuaciones

$inv(pvacia) \stackrel{e}{=} pvacia$

$inv(apilar(p, x)) \stackrel{e}{=} inv(p) \ +\!\!+ \ apilar(pvacia, x)$

$pvacia \ +\!\!+ \ q \stackrel{e}{=} q$

$apilar(p, x) \ +\!\!+ \ q \stackrel{e}{=} apilar(p \ +\!\!+ \ q, x)$

fespec

Figura 5.16. Especificación algebraica de *inv* y $+\!\!+$ para pilas

El invariante ha de expresar la relación existente entre las pilas p y q al comienzo de cada iteración, y la pila inicial p_{ini}. Conjeturamos que esa relación es la siguiente:

$$P \equiv p_{ini} = inv\ (q) \ +\!\!+ \ p$$

Procedemos a demostrar los tres primeros apartados de la verificación de un bucle:

1. *El invariante se satisface al comienzo del bucle*

$$P_q^{pvacia}$$
$$\equiv$$
$$p_{ini} = inv\ (pvacia) \ +\!\!+ \ p$$
$$\equiv \quad \{\text{ecuaciones de } inv \text{ y de } +\!\!+ \}$$
$$p_{ini} = p$$
$$\Leftarrow$$
$$Q$$

2. *El invariante conduce a la postcondición*

$$p_{ini} = inv\ (q) \ +\!\!+ \ p \wedge vacia\ (p) \stackrel{?}{\Rightarrow} q = inv\ (p_{ini})$$

Para demostrar esta implicación necesitamos los tres teoremas inductivos siguientes:

1. $vacia\ (p) \Rightarrow p = pvacia$
2. $r \ +\!\!+ \ pvacia = r$
3. $inv\ (inv\ (q)) = q$

El primero es trivial y el tercero sigue las pautas del ejemplo 5.2 referido a las listas. Procedemos a demostrar el segundo.

base de la inducción Caso base: $r = pvacia$

$$pvacia \mathbin{+\!\!+} pvacia = pvacia$$

paso de inducción Patrón: $r = apilar\ (s, x)$

$$\begin{array}{cl} & apilar\ (s, x) \mathbin{+\!\!+} pvacia \\ = & \{\text{ecuaciones}\} \\ & apilar\ (s \mathbin{+\!\!+} pvacia, x) \\ = & \{\text{hipótesis de inducción}\} \\ & apilar\ (s, x) \end{array}$$

3. *El invariante es invariante*

$$\begin{array}{cl} & ((P_q^{apilar(q,x)})_p^{desapilar(p)})_x^{cima(p)} \\ \equiv & \{\text{sustituciones y dominio de definición}\} \\ & p_{ini} = inv\ (apilar\ (q, cima\ (p))) \mathbin{+\!\!+} desapilar\ (p) \land \neg vacia\ (p) \\ \equiv & \{\text{ecuaciones}\} \\ & p_{ini} = (inv\ (q) \mathbin{+\!\!+} apilar\ (pvacia, cima\ (p))) \mathbin{+\!\!+} desapilar\ (p) \\ & \quad \land \neg vacia\ (p) \\ \stackrel{?}{\Leftarrow} & \\ & p_{ini} = inv\ (q) \mathbin{+\!\!+} p \land \neg vacia\ (p) \\ \equiv & \\ & P \land B \end{array}$$

Para proseguir necesitamos, en este orden, los dos siguientes teoremas inductivos:

1. $(p \mathbin{+\!\!+} q) \mathbin{+\!\!+} r = p \mathbin{+\!\!+} (q \mathbin{+\!\!+} r)$
2. $\neg vacia\ (p) \Rightarrow p = apilar\ (desapilar\ (p), cima\ (p))$

Ambos siguen las pautas mostradas en los teoremas anteriores y se dejan como ejercicio para el lector. Con ello podemos completar la demostración sin más que aplicar las ecuaciones:

$$\begin{array}{cl} & (inv\ (q) \mathbin{+\!\!+} apilar\ (pvacia, cima\ (p))) \mathbin{+\!\!+} desapilar\ (p) \\ = & \{\text{teorema inductivo 1}\} \\ & inv\ (q) \mathbin{+\!\!+} (apilar\ (pvacia, cima\ (p)) \mathbin{+\!\!+} desapilar\ (p)) \\ = & \{\text{ecuaciones de } \mathbin{+\!\!+}\} \\ & inv\ (q) \mathbin{+\!\!+} apilar\ (pvacia \mathbin{+\!\!+} desapilar\ (p), cima\ (p)) \\ = & \{\text{ecuaciones de } \mathbin{+\!\!+}\} \\ & inv\ (q) \mathbin{+\!\!+} apilar\ (desapilar\ (p), cima\ (p)) \\ = & \{\text{teorema inductivo 2, bajo hipótesis } \neg vacia\ (p)\} \\ & inv\ (q) \mathbin{+\!\!+} p \end{array}$$

El lector puede completar este ejemplo, demostrando que el bucle termina. Para ello puede utilizar la función limitadora $t = prof\ (p)$, donde $prof\ :\ pila \longrightarrow natural$

es una operación que nos da el número de elementos de una pila y habrá de ser convenientemente especificada.

5.8 CONCEPTO DE IMPLEMENTACIÓN

En la Sección 5.7, hemos basado la corrección de un programa usuario de un *tad* en la suposición de que la implementación del *tad*, cualquiera que sea, *satisface* su especificación algebraica. Demostrar formalmente esto último dista de ser tarea fácil. Los enfoques existentes no conducen, por desgracia, a un método fácilmente aplicable. En esta sección pretendemos mostrar, cuando menos, las dificultades involucradas en la tarea. En último extremo, siempre será posible realizar un razonamiento riguroso sobre la corrección de una implementación, aunque no sea totalmente formal.

Intuitivamente, implementar un tipo abstracto consiste en *simular* sus valores por medio de valores de otros tipos más concretos, y simular sus operaciones por medio de operaciones sobre dichos tipos más concretos. Por ejemplo, podemos decidir implementar el tipo de datos *conjunto* especificado en la figura 5.12 por un vector de elementos $v[1..max]$ y un contador n, $0 \leq n \leq max$. Estipulamos que la parte utilizada del vector es el subvector $v[1..n]$ y que no se almacenarán elementos repetidos. En este ejemplo, los valores abstractos de tipo *conjunto* se simulan por pares $\langle v, n\rangle$, formados por un vector y un entero, y las operaciones del tipo *conjunto*, es decir, $\{\varnothing,\ \textit{añad},\ elim,\ esta?,\ vacio?\}$, se simulan mediante operaciones que trabajan con pares $\langle v, n\rangle$. ¿Cómo podemos estar seguros de que hemos implementado correctamente el tipo *conjunto*?

En primer lugar, hay que establecer una correspondencia entre los valores del tipo especificado, y los del tipo utilizado para simular aquél. Para fijar notación, llamaremos $\mathcal{A}_{SPEC}$ al álgebra denotada por la especificación del tipo a implementar (es decir, T_{SPEC}, si éste está especificado algebraicamente mediante una especificación *SPEC* $= (SIG, E)$), y $\mathcal{A}_{IMP}$ al álgebra denotada por la implementación, esté o no especificada algebraicamente. La correspondencia que buscamos se denomina *función de abstracción*, denotada Φ, y es una S-aplicación:

$$\Phi : \mathcal{A}_{IMP} \longrightarrow \mathcal{A}_{SPEC}$$

que va del álgebra de la implementación al de la especificación. En el ejemplo propuesto, a cada par $\langle v, n\rangle$ le corresponde un conjunto abstracto. Además, varios pares distintos $\langle v, n\rangle$ pueden corresponder al mismo conjunto: por ejemplo, los pares que difieran tan sólo en el orden de los elementos almacenados en el subvector $v[1..n]$. Por otra parte, habrá pares que no representan ningún conjunto: por ejemplo, los que tengan elementos repetidos en v o los que tengan un valor de n negativo. Diremos que el tipo implementador tiene elementos *basura* desde el punto de vista del tipo implementado.

En general, las características de la función de abstracción son las siguientes:

Sobreyectiva: Todos los valores de $\mathcal{A}_{SPEC}$ han de estar representados.

No necesariamente inyectiva: Varios valores de $\mathcal{A}_{IMP}$ pueden representar el mismo valor de $\mathcal{A}_{SPEC}$.

Parcial: No todo valor de $\mathcal{A}_{IMP}$ representa un valor de $\mathcal{A}_{SPEC}$.

Homomórfica: Para valores en que está definida, Φ conmuta con las operaciones, es decir:

1. $\forall \sigma : \to s. \Phi(\sigma^{\mathcal{A}_{IMP}}) = \sigma^{\mathcal{A}_{SPEC}}$
2. $\forall \sigma : s_1 \ldots s_n \to s.$

$$\Phi(\sigma^{\mathcal{A}_{IMP}}(v_1, \ldots, v_n)) = \sigma^{\mathcal{A}_{SPEC}}(\Phi(v_1), \ldots, \Phi(v_n))$$

Informalmente, una implementación es correcta cuando el usuario del tipo no es capaz de notar la diferencia entre el tipo realmente especificado y el tipo que lo simula. Por ejemplo, en el tipo *conjunto*, si el programa usuario realiza la secuencia de operaciones descrita por el término:

$$esta?\ (elim\ (\text{\textit{añad}}\ (\text{\textit{añad}}\ (\varnothing, 2), 2), 2), 2)$$

la respuesta esperada ha de ser F.

Para formalizar la noción de implementación se han propuesto, a grandes rasgos, dos enfoques:

El enfoque algebraico En él, el tipo implementador se describe mediante una especificación algebraica *IMP* $= (SIG', E')$, y la relación de implementación entre ambas especificaciones, *SPEC* e *IMP*, se describe mediante un conjunto de operaciones y ecuaciones. La semántica del objeto formal construido es la composición de tres transformaciones:

Síntesis El tipo implementador *IMP* se enriquece con los géneros y las operaciones de la signatura SIG del tipo implementado *SPEC*. Los géneros son una "copia" de los géneros de SIG', y las operaciones son las que van a simular las de *SPEC*. Se especifican mediante un conjunto de ecuaciones.

Restricción En el tipo *IMP* así enriquecido se "olvidan" los valores basura, es decir, los valores que no pueden ser generados utilizando exclusivamente la signatura SIG del tipo implementado.

Identificación Se incorporan ahora las ecuaciones E del tipo implementado *SPEC*. El efecto de las mismas es hacer congruentes los valores del álgebra de la implementación que representan el mismo valor del álgebra de la especificación.

La implementación es correcta si el álgebra así obtenida es isomorfa al álgebra $\mathcal{A}_{SPEC}$.

El enfoque imperativo Aquí, la implementación viene descrita por un conjunto de programas imperativos: la *representación* del tipo abstracto mediante tipos más concretos, y los procedimientos y funciones que simulan las operaciones del tipo abstracto. En este caso, el programador ha de definir explícitamente la función de abstracción. Lo hace mediante dos predicados:

Invariante de la representación Es un predicado Inv_{IMP} que define los valores de la representación que implementan valores abstractos. Es decir, delimita los valores "válidos" de los valores basura. Llamaremos $\mathcal{A}_{IMP} \mid_{Inv_{IMP}}$ al conjunto de valores válidos.

Equivalencia de la representación Es una relación binaria

$$\equiv_{IMP} \subseteq \mathcal{A}_{IMP} \times \mathcal{A}_{IMP}$$

que es de equivalencia para los valores que satisfacen Inv_{IMP}. Hace equivalentes los valores que representan el mismo valor abstracto.

La noción de corrección es, de nuevo, que el álgebra cociente $\mathcal{A}_{IMP} \mid_{Inv_{IMP}} / \equiv_{IMP}$ sea isomorfa a $\mathcal{A}_{SPEC}$.

Existen otros enfoques más generales dentro del marco algebraico en los que no se exige isomorfía con el álgebra de la especificación, sino una relación, más débil, de *equivalencia en comportamiento*.

Las implicaciones prácticas de los enfoques mencionados son bastante desalentadoras. En el caso algebraico, es normalmente impracticable realizar las demostraciones de forma manual. Se ha de recurrir a herramientas automáticas, basadas en técnicas de reescritura, que comprueben la relación de isomorfía pedida. Por desgracia, las propiedades a comprobar son, en el caso general, indecidibles, por lo que los algoritmos pueden no terminar.

En el enfoque imperativo pueden hacerse las demostraciones manualmente pero, en general, es necesario bastante esfuerzo. Los pasos a seguir serían los siguientes:

1. Escribir los predicados Inv_{IMP} y $\equiv_{IMP}$. Aunque no se vaya a realizar el resto de los apartados, esta información contribuye a precisar el diseño, a detectar ambigüedades y a mejorar la documentación, por lo que es recomendable escribirlos.

2. Traducir, mediante Inv_{IMP} y $\equiv_{IMP}$, la precondición abstracta Q_{SPEC} de cada operación parcial σ^{SPEC} de *SPEC*, a una precondición concreta, Q_{IMP} en términos de la representación. Para las operaciones totales, la precondición Q_{IMP} se toma provisionalmente como *cierto*.
3. Demostrar, con las técnicas del Capítulo 4, que Inv_{IMP} es invariante para cada procedimiento o función σ^{IMP}. Es decir:

$$\{Q_{IMP} \wedge Inv_{IMP}\}\sigma^{IMP}\{Inv_{IMP}\}$$

4. Demostrar que cada ecuación $\bigwedge_{i=1}^{n} t_i \stackrel{e}{=} t'_i \Longrightarrow t \stackrel{e}{=} t'$ de *SPEC* se satisface, interpretando el símbolo $\stackrel{e}{=}$ de igualdad existencial como la relación de equivalencia $\equiv_{IMP}$. Cada término t es una secuencia de llamadas a procedimientos, con lo que se puede calcular la postcondición $R(t)$ alcanzada al final de la misma. Una ecuación $t_1 \stackrel{e}{=} t_2$ se satisface si

$$Inv_{IMP} \Rightarrow R(t_1) \equiv_{IMP} R(t_2)$$

5.9 PROBLEMAS ADICIONALES

Problema 5.1.

A partir de la especificación de los naturales de la figura 5.4 demostrar las propiedades inductivas $x + y = y + x$ y $x + (y + z) = (x + y) + z$. ■

Problema 5.2.

Especificar la resta de naturales como operación parcial. Demostrar la propiedad inductiva débil $x - (y + z) \stackrel{d}{=} (x - y) - z$. ■

Problema 5.3.

Especificar, con ecuaciones incondicionales, una operación

$neg? : ent \longrightarrow bool$

que indique si un entero es o no negativo. *Sugerencia:* utilizar la propiedad de que, si $m = n + n$ ó $m = n + n + 1$, m es negativo si y sólo si n lo es. ■

Problema 5.4.

Utilizando la operación *neg*? del problema 5.3, especificar, en ese orden, las operaciones $\_ < \_$, $\_ \leq \_$ e $\_ = \_$ de los enteros. ■

Problema 5.5.

Enriquecer la especificación de las listas de la figura 5.5 con una operación ord que indique si la lista está ordenada crecientemente. Suponer que el género $elem$ está dotado de una relación de orden $\_ \leq \_$. ■

Problema 5.6.

Utilizando la operación ord del problema 5.5, definir una operación parcial $merge$ que, dadas dos listas ordenadas, produce la lista ordenada resultante de entrelazar ordenadamente ambas listas. ■

Problema 5.7.

Enriquecer la especificación de los conjuntos de la figura 5.12 con las siguientes operaciones:

$$\begin{array}{rllll} card: & conj & & \longrightarrow & nat \quad \{\text{Cardinal}\} \\ \_\cup\_: & conj & conj & \longrightarrow & conj \quad \{\text{Unión}\} \\ \_\cap\_: & conj & conj & \longrightarrow & conj \quad \{\text{Intersección}\} \\ \_-\_: & conj & conj & \longrightarrow & conj \quad \{\text{Diferencia}\} \end{array}$$

■

Problema 5.8.

Añadir a la especificación algebraica del tipo *vector* de la figura 5.15 las dos operaciones siguientes:

$$\begin{array}{rllll} permuta: & vector & ent & ent & \longrightarrow vector \\ invertir: & vector & & & \longrightarrow vector \end{array}$$

La primera intercambia los valores de las posiciones dadas como argumentos y la segunda construye el vector simétrico al dado. Ambas han de ser especificadas como operaciones parciales. ■

5.10 NOTAS BIBLIOGRÁFICAS

El surgimiento del concepto de *tipo abstracto de datos* fue el resultado de una confluencia de factores: por un lado, las ideas de ocultamiento de información procedentes de la práctica industrial de la programación junto a la necesidad de contar con una noción apropiada de módulo para el desarrollo de grandes programas. En esa línea son pioneros los trabajos de D. Parnas y B. Liskov [Par72b, Par72a, Par74, Lis72]. Por otro, la visión del mundo académico en la que los tipos dejaron de ser considerados meros conjuntos de valores y pasaron a cobrar importancia sus operaciones. En esa dirección es pionero el trabajo de J. Morris [Mor73]. La tesis doctoral de J. Guttag [Gut75] acuña definitivamente el término y demuestra la utilidad del concepto en la construcción de programas.

Desde entonces, son innumerables los trabajos desarrollados alrededor del mismo. Reseñamos aquí sólamente algunos de ellos:

- En el aspecto de *construcción de programas*, citamos [LZ74], [Lis79] y [LG86], en los que se ha basado la Sección 5.2 de este capítulo. Sobre la incorporación de tipos abstractos a los lenguajes de programación, pueden verse [LSAS77, Bar84, Jon88, Har89].
- En la *formalización* matemática, son pioneros los trabajos del grupo ADJ [GTWW76] y [GTW78] proponiendo la técnica ecuacional de especificación y el modelo inicial como semántica de la misma. La referencia básica en semántica inicial es [EM85]. Para semántica final puede verse [Wan79], y [Rei81] para la de comportamiento. Los trabajos [BW84, Wir90] proporcionan una amplia visión del aspecto semántico.
- Para la *construcción de especificaciones*, es útil ver numerosas especificaciones ya construidas. En esa línea citamos [LZ75, GHM78b, HL89]. La técnica de construcción sistemática presentada aquí procede en gran parte de [NNOP88].
- Las *especificaciones algebraicas parciales* fueron estudiadas por primera vez en [BW82]. Las demostraciones de los teoremas de la Sección 5.6 pueden encontrarse aquí y en [AC89]. Las especificaciones condicionales (para álgebras totales) se estudian en [TWW76] y [Ore79]. La construcción explícita del modelo inicial de las definiciones 5.27 y 5.28, es una adaptación de [NOPS89].
- En *verificación formal* de programas que usan tipos abstractos pueden consultarse [GHM78a, Dah78, NHN78], y en castellano,[Ore80].
- El trabajo pionero en *corrección de implementaciones* es [Hoa72]. El enfoque imperativo está desarrollado en detalle en [Dah78] y en [GHM78a]. En el enfoque algebraico hay una abundante literatura. Citamos sólamente [EKMP82, BMPW86] como trabajos con una marcada influencia, y [ONS92] para una panorámica. La mayoría de ellos están referidos a álgebras totales. La implementación en el marco de álgebras parciales ha sido estudiada recientemente en [SO93].

CAPITULO 6

Especificación de estructuras de datos

El propósito de este capítulo es presentar la especificación de las estructuras de datos que aparecen con más frecuencia en la programación, vistas bajo el prisma de los tipos abstractos de datos desarrollados en el Capítulo 5. Ello quiere decir que nos interesará el comportamiento observable de la estructura, esto es, las operaciones de acceso o modificación relevantes para un posible usuario y el efecto de las mismas. Presentaremos para ello una especificación algebraica de cada estructura, considerando la misma un tipo abstracto de datos.

Hemos empleado el término *Estructuras de datos* en el título del capítulo, a sabiendas de que puede ser inadecuado. Hubiéramos preferido algo como *Tipos de datos más frecuentes*. Lo hemos mantenido para evitar confusión, ya que los tipos de los que se va a hablar aquí (pilas, colas, árboles, etc.), se suelen tratar en libros que responden al primer título. Estos libros se concentran generalmente en los detalles de las implementaciones, mientras que el comportamiento externo es descrito frecuentemente de un modo bastante informal. Para aumentar la confusión, la palabra *estructura* sugiere la idea de un *espacio* de memoria organizado de un cierto modo, mientras que la palabra *tipo* designa una *declaración* que puede dar lugar a una o más *variables* pertenecientes al mismo, siendo éstas, y no la definición del tipo, las que ocupan espacio de memoria.

Pese a estos matices, continuaremos utilizando el término *estructura de datos*, pero en la presentación de cada una de las estructuras distinguiremos cuidadosamente entre lo que es comportamiento observable, o *especificación*, y lo que son decisiones de *implementación*. En este capítulo se detalla el primer aspecto, y en el siguiente, el segundo. El esquema de presentación de cada estructura será el siguiente:

1. Descripción informal del comportamiento observable.
2. Especificación algebraica de dicho comportamiento. La estructura será considerada un tipo abstracto. El modelo formal descrito por la especificación permitirá responder a cualquier cuestión sobre el uso de la estructura, sin necesidad de referirse a las posibles implementaciones.

6.1 ESTRUCTURAS LINEALES DE DATOS

6.1.1 Las pilas

La idea informal de una $pila$ de elementos, y su especificación algebraica, han sido ya presentadas en diversas partes de este libro. Reproducimos en la figura 6.1 la especificación algebraica de este tipo genérico, con la sintaxis y semántica establecidas en las Secciones 5.5 y 5.6. Las pilas pertenecen a las estructuras de datos *lineales*, llamadas así porque consisten en una secuencia de elementos $\langle a_1, \ldots, a_n \rangle$ dispuestos en una dimensión. Dentro de ellas, las pilas se denominan a veces estructuras LIFO (del inglés *Last In, First Out*), nombre que hace referencia al modo en que se acceden los elementos.

6.1.2 Las colas

El tipo $cola$ de elementos pertenece también a las estructuras lineales, y se caracteriza porque las inserciones de nuevos elementos sólo se permiten en uno de los extremos de la secuencia, que llamaremos el *final* de la cola, mientras que las consultas y las supresiones sólo se permiten en el extremo opuesto, que llamaremos el *principio* de la cola. Su comportamiento es como el de la cola de un cine[1]: los elementos son atendidos por el principio en el mismo orden en que se incorporaron a la cola. Por ello, las colas se conocen también como estructuras FIFO (del inglés *First In, First Out*). Hemos desdoblado en la especificación la operación "atender" al primero de la cola en dos operaciones monovaluadas: una *prim* que permite obtener el primer elemento de la cola pero que no modifica ésta, y otra *elim* que suprime dicho elemento pero no lo consulta.

[1]Siempre que se impida el conocido fenómeno de los "listillos" que padecen las colas de la vida diaria, según el cual algunos elementos se incorporan a la cola por un punto intermedio de la misma.

espec *PILAS*
parametro formal
generos $elem$
fparametro
generos $pila$
operaciones
$pvacia : \longrightarrow pila$
$apilar : pila\ \ elem \longrightarrow pila$
parcial $cima : pila \longrightarrow elem$
parcial $desapilar : pila \longrightarrow pila$
$vacia? : pila \longrightarrow bool$
var
$p : pila; x : elem$
ecuaciones de definitud
$Def(cima(apilar(p, x)))$
$Def(desapilar(apilar(p, x)))$
ecuaciones
$cima(apilar(p, x)) \stackrel{e}{=} x$
$desapilar(apilar(p, x)) \stackrel{e}{=} p$
$vacia?(pvacia) \stackrel{e}{=} T$
$vacia?(apilar(p, x)) \stackrel{e}{=} F$
fespec

Figura 6.1. Especificación algebraica del tipo *pila*

La especificación algebraica está recogida en la figura 6.2. En ella, se han tomado como generadoras *cvacia* y *añad*, que forman un conjunto libre. Nótese también la parcialidad de las operaciones *prim* y *elim* y la utilización de ecuaciones condicionales para definirlas.

Ejercicio 6.1.

Inspirarse en las especificaciones de las pilas y las colas para especificar algebraicamente el tipo *doble_cola*. Las dobles colas[2] permiten operaciones para consultar, añadir y eliminar elementos en cualquiera de los dos extremos de la estructura. ■

[2]En inglés, *dequeues*.

espec *COLAS*
parametro formal
generos $elem$
fparametro
generos $cola$
operaciones
$cvacia : \longrightarrow cola$
$añad : cola\ \ elem \longrightarrow cola$
parcial $prim : cola \longrightarrow elem$
parcial $elim : cola \longrightarrow cola$
$vacia? : cola \longrightarrow bool$
var
$c : cola, x : elem$
ecuaciones de definitud
$Def\,(prim(añad(c, x)))$
$Def\,(elim(añad(c, x)))$
ecuaciones
$prim(añad(cvacia, x)) \stackrel{e}{=} x$
$vacia?(c) \stackrel{e}{=} F \Longrightarrow prim(añad(c, x)) \stackrel{e}{=} prim(c)$
$elim(añad(cvacia, x)) \stackrel{e}{=} cvacia$
$vacia?(c) \stackrel{e}{=} F \Longrightarrow elim(añad(c, x)) \stackrel{e}{=} añad(elim(c), x)$
$vacia?(cvacia) \stackrel{e}{=} T$
$vacia?(añad(c, x)) \stackrel{e}{=} F$
fespec

Figura 6.2. Especificación algebraica del tipo *cola*

6.1.3 Las listas

Las listas son las estructuras de datos lineales más generales posibles. Permiten el acceso para consulta o modificación en cualquiera de los extremos de la estructura, e incluso en un punto intermedio. Algunas variantes de las listas (p.e. las listas de los lenguajes LISP y PROLOG) permiten que los elementos de una lista sean de distinto tipo, en particular algunos de ellos pueden, a su vez, ser listas. Aquí nos restringiremos al caso de listas *homogéneas*, en las cuales todos los elementos de la lista son del mismo tipo (si p.e. alguno es una lista, entonces todos lo son). Las pilas y las colas presentadas en esta sección son casos particulares de listas homogéneas.

espec *LISTAS*
parametro formal
generos $elem$
operaciones
$eq : elem \;\; elem \longrightarrow bool$ {igualdad de elementos}
ecuaciones
... eq es reflexiva, simétrica y transitiva ...
fparametro
generos $lista$
operaciones
$[\,] : \longrightarrow lista$ {lista vacía}
$[\_] : elemento \longrightarrow lista$ {lista unitaria}
$\_ +\!\!+ \_ : lista \;\; lista \longrightarrow lista$ {concatenar }
$\_ : \_ : elemento \;\; lista \longrightarrow lista$ {añadir por la izquierda}
$\_\#\_ : lista \;\; elemento \longrightarrow lista$ {añadir por la derecha}
$long : lista \longrightarrow natural$ {longitud}
parcial $prim, ult : lista \longrightarrow elem$ {primero, último}
parcial $resto, eult : lista \longrightarrow lista$ {eliminar primero, último}
var
$x, y : elem; l, l_1, l_2 : lista$
ecuaciones de definitud
$Def(prim(x : l)), Def(ult(x : l))$
$Def(resto(x : l)), Def(eult(x : l))$
ecuaciones
$[\,] +\!\!+ \; l \stackrel{e}{=} l$
$(x : l_1) +\!\!+ \; l_2 \stackrel{e}{=} x : (l_1 +\!\!+ \; l_2)$
$[x] \stackrel{e}{=} x : [\,]$
$l\#x \stackrel{e}{=} l +\!\!+ [x]$
$long\,([\,]) \stackrel{e}{=} 0$
$long\,(x : l) \stackrel{e}{=} 1 + long\,(l)$
$prim(x : l) \stackrel{e}{=} x$
$resto(x : l) \stackrel{e}{=} l$
$ult(x : [\,]) \stackrel{e}{=} x$
$ult(x : y : l) \stackrel{e}{=} ult(y : l)$
$eult(x : [\,]) \stackrel{e}{=} [\,]$
$eult(x : y : l) \stackrel{e}{=} x : eult(y : l)$
fespec

Figura 6.3. Especificación algebraica del tipo *lista*

En la Sección 7.1.3, figura 5.5, se presentó una especificación algebraica de las listas, construida considerando que la lista vacía [ ], la operación [_] que construye listas unitarias a partir de elementos y la operación _ ++ _ que concatena dos listas, eran las operaciones generadoras. En esta ocasión presentamos otra distinta, considerando que el conjunto (libre) de generadoras es {[ ], _ : _}, donde _ : _ es la operación de añadir por la izquierda un elemento a una lista. En este conjunto de generadoras se basa una definición recursiva de las listas bastante habitual:

Definición 6.1.

Una lista l es un conjunto de elementos del mismo tipo que

- O bien es vacío, en cuyo caso se denomina *lista vacía*, denotada [ ].
- O bien puede distinguirse un elemento x llamado *cabeza*, y el resto de los elementos constituyen un lista l', denominada *resto* de la lista original. Emplearemos la notación $l = x : l'$.

Hemos completado la especificación con dos operaciones (parciales) para consultar y eliminar los elementos de los extremos. Exigiremos una operación *eq* de igualdad al parámetro formal *elem*, que será útil en el enriquecimiento de la figura 6.4. La especificación básica puede verse en la figura 6.3.

Además de los accesos especificados en la figura 6.3, es frecuente acceder a un punto intermedio de una lista. Por ejemplo, a veces se desea recorrer un lista buscando un cierto elemento y, una vez hallado, suprimirlo, modificar su contenido o insertar un nuevo elemento inmediatamente detrás, o inmediatamente delante del mismo. Estas operaciones son fáciles de realizar accediendo directamente a la implementación de la lista que, como veremos en la sección 7.1.3, se basa casi siempre en punteros. Algunos autores permiten que las operaciones de localización devuelvan al usuario un puntero como resultado de la búsqueda. Las operaciones de inserción, supresión y modificación reciben como parámetro este puntero para indicar la posición de referencia que marca el punto de inserción o modificación.

Esta utilización de las listas es contraria a los principios de ocultamiento enunciados al comienzo del Capítulo 5. En virtud de ellos, el usuario del tipo $lista$ no debería manejar directamente los punteros a las celdas. Pero, si esta razón no fuese suficiente, hay otra más, relacionada con la seguridad: si una misma lista está siendo modificada en distintas partes del programa, es probable que los punteros conservados en las variables del usuario se vuelvan rápidamente obsoletos, apuntando a celdas que ya han sido devueltas al gestor de memoria dinámica o que, incluso, pueden formar parte de otras estructuras dinámicas del programa. Cualquier intento de usar esos

espec *ENRIQ_LISTAS*
usa *LISTAS*
operaciones
parcial $\_[\_] : lista\ \ natural \longrightarrow elem$ {elemento i-ésimo}
parcial $modif : lista\ \ natural\ \ elem \longrightarrow lista$ {modificar}
parcial $insert : lista\ \ natural\ \ elem \longrightarrow lista$ {insertar}
parcial $borrar : lista\ \ natural \longrightarrow lista$ {eliminar elemento}
$buscar : elem\ \ lista \longrightarrow natural$ {localiza un elemento}
operaciones auxiliares
$esta? : elem\ \ lista \longrightarrow bool$ {pertenencia a la lista}
var
$i : natural; x, y : elem; l : lista$
ecuaciones de definitud
$(1 \leq i \wedge i \leq long(l)) \stackrel{e}{=} T \Longrightarrow Def(l[i])$
$(1 \leq i \wedge i \leq long(l)) \stackrel{e}{=} T \Longrightarrow Def(modif(l, i))$
$(1 \leq i \wedge i \leq long(l)) \stackrel{e}{=} T \Longrightarrow Def(borrar(l, i))$
$(1 \leq i \wedge i \leq long(l) + 1) \stackrel{e}{=} T \Longrightarrow Def(insert(l, i, x))$
ecuaciones
$i \stackrel{e}{=} 1 \Longrightarrow (x : l)[i] \stackrel{e}{=} x$
$(i > 1) \stackrel{e}{=} T \Longrightarrow (x : l)[i] \stackrel{d}{=} l[i-1]$
$i \stackrel{e}{=} 1 \Longrightarrow insert(l, i, x) \stackrel{e}{=} x : l$
$(i > 1) \stackrel{e}{=} T \Longrightarrow insert(y : l, i, x) \stackrel{d}{=} y : insert(l, i-1, x)$
$i \stackrel{e}{=} 1 \Longrightarrow borrar(x : l, i) \stackrel{e}{=} l$
$(i > 1) \stackrel{e}{=} T \Longrightarrow borrar(x : l, i) \stackrel{d}{=} x : borrar(l, i-1)$
$modif(l, i, x) \stackrel{d}{=} insert(borrar(l, i), i, x)$
$esta?(x, l) \stackrel{e}{=} F \Longrightarrow buscar(x, l) \stackrel{e}{=} 0$
$eq(x, y) \stackrel{e}{=} T \Longrightarrow buscar(x, y : l) \stackrel{e}{=} 1$
$(esta?(x, l) \wedge \neg eq(x, y)) \stackrel{e}{=} T \Longrightarrow buscar(x, y : l) \stackrel{e}{=} 1 + buscar(x, l)$
$esta?(x, [\,]) \stackrel{e}{=} F$
$esta?(x, y : l) \stackrel{e}{=} eq(x, y) \vee esta?(x, l)$
fespec

Figura 6.4. Operaciones de enriquecimiento del tipo *lista* punteros como parámetro de alguna operación conducirá inevitablemente a un fallo del programa, fallo cuya causa será muy difícil de determinar.

La visión externa que proponemos para estas operaciones está basada en la utilización de un índice i de tipo $natural$. El usuario podrá consultar, modificar o suprimir el elemento i-ésimo de una lista l, siempre que suministre un índice i, $1 \leq i \leq long(l)$, como parámetro. Igualmente, podrá insertar un nuevo elemento, que ocupará la posición i-ésima de la lista, siempre que

$$1 \leq i \leq long(l) + 1$$

Obviamente, las operaciones de inserción y supresión renumeran los elementos a la derecha del punto de modificación. Es decir, se trata de ofrecer operaciones que recuerdan a las de los vectores, donde cada elemento se identifica unívocamente mediante su índice. Añadiremos una última operación $busca$ que, dado un elemento, lo busca en la lista y devuelve su índice. Si no existe, devuelve un cero. Para poder especificarla, añadimos una operación oculta $esta?$, que decide la pertenencia de un elemento a una lista: si está en la lista la operación devuelve *cierto*, y en caso contrario devuelve *falso*.

Aparentemente, la implementación de estas operaciones en una estructura enlazada requerirá un tiempo en $\Theta(long(l))$ en el caso peor, pues habrá de recorrerse la lista desde el principio, contando las celdas, para saber cuál es la que corresponde al elemento i-ésimo. Veremos, al hablar de la implementación, que este problema se puede obviar. Ahora nos concentraremos en precisar el efecto de las nuevas operaciones. La especificación que proponemos se recoge en la figura 6.4.

Obsérvese en ella que la operación *modif* se ha especificado como derivada de $insert$ y $borrar$, lo cual no tiene que ver con la forma en que ha de implementarse. La ecuación sólo indica que las listas obtenidas mediante ambos términos son idénticas.

6.2 ÁRBOLES

Los árboles son unas estructuras de datos que aparecen con mucha frecuencia en la programación. Son, por ejemplo, la base de los analizadores sintácticos de los lenguajes de programación, y de los sistemas complejos de organización de ficheros y bases de datos. Cualquier sistema *jerárquico* (p.e., la estructura de capítulos y secciones de este libro, o la estructura territorial del Estado, subdividido en comunidades autónomas, éstas en provincias, etc.), puede ser entendido en términos de un árbol. Matemáticamente, un árbol puede definirse como un grafo no orientado, conexo y acíclico en el que existe un vértice destacado llamado *raíz*. Sin embargo, será más apropiada para nuestros propósitos una definición recursiva.

Definición 6.2.

Un árbol n-ario, siendo $n \geq 1$, es un conjunto no vacío de elementos del mismo tipo tal que:

1. Existe un elemento distinguido llamado *raíz*.
2. El resto de los elementos se distribuyen en m subconjuntos disjuntos, siendo $0 \leq m \leq n$, cada uno de los cuales es un árbol n-ario, llamados *subárboles* del árbol original.

Cuando el orden de los subárboles importa, el árbol n-ario se dice *ordenado*. Abreviaremos árbol n-ario ordenado por *árbol ordenado*.

Utilizaremos la siguiente notación gráfica para representar un árbol ordenado de raíz x y subárboles $A_1, \ldots, A_m$:

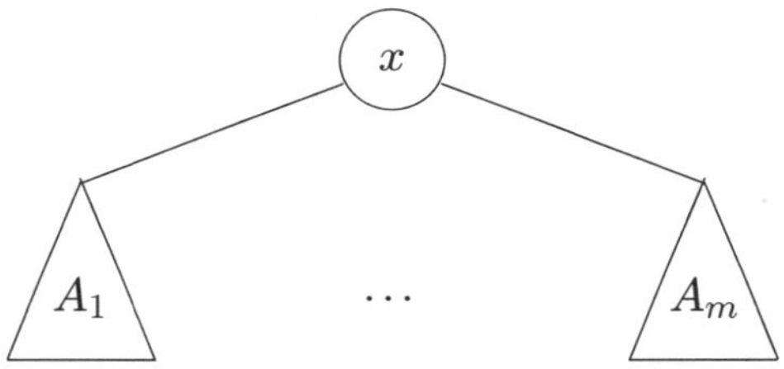

En otras ocasiones, representaremos todos los elementos del árbol mostrando, mediante aristas que los unen, las relaciones de jerarquía entre ellos. Así, el gráfico de la figura 6.5 representa un árbol 3-ario en el que los elementos son enteros.

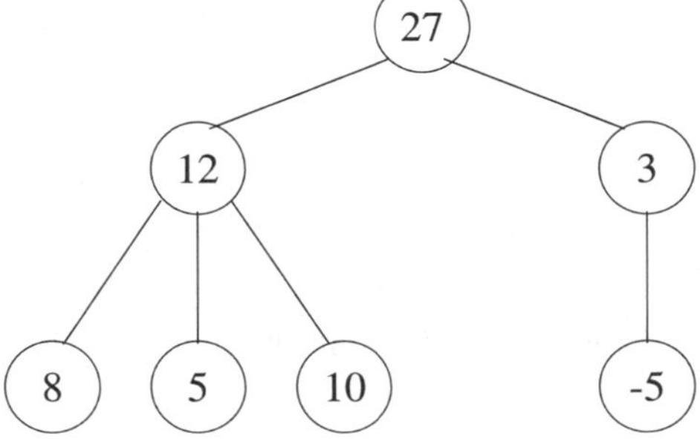

Figura 6.5. Ejemplo de árbol 3-ario

Otro concepto de árbol muy utilizado es el de *árbol binario*. Este concepto es *distinto* del de árbol ordenado 2-ario, y tiene una definición recursiva propia.

Definición 6.3.

Un *árbol binario* es un conjunto de elementos del mismo tipo tal que:

1. O bien es el conjunto vacío, en cuyo caso se denomina *árbol vacío*, denotado $\triangle$.
2. O bien no es vacío, en cuyo caso existe un elemento distinguido llamado *raíz*, y el resto de los elementos se distribuyen en dos subconjuntos disjuntos, cada uno de los cuales es un árbol binario, llamados respectivamente *subárboles izquierdo* y *derecho* del árbol original.

Para ilustrar las diferencias, en la figura 6.6 se muestran un árbol 2-ario y dos árboles binarios, los tres con los mismos elementos. El primero es incomparable con los otros

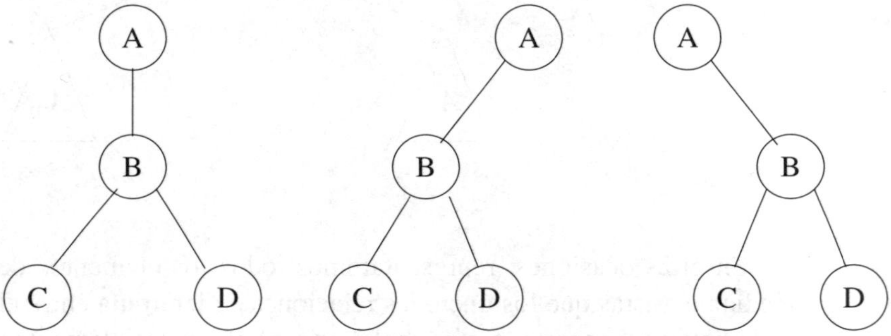

Figura 6.6. Árboles 2-arios y binarios

dos, pues pertenecen a tipos de datos diferentes. Los otros son dos árboles binarios distintos: el primero tiene como subárbol derecho un árbol vacío, mientras que en el segundo el que es vacío es el subárbol izquierdo.

Los árboles, tanto si son ordenados como si son binarios, utilizan una cierta terminología común, tomada en parte de los árboles vegetales, y en parte de los árboles genealógicos:

Hoja Árbol con un solo elemento. En el caso de árboles ordenados, es el árbol más sencillo. En los binarios, es un árbol compuesto de una raíz y dos subárboles vacíos.

Camino Secuencia $A_1, \ldots, A_s$ de árboles tal que, para todo $i \in \{1..s-1\}$, A_{i+1} es subárbol de A_i. El número de subárboles de la secuencia, menos uno, se denomina *longitud* del camino. Consideraremos que existe un camino de longitud cero de todo subárbol a sí mismo.

Ascendiente/Descendiente Diremos que el subárbol A_1 es ascendiente del subárbol A_2 (y que A_2 es descendiente de A_1), si existe un camino $A_1, \ldots, A_2$. Según la definición de camino, todo subárbol es ascendiente (y descendiente) de sí mismo. Los ascendientes (descendientes) de un árbol, excluido el propio árbol, se denominan ascendientes (descendientes) *propios*.

Padre Se denomina así al primer ascendiente propio, si existe, de un subárbol.

Hijos Son, si existen, los primeros descendientes propios de un árbol.

Hermanos Subárboles con el mismo padre.

Altura de un árbol Longitud del camino desde el árbol original hasta la hoja más lejana.

Profundidad de un subárbol Longitud del (único) camino desde el árbol original a dicho subárbol.

Nivel Conjunto de subárboles de igual profundidad. Así, en el nivel cero, sólo está el árbol original; en el nivel uno, sus hijos; en el nivel dos, sus *nietos*; etc.

Grado de un árbol Es el número máximo de hijos que pueden tener sus subárboles. Si el árbol es n-ario, el grado es n. Si es binario, el grado es 2.

Con esta terminología, podemos dar algunas definiciones que serán útiles más adelante.

Definición 6.4.

Diremos que un árbol es *homogéneo* cuando todos sus subárboles, excepto las hojas, tienen n hijos, siendo n el grado del árbol.

Definición 6.5.

Diremos que un árbol homogéneo es *completo* cuando todas sus hojas tienen la misma profundidad.

Definición 6.6.

Diremos que un árbol es *casi completo* cuando se puede obtener a partir de un árbol completo, eliminando cero o más hojas consecutivas del último nivel, comenzando por la más a la derecha.

Obviamente, todo árbol completo es casi completo. La figura 6.7 muestra un árbol homogéneo no completo, otro completo, y otro casi completo (que no es completo), todos ellos de grado 3.

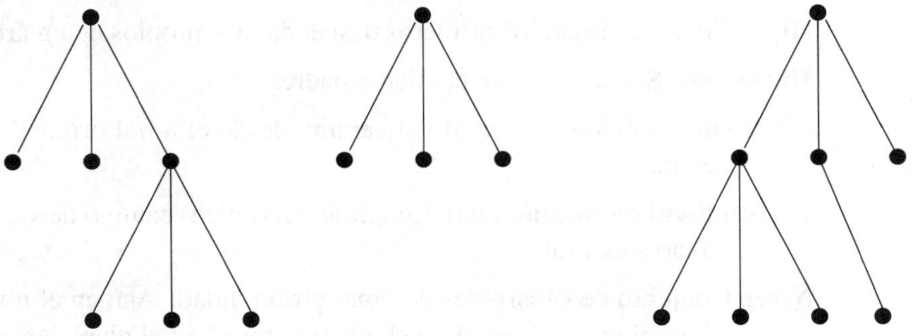

Figura 6.7. Árboles homogéneos y casi completos de grado 3

6.2.1 Árboles ordenados y binarios. Recorridos

Árboles ordenados

Vamos a especificar formalmente los árboles ordenados. Para ello, necesitamos el concepto auxiliar de *bosque*.

Definición 6.7.

Un *bosque ordenado* de grado n, siendo $n \geq 1$, es una secuencia $A_1, \ldots, A_m$, $0 \leq m \leq n$, de árboles ordenados n-arios. Cuando es $m = 0$, el bosque se denomina *vacío*.

Nótese que un bosque ordenado se convierte en árbol ordenado al agregar un elemento raíz y, a la inversa, suprimiendo la raíz de un árbol ordenado, obtenemos un bosque ordenado. Nótese también que al suprimir la raíz de una hoja se obtiene un bosque vacío.

Esta definición nos da la pauta para construir la especificación algebraica: tomaremos como única generadora libre una operación "enraizar", denotada $\_ \bullet \_$, que construye un árbol ordenado a partir de un elemento raíz y un bosque ordenado. Los bosques se construyen como listas de árboles a partir de un bosque vacío, denotado [ ], y una operación de añadir por la izquierda un árbol a un bosque, denotada $\_ : \_$, las cuales forman un conjunto libre de generadoras. La recursividad mutua entre árboles y bosques no causa particulares problemas, ya que existe el caso básico [ ] a partir del cual se pueden construir hojas; con éstas bosques de hojas; con éstos, árboles de altura 2; etc. La especificación resultante puede verse en la figura 6.8.

Esta especificación básica permite recorrer un árbol ordenado y conocer los elementos almacenados en las raíces de sus subárboles. La operación num_hijos se ha incluido para que el usuario del tipo pueda llamar a la operación *subarbol* con garantías de que existe el subárbol solicitado. La condición de que un cierto subárbol a sea una hoja es, simplemente, $num\_hijos(a) = 0$.

La especificación se puede enriquecer con cuantas operaciones se consideren oportunas. Por ejemplo, si deseamos conocer la altura de un árbol, se podría construir la especificación de la figura 6.9. De nuevo, se presenta una recursividad mutua (sin consecuencias negativas) entre la especificación de la altura de un bosque y la de la altura de un árbol.

Unas operaciones muy utilizadas con árboles son las de recorrido según ciertas estrategias. Un recorrido consiste en "visitar" todos los elementos del árbol exactamente una vez. El significado de la acción *visitar* es irrelevante en lo que respecta al recorrido. Puede consistir simplemente en listar el elemento, en aplicarle una cierta operación, o en cualquier otro tratamiento. Hay dos recorridos característicos para árboles ordenados:

preorden: se visita en primer lugar la raíz del árbol y, a continuación, se recorren en preorden todos los subárboles de izquierda a derecha

postorden: se recorren en postorden los subárboles de izquierda a derecha y, por último, se visita la raíz

Para el árbol ordenado de la figura 6.6 la secuencia de visitas en preorden es A, B, C, D, y la secuencia en postorden, C, D, B, A.

La especificación formal de estos recorridos se hará considerando que cada uno de ellos es una operación que devuelve una lista con los elementos del árbol en el orden en que han de ser visitados. De nuevo, necesitamos definir a la vez los correspondientes recorridos para bosques. Este enriquecimiento puede verse en la figura 6.10.

espec *ARBOLES_ORDENADOS*
parametro formal
generos *elem*
fparametro
generos *arbol, bosque*
operaciones
$[\,] : \longrightarrow bosque$
$\_ : \_ : \ arbol\ bosque \longrightarrow bosque$
$long : bosque \longrightarrow natural$
parcial $\_[\_] : bosque\ \ natural \longrightarrow arbol$
$\_ \bullet \_ : elem\ \ bosque \longrightarrow arbol$
$raiz : arbol \longrightarrow elem$
$bosque : arbol \longrightarrow bosque$
parcial $subarbol : arbol\ \ natural \longrightarrow arbol$
$num\_hijos : arbol \longrightarrow natural$
var
$i : natural; x : elem; b : bosque; a : arbol$
ecuaciones de definitud
$(1 \leq i \wedge i \leq long(b)) \stackrel{e}{=} T \Longrightarrow Def(b[i])$
$(1 \leq i \wedge i \leq long(b)) \stackrel{e}{=} T \Longrightarrow Def(subarbol(x \bullet b, i))$
ecuaciones
$long\,([\,]) \stackrel{e}{=} 0$
$long\,(a : b) \stackrel{e}{=} long\,(b) + 1$
$i \stackrel{e}{=} 1 \Longrightarrow (a : b)[i] \stackrel{e}{=} a$
$(1 < i \wedge i \leq long(b) + 1) \stackrel{e}{=} T \Longrightarrow (a : b)[i] \stackrel{e}{=} b[i-1]$
$raiz(x \bullet b) \stackrel{e}{=} x$
$bosque(x \bullet b) \stackrel{e}{=} b$
$subarbol(x \bullet b, i) \stackrel{d}{=} b[i]$
$num\_hijos(x \bullet b) \stackrel{e}{=} long(b)$
fespec

Figura 6.8. Especificación algebraica de árboles y bosques ordenados

Árboles binarios

La especificación algebraica del tipo *árbol binario* está recogida en la figura 6.11. Hemos incluido en ella la operación (parcial) *altura* correspondiente a árboles binarios.

espec *ENRIQ1_ARBOLES*
usa *ARBOLES_ORDENADOS*
operaciones
$hoja? : arbol \longrightarrow bool$
$altbosque : bosque \longrightarrow natural$
$altarbol : arbol \longrightarrow natural$
var
$i : natural; x : elem; b : bosque; a : arbol$
ecuaciones
$hoja?(a) \stackrel{e}{=} (num\_hijos(a) = 0)$
$altbosque([\,]) \stackrel{e}{=} 0$
$altbosque(a : b) \stackrel{e}{=} max(altarbol(a), altbosque(b))$
$hoja?(a) \stackrel{e}{=} T \Longrightarrow altarbol(a) \stackrel{e}{=} 0$
$hoja?(a) \stackrel{e}{=} F \Longrightarrow altarbol(a) \stackrel{e}{=} altbosque(bosque(a)) + 1$
fespec

Figura 6.9. Especificación algebraica de la altura de un árbol ordenado

espec *ENRIQ2_ARBOLES*
usa *ARBOLES_ORDENADOS, LISTAS*
operaciones
$prebosque, postbosque : bosque \longrightarrow lista$
$preorden, postorden : arbol \longrightarrow lista$
var
$x : elem; b : bosque; a : arbol$
ecuaciones
$prebosque([\,]) \stackrel{e}{=} [\,]$
$prebosque(a : b) \stackrel{e}{=} preorden(a) \; +\!\!+ \; prebosque(b)$
$preorden(x \bullet b) \stackrel{e}{=} x : prebosque(b)$
$postbosque([\,]) \stackrel{e}{=} [\,]$
$postbosque(a : b) \stackrel{e}{=} postorden(a) \; +\!\!+ \; postbosque(b)$
$postorden(x \bullet b) \stackrel{e}{=} postbosque(b) \# x$
fespec

Figura 6.10. Especificación de los recorridos de un árbol ordenado

espec *ARBOLES_BINARIOS*
  parametro formal
    generos $elem$
  fparametro
  generos $arbin$
  operaciones
    $\triangle : \longrightarrow arbin$
    $\_ \bullet \_ \bullet \_ : arbin\ elem\ arbin \longrightarrow arbin$
    parcial $raiz : arbin \longrightarrow elem$
    parcial $izq, der : arbin \longrightarrow arbin$
    $vacio? : arbin \longrightarrow bool$
    parcial $altura : arbin \longrightarrow natural$
  var
    $i, d : arbin; x : elem$
  ecuaciones de definitud
    $Def(raiz(i \bullet x \bullet d))$
    $Def(izq(i \bullet x \bullet d))$
    $Def(der(i \bullet x \bullet d))$
    $Def(altura(i \bullet x \bullet d))$
  ecuaciones
    $raiz(i \bullet x \bullet d) \stackrel{e}{=} x$
    $izq(i \bullet x \bullet d) \stackrel{e}{=} i$
    $der(i \bullet x \bullet d) \stackrel{e}{=} d$
    $vacio?(\triangle) \stackrel{e}{=} T$
    $vacio?(i \bullet x \bullet d) \stackrel{e}{=} F$
    $altura(\triangle \bullet x \bullet \triangle) \stackrel{e}{=} 0$
    $vacio?(d) \stackrel{e}{=} F \Longrightarrow altura(\triangle \bullet x \bullet d) \stackrel{e}{=} altura(d) + 1$
    $vacio?(i) \stackrel{e}{=} F \Longrightarrow altura(i \bullet x \bullet \triangle) \stackrel{e}{=} altura(i) + 1$
    $(\neg vacio?(i) \wedge \neg vacio?(d)) \stackrel{e}{=} T \Longrightarrow$
      $altura(i \bullet x \bullet d) \stackrel{e}{=} max(altura(i), altura(d)) + 1$
fespec

Figura 6.11. Especificación algebraica del tipo árbol binario

Hay algunas diferencias con respecto a la especificación de árboles ordenados.

- Desaparece la necesidad del tipo auxiliar *bosque*. Un árbol binario tiene siempre dos hijos, si bien uno de ellos, o ambos, pueden ser el árbol vacío $\triangle$.

- Las operaciones generadoras son ahora dos: $\triangle$, que genera el árbol vacío, y "enraizar", denotada $\_\bullet\_\bullet\_$, que construye un árbol binario a partir de dos árboles binarios, a los que asigna el papel de subárboles izquierdo y derecho respectivamente, y un elemento, que sitúa en la raíz. Forman un conjunto libre de generadoras.
- Las operaciones inversas de $\_\bullet\_\bullet\_$, es decir, las operaciones que descomponen un árbol binario en sus tres componentes (raíz, hijo izquierdo e hijo derecho), son ahora parciales, ya que no están definidas cuando el árbol es vacío.

La especificación tiene un aspecto muy parecido a la del tipo $pila$ (véase la figura 6.1), si hacemos la siguiente correspondencia entre las operaciones de ambos tipos de datos:

pila	arbin
$pvacia$	$\triangle$
$apilar$	$\_\bullet\_\bullet\_$
$cima$	$raiz$
$desapilar$	izq, der
$vacia?$	$vacio?$

La correspondencia no es casual ya que, por un lado, las pilas podrían ser definidas como árboles *monarios*, haciendo los correspondientes cambios de nombre de los conceptos definidos para árboles binarios y, por otro, las pilas aparecen casi inevitablemente en los algoritmos iterativos que tienen relación con árboles.

Los recorridos de árboles binarios se definen de modo semejante a como se han definido para árboles ordenados. En este caso tiene interés, además, un tercer tipo de recorrido denominado orden simétrico o *inorden*, consistente en visitar la raíz después de recorrer en inorden el hijo izquierdo y antes de recorrer en inorden el hijo derecho. La especificación algebraica de los tres recorridos se recoge en la figura 6.12. Aplicando estas definiciones a los dos árboles binarios de la figura 6.6 se obtiene la siguiente tabla:

recorrido	árbol 1	árbol 2
$preorden$	A,B,C,D	A,B,C,D
$inorden$	C,B,D,A	A,C,B,D
$postorden$	C,D,B,A	C,D,B,A

Ejercicio 6.2.

Especificar algebraicamente un recorrido *inorden* para árboles ordenados, consistente en visitar la raíz después de recorrer en inorden el hijo primogénito, y antes de recorrer en inorden el bosque que forman el resto de los hermanos. ■

espec *ENRIQ_ARBOLES_BINARIOS*
usa *ARBOLES_BINARIOS, LISTAS*
operaciones
$preorden, inorden, postorden : arbin \longrightarrow lista$
var
$x : elem; i, d : arbin$
ecuaciones
$preorden(\triangle) \stackrel{e}{=} [\,]$
$preorden(i \bullet x \bullet d) \stackrel{e}{=} x : preorden(i) +\!\!+ preorden(d)$
$inorden(\triangle) \stackrel{e}{=} [\,]$
$inorden(i \bullet x \bullet d) \stackrel{e}{=} inorden(i) +\!\!+ [x] +\!\!+ inorden(d)$
$postorden(\triangle) \stackrel{e}{=} [\,]$
$postorden(i \bullet x \bullet d) \stackrel{e}{=} (postorden(i) +\!\!+ postorden(d)) \# x$
fespec

Figura 6.12. Especificación de los recorridos de un árbol binario

6.2.2 Árboles de búsqueda

Los árboles de búsqueda son un tipo particular de árboles binarios, que pueden definirse cuando el tipo de los elementos del árbol posee una relación $\leq$ de orden total. Tienen la propiedad de que todos los elementos almacenados en el subárbol izquierdo son menores o iguales que el elemento raíz, y éste es menor que todos los elementos del subárbol derecho. Además, ambos subárboles son árboles de búsqueda. En algunas variantes no se admite la existencia de elementos repetidos, en cuyo caso todos los elementos a la izquierda de la raíz serían menores estrictos que ésta.

Las operaciones típicas sobre un árbol de búsqueda son dos: insertar un nuevo elemento, y preguntar si un cierto elemento está en el mismo. La especificación algebraica de estas dos operaciones puede verse en la figura 6.13.

Se puede observar una estrategia *divide y vencerás* en el comportamiento de tales operaciones: si el elemento buscado o a insertar es mayor que la raíz, se puede desechar el subárbol izquierdo y proseguir la búsqueda, o la inserción, en el subárbol derecho.

Se sigue una estrategia similar si el elemento es menor que la raíz. De hecho, las implementaciones recursivas de estas operaciones —ver la Sección 7.2.2— responden a esta idea, por lo que, si el árbol está equilibrado, cabe esperar para las mismas un coste en $\Theta(\log n)$ siendo n el número de elementos del árbol.

espec *ARBOLES_BUSQUEDA*
  usa *ARBOLES_BINARIOS*
  parametro formal
    generos $elem$
    operaciones
      $\_ \leq \_, \_ < \_, \_ > \_ : elem\ \ elem \longrightarrow bool$
      $\_ = \_ : elem\ \ elem \longrightarrow bool$
    var
      $x, y : elem$
    ecuaciones
      $\ldots \leq$ relacion de orden total...
      $\ldots x = y$ equivale a $x \leq y \wedge y \leq x \ldots$
      $\ldots >$ y $<$ se definen a partir de $\leq$ y $= \ldots$
  fparametro
  operaciones
    $insert : arbin\ \ elem \longrightarrow arbin$
    $esta? : arbin\ \ elem \longrightarrow bool$
  var
    $x, y : elem; iz, de : arbin$
  ecuaciones
    $insert(\triangle, x) \stackrel{e}{=} \triangle \bullet x \bullet \triangle$
    $(y \leq x) \stackrel{e}{=} T \Longrightarrow insert(iz \bullet x \bullet de, y) \stackrel{e}{=} insert(iz, y) \bullet x \bullet de$
    $(y \leq x) \stackrel{e}{=} F \Longrightarrow insert(iz \bullet x \bullet de, y) \stackrel{e}{=} iz \bullet x \bullet insert(de, y)$
    $esta?(\triangle, x) \stackrel{e}{=} F$
    $(y < x) \stackrel{e}{=} T \Longrightarrow esta?(iz \bullet x \bullet de, y) \stackrel{e}{=} esta?(iz, y)$
    $(y = x) \stackrel{e}{=} T \Longrightarrow esta?(iz \bullet x \bullet de, y) \stackrel{e}{=} T$
    $(y > x) \stackrel{e}{=} T \Longrightarrow esta?(iz \bullet x \bullet de, y) \stackrel{e}{=} esta?(de, y)$
fespec

Figura 6.13. Especificación algebraica de los árboles de búsqueda

Llamamos la atención sobre el hecho de que, para mantener la propiedad de ordenación que caracteriza a los árboles de búsqueda, el usuario del tipo ha de ceñirse a utilizar las operaciones $\triangle$ e $insert$ en vez de la generadora habitual de los árboles binarios, $\_ \bullet \_ \bullet \_$. Si utilizara esta última operación directamente, podría construir árboles binarios que no son de búsqueda. Desde este punto de vista, $\_ \bullet \_ \bullet \_$ ha de ser considerada una operación auxiliar.

A veces es útil incorporar una operación de borrado a los árboles de búsqueda. Cuando el elemento se encuentra en un nodo intermedio del árbol, hay que buscar una nueva raíz que sustituya al elemento suprimido y que respete la propiedad de ordenación del árbol. Podemos tomar como nueva raíz el menor de los elementos del subárbol derecho —igualmente se podría escoger el mayor elemento del subárbol izquierdo—. La especificación resultante puede verse en la figura 6.14. En la Sección 7.2.2 se presenta una implementación recursiva de *borrar* que sigue esta estrategia. Si el árbol está equilibrado, el coste de la operación está en $\Theta(\log n)$ ya que, en esencia, recorre la altura del árbol.

6.2.3 Colas de prioridad y montículos

El tipo de datos *cola de prioridad* aparece con frecuencia en la programación, en particular en el diseño de sistemas operativos. Su comportamiento es el siguiente: al igual que en una cola FIFO, existe una operación *insert* que incorpora nuevos elementos a la cola y operaciones que consultan y eliminan el primer elemento de la misma. Pero, a diferencia de las colas FIFO, aquí los elementos son recuperados en orden de prioridad, es decir, el primer elemento en salir es el de mayor prioridad. Normalmente se toma como prioridad el valor del elemento y se admite que cuanto menor es el valor tanto más alta es la prioridad. En definitiva, los elementos se recuperan de menor a mayor y la cola se llama *de mínimos*. En consecuencia, a la operación que accede al primer elemento la llamaramos *min*, y a la que lo suprime de la cola, *elim_min*. Si se cambia el convenio y los elementos se recuperan en orden decreciente, la cola se llamaría de máximos, y las respectivas operaciones, *max* y *elim_max*.

En la figura 6.15 damos la especificación algebraica de las colas de prioridad. Observada atentamente, es fácil convencerse de que su modelo inicial corresponde a la idea matemática de *multiconjunto* o *bolsa*[3] de elementos, con la propiedad adicional de que existe una relación de orden en los elementos que permite preguntar por el mínimo de ellos. Nótese que, para especificar las operaciones min y $elim\_min$ cuando hay dos o más elementos en la cola, sólo consideramos el caso $x \leq y$. El simétrico, es decir $x \geq y$, se obtiene aplicando previamente la primera ecuación de la especificación, que establece que la inserción de elementos es conmutativa.

Incluimos esta estructura en la sección dedicada a los árboles porque la implementación eficiente de una cola de prioridad requiere un tipo de datos denominado *montículo*[4] que es un tipo particular de árbol binario. No obstante lo cual, la visión que un usuario tiene de un montículo es la de una cola de prioridad, es decir, la de un

[3]En inglés, respectivamente, *multiset* y *bag*.
[4]En inglés, *heap*.

espec *ENRIQ_ARBOLES_BUSQUEDA*
  usa *ARBOLES_BUSQUEDA*
  operaciones
    $borrar : arbin\ elem \longrightarrow arbin$
  operaciones auxiliares
    parcial $min : arbin \longrightarrow elem$
  var
    $x, y : elem; a, iz, de : arbin$
  ecuaciones de definitud
    $vacio?(a) \stackrel{e}{=} F \Longrightarrow Def(min(a))$
  ecuaciones
    $borrar(\triangle, x) \stackrel{e}{=} \triangle$
    $(y < x) \stackrel{e}{=} T \Longrightarrow borrar(iz \bullet x \bullet de, y) \stackrel{e}{=} borrar(iz, y) \bullet x \bullet de$
    $(y > x) \stackrel{e}{=} T \Longrightarrow borrar(iz \bullet x \bullet de, y) \stackrel{e}{=} iz \bullet x \bullet borrar(de, y)$
    $((y = x) \wedge vacio?(de)) \stackrel{e}{=} T \Longrightarrow borrar(iz \bullet x \bullet de, y) \stackrel{e}{=} iz$
    $((y = x) \wedge \neg vacio?(de)) \stackrel{e}{=} T \Longrightarrow$
      $borrar(iz \bullet x \bullet de, y) \stackrel{e}{=} iz \bullet min(de) \bullet borrar(de, min(de))$
    $vacio?(iz) \stackrel{e}{=} T \Longrightarrow min(iz \bullet x \bullet de) \stackrel{e}{=} x$
    $vacio?(iz) \stackrel{e}{=} F \Longrightarrow min(iz \bullet x \bullet de) \stackrel{e}{=} min(iz)$
fespec

Figura 6.14. Especificación algebraica de la operación *borrar*

tipo de datos que le permite añadir elementos en cualquier orden y recuperarlos en orden creciente.

Al igual que los árboles de búsqueda, los montículos requieren una relación $\leq$ de orden total en el tipo de los elementos del árbol. En el caso de los montículos, se exigen las dos propiedades siguientes:

1. El árbol ha de ser casi completo (véase la definición 6.6).
2. El elemento raíz ha de ser menor o igual que el resto de los elementos del árbol. Además, los subárboles izquierdo y derecho deben ser montículos.

El montículo así definido se denomina *de mínimos*, porque en su raíz se halla el mínimo del conjunto de elementos. Cambiando, en la definición, la expresión “menor o igual” por “mayor o igual”, se obtendría un *montículo de máximos*.

espec *COLAS_DE_PRIORIDAD*
  parametro formal
    generos *elem*
    operaciones
      $\_ \leq \_,\ \_ < \_,\ \_ > \_ : elem\ \ elem \longrightarrow bool$
      $\_ = \_ : elem\ \ elem \longrightarrow bool$
    var
      $x, y : elem$
    ecuaciones
      $\ldots \leq$ relacion de orden total...
      $\ldots x = y$ equivale a $x \leq y \wedge y \leq x \ldots$
      $\ldots >$ y $<$ se definen a partir de $\leq$ y $= \ldots$
  fparametro
  generos *colap*
  operaciones
    $cvacia : \longrightarrow colap$
    $insert : colap\ \ elem \longrightarrow colap$
    parcial $min : colap \longrightarrow elem$
    parcial $elim\_min : colap \longrightarrow colap$
    $vacia? : colap \longrightarrow bool$
  var
    $c : colap; x, y : elem$
  ecuaciones de definitud
    $vacia?(c) \stackrel{e}{=} F \Longrightarrow Def(min(c))$
    $vacia?(c) \stackrel{e}{=} F \Longrightarrow Def(elim\_min(c))$
  ecuaciones
    $insert(insert(c, x), y) \stackrel{e}{=} insert(insert(c, y), x)$
    $min(insert(cvacia, x)) \stackrel{e}{=} x$
    $(x \leq y) \stackrel{e}{=} T \Longrightarrow min(insert(insert(c, x), y)) \stackrel{e}{=} min(insert(c, x))$
    $elim\_min(insert(cvacia, x)) \stackrel{e}{=} cvacia$
    $(x \leq y) \stackrel{e}{=} T \Longrightarrow elim\_min(insert(insert(c, x), y))$
      $\stackrel{e}{=} insert(elim\_min(insert(c, x)), y)$
    $vacia?(cvacia) \stackrel{e}{=} T$
    $vacia?(insert(c, x)) \stackrel{e}{=} F$
fespec

Figura 6.15. Especificación algebraica del tipo *cola de prioridad*

Al igual que sucede en los árboles de búsqueda, no se pretende que el usuario del tipo utilice directamente la operación generadora de árboles binarios $\_\bullet\_\bullet\_$, ya que su uso podría dar lugar a árboles que no son montículos. Los usuarios del tipo manipulan montículos mediante el uso exclusivo de las tres operaciones mencionadas: *insert, min* y *elim_min*.

Como se verá en la Sección 7.2.3 la inserción y borrado de un elemento, restaurando en cada caso la propiedad de montículo, pueden hacerse con un coste en $\Theta(\log n)$. Ambas operaciones recorren, en el caso peor, una altura del árbol binario. La operación *min* tiene obviamente un coste constante ya que simplemente accede a la raíz del árbol.

Ejercicio 6.3.

Especificar algebraicamente la operación $casi\_completo$ que nos indica si un árbol binario es o no casi completo. ■

Ejercicio 6.4.

Utilizando la operación $casi\_completo$ del ejercicio 6.3, especificar algebraicamente la operación mon que nos indica si un árbol binario es o no un montículo. ■

6.3 TABLAS Y CONJUNTOS

El tipo de datos *tabla* puede ser definido como una colección de pares $\langle k, v\rangle$. El primer miembro k de cada par se denomina *clave* y el segundo, v, se denomina *valor asociado* a la clave k. Cada clave sólo puede tener asociado un valor, aunque distintas claves podrían tener asociado el mismo valor. Diremos que las tablas son *estructuras funcionales* de datos, dado que representan una función

$$t : \mathcal{D}_{claves} \longrightarrow \mathcal{D}_{valores}$$

del dominio de las claves en el de los valores. Dicha función es normalmente *parcial*, es decir, existirán claves que no tengan asociado ningún valor. En ocasiones, puede interesar considerar que la función es total y que dichas claves tienen asociado el valor “indefinido”.

Las tablas aparecen constantemente en la programación. Ejemplos típicos son las tablas de símbolos de los compiladores, o los directorios de ficheros de un sistema operativo. Las claves serían los identificadores del programa en compilación, o los nombres de los ficheros, y los valores asociados, los atributos de dichos identificadores o ficheros.

Si no existen valores asociados, es decir, si lo único que interesa es saber si una cierta clave está presente o no en la tabla, hablaremos de *conjuntos* de claves. En ese caso, la función representada por la tabla sería, simplemente,

$$t : \mathcal{D}_{claves} \longrightarrow Bool$$

que puede entenderse como la *función característica* del conjunto. Las técnicas para implementar tablas y conjuntos tienen mucho en común, si bien a veces se requieren para el tipo de datos *conjunto* operaciones como la unión, intersección, diferencia, etc. que no tienen demasiado sentido para tablas. En adelante hablaremos sólo de tablas, dejando de lado esas operaciones especializadas de los conjuntos.

Las dos operaciones básicas para tablas son la inserción de un nuevo par $\langle k, v\rangle$, y la obtención del valor v asociado a una clave k. Normalmente la tabla comienza vacía, y se van agregando los pares de uno en uno. Si se suministra un par $\langle k, v\rangle$ tal que ya existe un par $\langle k', v'\rangle$ en la tabla con $k' = k$, ello no se suele considerar un error, sino más bien que se desea redefinir el valor asociado a k. El nuevo valor asociado pasa a ser v' y se "olvida" el valor anterior v. Por esta razón, definiremos una sola operación de inserción, que denotaremos *modif*, y la entenderemos con un significado doble:

$$\begin{cases} \text{añadir un nuevo par } \langle k, v\rangle & \text{, si } k \text{ no existe en la tabla} \\ \text{redefinir el valor asociado a } k & \text{, si } k \text{ ya existía en la tabla} \end{cases}$$

La operación $valor$, dada una clave k, devuelve el valor v asociado a k. La especificaremos como una operación parcial que no está definida cuando no existe valor alguno asociado a dicha clave. Para especificar su dominio de definición incluiremos una operación booleana $esta?$, totalmente definida, que devuelve *cierto* o *falso* según la clave esté o no presente en la tabla. En las implementaciones prácticas, ambas operaciones se combinan en una sola que devuelve un par $\langle b, v\rangle$: si $b = cierto$, en v se devuelve el valor asociado; si $b = falso$, el valor de v carece de significado.

A veces, es necesaria una operación $borrar$ que, dada una clave k, elimina de la tabla el par $\langle k, v\rangle$, supuesto que éste existiera. La presencia de $borrar$ complica notablemente, como veremos, las posibles implementaciones, si se pretende que esta operación tenga la misma eficiencia que las otras.

En la figura 6.16 se muestra la especificación algebraica del tipo *tabla* siguiendo las ideas intuitivas expuestas hasta aquí. Nótese que se han tomado como generadoras el par $\{tvacia, modif\}$, que no forman un conjunto libre. Nótese también la similitud de esta especificación con la del tipo de datos *vector* presentada en la figura 5.15. La operación *asig* allí, puede asimilarse a *modif* aquí, la operación *val* a *valor*, y la operación *existe* a *esta?*. La similitud no es casual ya que un vector puede considerarse el caso particular de tabla en la que el tipo de datos de las claves es un subrango de los enteros.

espec *TABLA*
parametro formal
generos $clave, valor$
operaciones
$\_ = \_ : clave\ \ clave \longrightarrow bool$
ecuaciones
$\ldots \_ = \_$ es una relacion de igualdad...
fparametro
generos $tabla$
operaciones
$tvacia : \longrightarrow tabla$
$modif : tabla\ \ clave\ \ valor \longrightarrow tabla$
$esta? : tabla\ \ clave \longrightarrow bool$
parcial $valor : tabla\ \ clave \longrightarrow valor$
$borrar : tabla\ \ clave \longrightarrow tabla$
var
$k, k_1, k_2 : clave; v, v_1, v_2 : valor; t : tabla$
ecuaciones de definitud
$esta?(t,k) \stackrel{e}{=} T \Longrightarrow Def(valor(t,k))$
ecuaciones
$(k_1 = k_2) \stackrel{e}{=} T \Longrightarrow modif(modif(t,k_1,v_1),k_2,v_2) \stackrel{e}{=} modif(t,k_2,v_2)$
$(k_1 = k_2) \stackrel{e}{=} F \Longrightarrow modif(modif(t,k_1,v_1),k_2,v_2) \stackrel{e}{=} modif(modif(t,k_2,v_2),k_1,v_1)$
$esta?(tvacia,k) \stackrel{e}{=} F$
$esta?(modif(t,k_1,v),k_2) \stackrel{e}{=} (k_1 = k_2) \vee esta?(t,k_2)$
$(k_1 = k_2) \stackrel{e}{=} T \Longrightarrow valor(modif(t,k_1,v),k_2) \stackrel{e}{=} v$
$(k_1 = k_2) \stackrel{e}{=} F \Longrightarrow valor(modif(t,k_1,v),k_2) \stackrel{d}{=} valor(t,k_2)$
$borrar(tvacia,k) \stackrel{e}{=} tvacia$
$(k_1 = k_2) \stackrel{e}{=} T \Longrightarrow borrar(modif(t,k_1,v),k_2) \stackrel{e}{=} borrar(t,k_2)$
$(k_1 = k_2) \stackrel{e}{=} F \Longrightarrow borrar(modif(t,k_1,v),k_2) \stackrel{e}{=} modif(borrar(t,k_2),k_1,v)$
fespec

Figura 6.16. Especificación algebraica del tipo *tabla*

6.4 GRAFOS

Los grafos son las estructuras de datos más generales posibles. Algunas de las estructuras presentadas en este capítulo (p.e. las listas y los árboles), pueden considerarse casos particulares de grafos. Se utilizan para representar relaciones arbitrarias entre objetos. Un grafo puede definirse como un par $\langle V, A \rangle$, donde V es un conjunto de vértices y A un conjunto de aristas entre ellos. Una arista es un par (u, v), con $u, v \in V$.

Si se considera que dichos pares están ordenados, el grafo se denomina *dirigido*. Cada arista (u, v) tiene una orientación: u es su vértice *origen* y v su vértice *destino*; además, diremos que v es *adyacente* a u. En caso contrario, el grafo se dice *no dirigido*: si $(u, v) \in A$ es una arista, entonces $(v, u) \in A$ y $(v, u) = (u, v)$. Diremos que v es adyacente a u y que u es adyacente a v, o que ambos son adyacentes entre sí. En un grafo no dirigido no suelen permitirse aristas de la forma (u, u).

En ocasiones, es útil incluir una *etiqueta* asociada a cada arista. Diremos entonces que el grafo está *etiquetado*. Por ejemplo, se puede representar un autómata mediante un grafo dirigido etiquetado en el que los vértices representan estados, las aristas transiciones entre estados, y las etiquetas eventos asociados a las transiciones. A veces, la etiqueta es un valor numérico que representa el *valor* o *peso* de la arista en cuestión.

Existen numerosos algoritmos sobre grafos que requieren pesos en las aristas. El objetivo de estos algoritmos suele ser optimizar una cierta función de coste relacionada con estos pesos.

En la figura 6.17 presentamos una especificación básica para grafos dirigidos. Consideramos que el grafo se construye incrementalmente incorporando los vértices y las aristas de uno en uno. La operación que añade una arista, denotada aa, no está definida si previamente no están en el grafo los vértices afectados. Nótese el uso de la igualdad débil, $\stackrel{\text{d}}{=}$, siempre que aparecen términos en los que está involucrada la operación aa.

La especificación se convierte muy fácilmente en la de un grafo no dirigido sin más que añadir la ecuación:

$$aa(g, v_1, v_2) \stackrel{\text{d}}{=} aa(g, v_2, v_1)$$

Sobre esta especificación básica se pueden añadir operaciones de mayor nivel. Por ejemplo, suele ser útil una operación *vady* que, dado un vértice, nos de el conjunto de sus vértices adyacentes. La especificación de la misma para grafos dirigidos, puede verse en la figura 6.18. Utiliza la especificación de los conjuntos definida en la figura 5.12. Para simplificar, se ha especificado como operación total. Si el vértice no perteneciera al grafo, devolvería el conjunto vacío.

espec *GRAFO_DIRIGIDO*
parametro formal
generos *vertice*
operaciones
$\_ = \_ : vertice\ \ vertice \longrightarrow bool$
ecuaciones
$\ldots \_ = \_$ es relacion de igualdad...
fparametro
generos *grafo*
operaciones
$gvacio : \longrightarrow grafo$
$av : grafo\ \ vertice \longrightarrow grafo$ {Añadir vertice}
parcial $aa : grafo\ \ vertice\ \ vertice \longrightarrow grafo$
$\_ \in \_ : vertice\ \ grafo \longrightarrow bool$
$(\_,\_) \in \_ : vertice\ \ vertice\ \ grafo \longrightarrow bool$
var
$v, v_1, v_2, v_3, v_4 : vertice; g : grafo$
ecuaciones de definitud
$(v_1 \in g \wedge v_2 \in g) \stackrel{e}{=} T \Longrightarrow Def(aa(g, v_1, v_2))$
ecuaciones
$av(av(g, v), v) \stackrel{e}{=} av(g, v)$
$av(av(g, v_1), v_2) \stackrel{e}{=} av(av(g, v_2), v_1)$
$aa(av(g, v_1), v_2, v_3) \stackrel{d}{=} av(aa(g, v_2, v_3), v_1)$
$aa(aa(g, v_1, v_2), v_1, v_2) \stackrel{d}{=} aa(g, v_1, v_2)$
$(v_1 = v_3 \wedge v_2 = v_4) \stackrel{e}{=} F \Longrightarrow$
$aa(aa(g, v_1, v_2), v_3, v_4) \stackrel{d}{=} aa(aa(g, v_3, v_4), v_1, v_2)$
$v \in gvacio \stackrel{e}{=} F$
$v_1 \in av(g, v_2) \stackrel{e}{=} (v_1 = v_2) \vee v_1 \in g$
$v_1 \in aa(g, v_2, v_3) \stackrel{d}{=} v_1 \in g$
$(v_1, v_2) \in gvacio \stackrel{e}{=} F$
$(v_1, v_2) \in av(g, v_3) \stackrel{e}{=} (v_1, v_2) \in g$
$(v_1, v_2) \in aa(g, v_3, v_4) \stackrel{d}{=} (v_1 = v_3 \wedge v_2 = v_4) \vee (v_1, v_2) \in g$
fespec

Figura 6.17. Especificación algebraica del tipo *grafo dirigido*

Ejercicio 6.5.

Enriquecer la especificación de la figura 6.17 con dos operaciones *nv* y *na* que devuelvan respectivamente el número de vértices y el número de aristas de un grafo. ■

espec *ENRIQ_GRAFO_DIRIGIDO*
  usa *CONJUNTOS,GRAFO_DIRIGIDO*
  operaciones
    $vady : grafo\ \ vertice \longrightarrow conjunto(vertice)$
  var
    $v, v_1, v_2 : vertice; g : grafo$
  ecuaciones
    $vady(gvacio, v) \stackrel{e}{=} \emptyset$
    $vady(av(g, v_1), v_2) \stackrel{e}{=} vady(g, v_2)$
    $vady(aa(g, v_1, v_2), v_1) \stackrel{d}{=} \textit{añad}(vady(g, v_1), v_2)$
fespec

Figura 6.18. Especificación de la operación *vértices adyacentes*

Igual que en el caso de los árboles, se ha desarrollado una terminología bastante amplia para los grafos. Algunos de estos conceptos se definen a continuación. Si no se indica lo contrario, se entenderá que son válidos tanto para grafos dirigidos como para no dirigidos:

camino Secuencia de vértices $v_1, \ldots, v_n$, con $n \geq 1$, tales que, para todo $i \in \{1..n-1\}$, (v_i, v_{i+1}) es una arista. La *longitud* del camino es el número de vértices menos uno.

ciclo Camino de longitud no nula que comienza y termina en el mismo vértice. Cuando un grafo no tiene ciclos, diremos que es *acíclico*.

subgrafo Diremos que $\langle V', A' \rangle$ es subgrafo del grafo $\langle V, A \rangle$, cuando es un grafo y, además, $V' \subseteq V$ y $A' \subseteq A$.

grafo conexo (*sólo grafos no dirigidos*). Para cada par de vértices del grafo, existe un camino que los une.

árbol libre Es un grafo no dirigido, conexo y acíclico. Si se destaca un vértice como *raíz*, el árbol libre se convierte en un *árbol*.

árbol de recubrimiento de un grafo [5] (*sólo grafos no dirigidos*). Es un árbol libre que es subgrafo del grafo original y que incluye todos sus vértices.

6.5 PROBLEMAS ADICIONALES

Problema 6.1.

Enriquecer la especificación de las pilas de la figura 6.1 con las tres operaciones siguientes: una operación *prof* que devuelva el número de elementos, otra *suma* que devuelva la suma de todos ellos (suponiendo que la pila es de enteros) y otra *positiva* que devuelva *cierto* si todos sus elementos son mayores que cero. ■

Problema 6.2.

Utilizando el mismo conjunto de generadoras que en la figura 6.3, especificar una operación que invierta una lista. ■

Problema 6.3.

Basándose en la especificación de la figura 6.11, enriquecer los árboles binarios con una operación *espejo* que construya la imagen especular de un árbol binario con respecto a su eje de simetría vertical. ■

Problema 6.4.

Especificar algebraicamente un algoritmo *treesort* sobre listas consistente en crear un árbol de búsqueda a partir de la lista original y en producir a continuación la lista resultante del recorrido de dicho árbol en inorden. ■

6.6 NOTAS BIBLIOGRÁFICAS

La incorporación de especificaciones algebraicas a los libros sobre estructuras de datos es algo poco frecuente. Véanse por ejemplo [Mar86, HS90, HS94], y en castellano, [CMM87]. Ninguno de ellos entra en consideraciones semánticas, introduciéndose tan sólo el aspecto sintáctico de las especificaciones. Las especificaciones parciales presentadas en este capítulo y en el Capítulo 5 son originales de este libro.

---

[5] En inglés, *spanning tree*.

CAPITULO 7

Implementación de estructuras de datos

Una vez precisado en el Capítulo 6 el comportamiento de las estructuras de datos, nos ocuparemos en éste de sus posibles implementaciones. Para facilitar las frecuentes referencias de este capítulo al anterior, se ha mantenido la misma organización en ambos y, por tanto, la misma numeración de secciones. Describiremos las implementaciones de cada estructura de datos dando por supuesto que el comportamiento de la misma ha sido estudiado previamente en la sección correspondiente del Capítulo 6. Mantendremos asimismo los nombres que allí se dieron a las operaciones de la estructura.

Por lo general, no detallaremos todos los algoritmos asociados a cada implementación sino tan sólo los que hemos considerado más relevantes. El lector puede encontrar el resto en numerosos libros, algunos de los cuales se mencionan en la bibliografía. Detallaremos, para cada implementación sugerida, la representación del tipo abstracto y el coste asintótico de cada operación. Sucederá con frecuencia que una implementación mejora la eficiencia de alguna o algunas operaciones a costa de empeorar la eficiencia de otras.

Otras veces, la mejora en el tiempo de ejecución de las operaciones se conseguirá al precio de empeorar el coste en espacio de memoria consumido por la estructura.

Se proporcionan así criterios para valorar cuál es el compromiso de eficiencia más adecuado para cada problema concreto.

En ocasiones se mostrará que hay un camino de transformaciones sucesivas a seguir en la implementación de algunas operaciones. Dicho camino comienza con la especificación algebraica de la operación, continúa con una implementación recursiva de la misma siguiendo las pautas de dicha especificación, y finaliza en muchos casos con una implementación iterativa obtenida por transformación de la versión recursiva.

Suponemos al lector familiarizado con el concepto de *puntero*, presente en la mayoría de los lenguajes imperativos, y con su utilización para crear estructuras dinámicas en memoria. De no ser así, le recomendamos una somera introducción a este tema antes de proseguir la lectura de este capítulo.

Utilizaremos la misma sintaxis que Pascal en el uso de punteros, castellanizando las operaciones *new* y *dispose* como *nuevo* y *desecha*.

Además, enriquecemos nuestro lenguaje de programación con dos construcciones parentizadas nuevas:

rep ... **frep**	para las declaraciones de una representación
con t **hacer** ... **fcon**	para acceder a los campos de una tupla t

La primera de ellas supone un encapsulamiento de las declaraciones en el sentido de que las mismas sólo son visibles a las operaciones implementadoras del tipo y no a los programas usuarios de dichas operaciones. La segunda es similar a la construcción **with** de Pascal.

Su propósito es emplear nombres más cortos al referirse a los componentes de una representación.

El esquema que seguiremos para presentar cada estructura es el siguiente:

1. Se sugerirán implementaciones posibles para la estructura en cuestión. Para cada implementación, se indicará cuál es el tipo de datos de la representación y de qué modo sus valores y operaciones *simulan* los valores y operaciones de la especificación.

2. A continuación, se presentarán algoritmos recursivos o iterativos para las operaciones más relevantes de cada implementación. En algún caso, y si no se hizo ya en el Capítulo 6, se suministrará una especificación algebraica previa de la operación.

3. Para cada implementación, se dará el coste en memoria de la representación y el coste en tiempo de todas las operaciones.

7.1 ESTRUCTURAS LINEALES DE DATOS

7.1.1 Las pilas

Implementación de una pila por medio de un vector

La representación consiste en un vector con espacio para un máximo de n elementos y un contador num, $0 \leq num \leq n$ que indica el número de elementos válidos almacenados en el vector, es decir:

rep
 tipo $pila =$ **tupla**
  v : **vector** $[1..n]$ **de** $elem$;
  $num : natural$
 ftupla
frep

Si $num \geq 1$, el elemento $v[1]$ corresponde al *fondo* de la pila, y el elemento $v[num]$, a la *cima*. Las operaciones

pvacia, *apilar*, *desapilar*, *cima* y *vacia?*

pueden implementarse todas ellas con coste $\Theta(1)$ en tiempo. En la figura 7.1 se presentan los algoritmos para las tres primeras.

El inconveniente de esta representación es que ha de reservar espacio para el máximo previsto de elementos aunque de hecho no se alcance. El problema se agrava si han de tenerse muchas variables de tipo *pila* simultáneamente activas en el programa. La operación *apilar* hay que implementarla forzosamente como una operación parcial, ya que no es posible apilar nuevos elementos cuando $num = n$. Al igual que sucede en los lenguajes de programación con los tipos predefinidos (p.e. con los enteros), admitiremos como válida una implementación que imponga restricciones de tamaño que no están presentes en la especificación del tipo.

Implementación de una pila mediante celdas enlazadas

El tipo $pila$ se representa mediante un puntero que apunta a una celda de memoria dinámica donde está el elemento correspondiente a la cima de la pila. En dicha celda se tendrá, además del elemento, un puntero que apunta a la celda anterior a la cima, y así sucesivamente, hasta llegar a la celda correspondiente al fondo de la pila, cuyo puntero tendrá el valor nil. Si la pila está vacía, el puntero inicial tendrá directamente el valor nil.

```
accion pvacia (p : ent/sal pila)
    p.num := 0
faccion

accion apilar (p : ent/sal pila; x : elem)
con p hacer
    si num = n entonces error
               si no num := num + 1; v[num] := x
    fsi
fcon
faccion

accion desapilar (p : ent/sal pila)
con p hacer
    si num = 0 entonces error
               si no num := num − 1;
    fsi
fcon
faccion
```

Figura 7.1. Implementación de una pila mediante un vector

El aspecto de la representación es, pues:

```
rep
    tipo pila = ↑celda;
    tipo celda = tupla
                     e : elem;
                     sig : ↑celda
                 ftupla
frep
```

La operación *apilar* conlleva la solicitud al gestor de memoria dinámica de una celda libre para almacenar en ella el elemento que será la nueva cima, y la operación *desapilar*, la devolución al gestor de la celda correspondiente a la antigua cima. La implementación de ambas se muestra en la figura 7.2. Todas las operaciones tienen su tiempo de ejecución en $\Theta(1)$, no hay límite *a priori* para la longitud de la pila y la memoria libre disponible puede ser compartida entre todas las pilas activas del programa. Con esta representación se consigue, pues, un aprovechamiento óptimo de la memoria. El precio a pagar, con respecto a la implementación mediante vectores, es el espacio extra necesitado en cada celda para almacenar el puntero.

accion $apilar$ $(p :$ **ent/sal** $pila; x : elem)$
var $paux : pila$ **fvar**
    $paux := p;$ $nuevo$ $(p);$ $p\uparrow.e := x;$ $p\uparrow.sig := paux$
faccion

accion $desapilar$ $(p :$ **ent/sal** $pila)$
var $paux : pila$ **fvar**
    si $p = nil$ **entonces** $error$
        si no $paux := p;$ $p := p\uparrow.sig;$ $desecha$ $(paux)$
    fsi
faccion

Figura 7.2. Implementación de una pila mediante celdas enlazadas

7.1.2 Las colas

Implementación de una cola por medio de un vector

Al igual que en el caso de las pilas, hay que prever un vector v para almacenar el máximo número n de elementos que puedan presentarse en el programa. La operación *añad* se implementa, por tanto, como una operación parcial. A diferencia de las pilas, no basta con añadir a la representación un simple contador num, tal que $0 \leq num \leq n$, que indique el número de elementos válidos. Hay que prever además, dos índices p y f, tales que

$$0 \leq p \leq n-1 \qquad \text{y} \qquad 0 \leq f \leq n-1$$

que indiquen la posición del principio y del final de la cola. Más precisamente, si la cola no está vacía, en $v[p]$ está el primer elemento y, si la cola no está llena, $v[f]$ es el lugar donde hay que copiar el siguiente elemento que se incorpore a la misma. Los índices p y f se incrementan siempre módulo n, es decir, el vector tiene un rango $v[0..n-1]$ y se trata de forma circular, considerando que al elemento $v[n-1]$ le sigue el $v[0]$. Esta estrategia evita tener que desplazar los elementos dentro del vector.

El tipo de datos de la representación es, entonces:

```
rep
    tipo cola = tupla
                    v : vector [0..n − 1] de elem;
                    p, f, num : natural
                ftupla
frep
```

La implementación de las operaciones *cvacia, añad* y *elim* se muestran en la figura 7.3.

```
accion cvacia (c : ent/sal cola)
    con c hacer p := 0; f := 0; num := 0 fcon
faccion

accion añad (c : ent/sal cola; x : elem)
con c hacer
    si num = n entonces error
               si no    v[f] := x; f := (f + 1) mod n;
                        num := num + 1
    fsi
fcon
faccion

accion elim (c : ent/sal cola)
con c hacer
    si num = 0 entonces error
               si no    p := (p + 1) mod n;
                        num := num − 1;
    fsi
fcon
faccion
```

Figura 7.3. Implementación de una cola mediante un vector

Con esta representación, el coste en tiempo de todas las operaciones está en $\Theta(1)$. Las consideraciones sobre el aprovechamiento de la memoria hechas en el caso de las pilas implementadas con vectores son igualmente aplicables aquí.

Implementación de una cola mediante celdas enlazadas

Para la representación enlazada, la dirección de los punteros será desde el principio de la cola hacia el final, para poder así acceder al segundo elemento a partir del primero, etc. Si deseamos que el tiempo de *añad* esté en $\Theta(1)$, además del puntero a la primera celda similar al que teníamos en la representación enlazada de las pilas, será necesario un puntero adicional a la última celda de la cola. Ambos se inicializan al valor *nil*. Con ello, la representación queda:

rep
    tipo $cola =$ **tupla**
        $prim, ult : \uparrow celda$
    ftupla ;
    tipo $celda =$ **tupla**
        $e : elem;$
        $sig : \uparrow celda$
    ftupla
frep

La implementación de las operaciones *añad* y *elim* puede verse en la figura 7.4. Con esta representación, el tiempo de todas las operaciones está también en $\Theta(1)$. Las consideraciones sobre aprovechamiento de memoria son las mismas que se hicieron para la representación enlazada de las pilas.

Ejercicio 7.1.

Implementar el resto de las operaciones de los tipos *pila* y *cola* usando cada una de las representaciones propuestas para ellos en las Secciones 7.1.1 y 7.1.2. ■

7.1.3 Las listas

Implementación de listas mediante celdas enlazadas

Ésta es la implementación más habitual, ya que la representación de listas mediante vectores conlleva desplazar los elementos en algunas operaciones (al menos, en $insert$ y $borrar$), con un coste, en el caso peor, en $\Theta(long(l))$, además de presentar los problemas de aprovechamiento de la memoria ya comentados en el caso de las pilas y las colas. Por añadidura, la operación de concatenación sería costosa de implementar y de dudosa utilidad.

La implementación enlazada más sencilla es idéntica a la propuesta para las pilas: el tipo $lista$ es un puntero a la celda que contiene el primer elemento, y cada

accion $a\tilde{n}ad\ (c :$ **ent/sal** $cola; x : elem)$
var $p : \uparrow celda$ **fvar**
    $nuevo\ (p);\ p\uparrow.e := x;\ p\uparrow.sig := nil$;
    con c **hacer**
        si $ult = nil$ **entonces** $prim := p$
                                   si no $ult\uparrow.sig := p$
        fsi ;
        $ult := p$
    fcon
faccion

accion $elim\ (c :$ **ent/sal** $cola)$
var $p : \uparrow celda$ **fvar**
    con c **hacer**
        si $prim = nil$
        entonces $error$
        si no $p := prim;\ prim := prim\uparrow.sig;\ desecha\ (p)$;
                 si $prim = nil$ **entonces** $ult := nil$ **fsi**
        fsi
    fcon
faccion

Figura 7.4. Implementación de una cola mediante celdas enlazadas

celda contiene un puntero al siguiente elemento de la lista. El puntero de la celda correspondiente al último elemento contiene el valor nil.

Con esta representación sólo se consume la memoria necesaria para los elementos realmente existentes en la lista, además de resultar sencillo concatenar dos listas: bastaría con enlazar la última celda de una lista a la primera de la otra.

El coste en tiempo de las operaciones, en el caso peor, siendo $n = long(l)$, se distribuye como sigue:

$$T(n) \in \begin{cases} \Theta(1) & \text{para } [\,]\ ,\ [\_]\ ,\ \_:\_\ ,\ vacia?\ ,\ prim\ ,\ resto \\ \Theta(n) & \text{para } \_ \mathbin{+\!\!+} \_\ ,\ \_\#\_\ ,\ long\ ,\ ult\ ,\ eult\ ,\ esta?\ , \\ & \quad \_[\_]\ ,\ insert\ ,\ modif\ ,\ borrar\ ,\ buscar \end{cases}$$

Si añadimos a la representación del tipo *lista* un puntero, *ult*, al último elemento de la lista y un contador, n, que conserve el número de elementos de la misma, las operaciones

$$\_ +\!\!+ \_ ,\ \_\#\_ ,\ long \text{ y } ult$$

pasan a tener un coste en $\Theta(1)$.

Si el uso que se va a hacer de las operaciones con acceso aleatorio, es decir, de _[_], *insert*, *modif* y *borrar*, es esporádico, la implementación propuesta puede darse por satisfactoria. Pero si el uso más frecuente consiste en recorrer secuencialmente la lista, modificando, insertando y borrando elementos a medida que se recorre, entonces el aparentar en la especificación que se dispone de un acceso aleatorio al elemento i-ésimo, cuando en realidad la implementación realiza un recorrido secuencial, se traduce en un coste inaceptable. Mejoraremos entonces la representación en el siguiente sentido: conservaremos un índice $icur$ con el número de orden del elemento más recientemente accedido, y un puntero $pcur$ con la dirección de la celda inmediatamente *anterior* a la correspondiente a dicho elemento. Para que todo elemento tenga una celda anterior, dispondremos una celda cabecera ficticia delante del primer elemento de la lista. Con estos aditamentos, la representación propuesta queda como sigue:

rep
  tipo $lista =$ **tupla**
    $cab, ult, pcur : \uparrow celda;$
    $n, icur : natural$
  ftupla ;
  tipo $celda =$ **tupla**
    $e : elem;$
    $sig : \uparrow celda$
  ftupla
frep

Si, con esta representación, se solicita acceso al elemento $i = l.icur$ para consultarlo, modificarlo, borrarlo, o insertar un nuevo elemento en esa posición, se dispone de la información necesaria para realizar estas operaciones en un tiempo en $\Theta(1)$. Sucedería lo mismo si el elemento al que se desea acceder es el $i = l.icur + 1$. En este caso, hay que actualizar convenientemente los campos $icur$ y $pcur$ de la lista. Sólo para accesos realmente aleatorios esta representación dejaría de ser ventajosa. La implementación de las operaciones *lvacia, modif, insert* y *borrar* puede verse en la figura 7.5. Todas ellas hacen uso de una operación *posic* de posicionamiento del cursor interno, cuyo coste es constante si el elemento a acceder es el elemento en curso o se encuentra a una distancia fija del mismo hacia su derecha y es lineal en el peor caso.

Su implementación es la siguiente:

accion *posic* (l : **ent/sal** $lista$; i : $natural$)
con l **hacer**
  si $i < 1 \lor i > n + 1$ **entonces** *error*
  si no **si** $icur > i$ **entonces** $icur := 1$; $pcur := cab$ **fsi** ;
    mientras $icur \neq i$ **hacer**
      $pcur := pcur\uparrow.sig$; $icur := icur + 1$
    fmientras
fcon
faccion

Si, por ejemplo, fuesen frecuentes los recorridos en sentido inverso, se podrían enlazar las celdas con encadenamientos dobles: cada celda tendría dos punteros, uno hacia el siguiente elemento de la lista y otro hacia el anterior. En estas condiciones, y suponiendo un uso secuencial de las listas por parte de los programas usuarios, las únicas operaciones cuyo coste seguiría estando en $\Theta(long(l))$ son $esta?$ y $buscar$, lo cual es inevitable, dado que se trata de operaciones de búsqueda asociativa en una estructura de datos lineal.

Ejercicio 7.2.

Implementar, usando la representación enlazada dada para las listas en esta sección, el resto de las operaciones de las figuras 6.3 y 6.4. ■

7.2 ÁRBOLES

7.2.1 Implementaciones de árboles ordenados y binarios

Existen muchas implementaciones posibles para árboles. Discutiremos solamente dos: la implementación calculada sobre un vector y la implementación clásica con punteros.

La primera de ellas consiste en representar el árbol mediante un vector de elementos,

tipo $arbol$ = **vector** $[0..max - 1]$ **de** $elem$

de forma que exista una correspondencia biunívoca entre cada posición en el vector y cada elemento potencial del árbol. Si n es el grado del árbol (a efectos de esta

accion *lvacia* (l : **ent/sal** $lista$)
con l **hacer**
    nuevo (cab); $cab\uparrow.sig :=$ *nil* ; $ult := cab$; $pcur := cab$;
    $icur := 1$; $n := 0$
fcon
faccion

accion *modif* (l : **ent/sal** $lista; i : natural; x : elem$)
con l **hacer**
    $posic\ (l, i)$;
    si $pcur\uparrow.sig = nil$
    entonces $error$
    si no $pcur\uparrow.sig\uparrow.e := x$
    fsi
fcon
faccion

accion *insert* (l : **ent/sal** $lista; i : natural; x : elem$)
var p, q : $\uparrow celda$ **fvar**
con l **hacer**
    $posic\ (l, i)$; *nuevo* (p); $p\uparrow.e := x$; $n := n + 1$;
    si $i = n$ **entonces** $ult := p$ **fsi**
    $p\uparrow.sig = pcur\uparrow.sig$; $pcur\uparrow.sig := p$
fcon
faccion

accion *borrar* (l : **ent/sal** $lista; i : natural$)
var p : $\uparrow celda$ **fvar**
con l **hacer**
    $posic\ (l.i)$; $p := pcur\uparrow.sig$;
    si $p = nil$ **entonces** $error$
    si no $pcur\uparrow.sig := pcur\uparrow.sig\uparrow.sig$; $desecha(p)$; $n := n - 1$;
        si $pcur\uparrow.sig = nil$ **entonces** $ult := pcur$ **fsi**
    fsi
fcon
faccion

Figura 7.5. Implementación de una lista con cursor interno implementación, un árbol binario se representa igual que un árbol ordenado de grado 2), los siguientes cálculos son pertinentes para un árbol de altura h:

número de elementos en el nivel k	: n^k
número máximo de elementos	: $\sum_{k=0}^{h} n^k = \frac{n^{h+1}-1}{n-1}$

Se puede seguir entonces el siguiente esquema de numeración para los subárboles del árbol:

$$num(a) = \begin{cases} 0 & \text{, si } a \text{ es el árbol original} \\ n * num(padre(a)) + i & \text{, si } a \text{ es hijo } i\text{-ésimo} \end{cases}$$

En la figura 7.6 se muestra un árbol de grado 3 con los elementos numerados según este esquema.

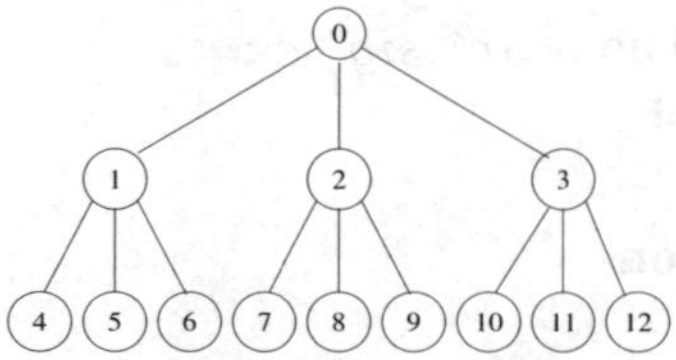

Figura 7.6. Esquema de numeración de los elementos de un árbol

Es fácil demostrar que esta numeración no deja huecos, por lo que, si el árbol es completo, ocupa la memoria estrictamente imprescindible para almacenar los elementos. Conocida la posición de un elemento, es inmediato calcular la de su padre, hermanos o hijos:

elemento	posición en el vector	condición
x	p	
hijo i de x	$n * p + i$	si $n * p + i < max$
padre de x	$(p - 1)$ **div** n	si $p \neq 0$
hermano siguiente a x	$p + 1$	si p **mod** $n \neq 0$

Además, sabiendo la posición p de un elemento que no es la raíz, es decir, $p \neq 0$, el número que le corresponde entre sus hermanos, siendo la numeración de 1 a n, es $((p - 1)$ **mod** $n) + 1$.

Esta representación carece de interés si el árbol no es completo o casi completo, debido al desperdicio de memoria que supondría. Además, sería necesario marcar los elementos ausentes, lo que conlleva emplear aun más espacio. Por otra parte, las representaciones mediante vectores son inadecuadas para árboles con alto grado de dinamismo o para operaciones que impliquen fusionar o descomponer árboles.

La segunda implementación consiste en prever una celda de memoria dinámica para cada elemento del árbol. Las celdas están enlazadas unas con otras mediante punteros, de modo que reflejen la estructura del árbol. En el caso de un árbol binario, la representación tiene el siguiente aspecto:

rep
  tipo $arbin =$ $\uparrow celda;$
  tipo $celda =$ **tupla**
      $e : elem;$
      $izq, der : \uparrow celda$
    ftupla
frep

Con ella, todas las operaciones de la especificación algebraica de la figura 6.11, excepto $altura$, se pueden implementar en un tiempo constante. Si esta operación se va a usar frecuentemente, sería inmediato añadir un entero a la representación que mantuviese actualizado este dato para evitar recalcularlo cada vez que se solicite.

Algunas veces, se añade un puntero más a cada celda, que apunta al árbol $padre$ del árbol, caso de no ser éste el árbol original. Con ello se puede recorrer el árbol no sólo en sentido descendente, sino también en sentido ascendente. Algunos textos proponen la existencia de una operación visible $padre$, que permita al usuario obtener el árbol padre de otro. En sentido estricto, no existe dependencia funcional entre un árbol y su árbol "padre", salvo que se mencione explícitamente el árbol original del cual ambos son subárboles. En ese caso, habría que crear una notación para designar la *posición* de un subárbol dentro de un árbol. Dichos textos proponen la creación del tipo $nodo$ con este propósito. Así, la operación $padre$, dado un nodo de un árbol, devuelve su "nodo padre". En opinión del autor, dicho tipo $nodo$ no es otra cosa que un puntero disfrazado, y el permitir que el usuario conserve punteros en sus variables presenta no pocos problemas, los cuales ya fueron comentados al tratar este mismo tema en relación con las listas (véase la Sección 6.1.3).

La implementación de árboles n-arios con punteros tiene un aspecto muy similar a la de árboles binarios. En este caso, se escoge la representación llamada *primogénito-siguiente hermano* en la que cada celda tiene dos punteros: uno apunta a la celda del primero de sus hijos (si la celda no era una hoja), y el otro apunta a la celda del siguiente de sus hermanos (si éste existe):

rep
  tipo $arbol =$ $\uparrow celda;$
  tipo $celda =$ **tupla**
      $e : elem;$
      $primogenito, sig\_hermano : \uparrow celda$
    ftupla
frep

En la figura 7.7 se muestra un árbol 3-ario y el aspecto de su implementación con la representación mencionada. La lista enlazada que se forma al considerar los pun-

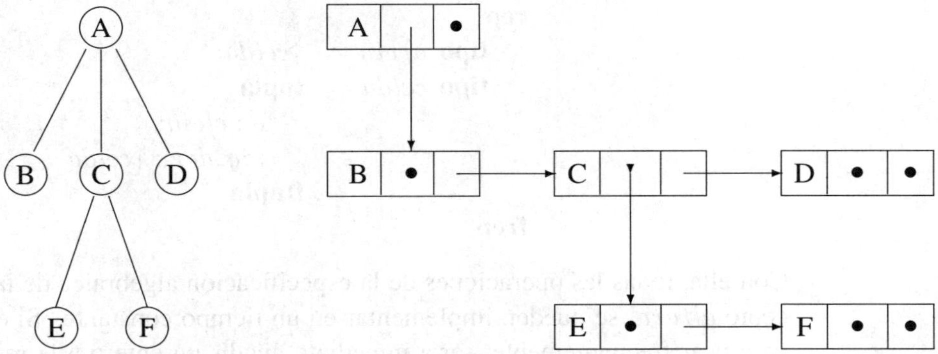

Figura 7.7. Representación enlazada de un árbol ordenado

teros *sig_hermano* representa un bosque ordenado. Las operaciones para bosques y árboles ordenados que aparecen en la especificación algebraica de la figura 6.8 se implementan con coste constante, excepto

$\_ : \_$, *long* , *num_hijos* , $\_[\_]$, *subarbol*

que costarían $\Theta(n)$, siendo n el grado del árbol. Las tres primeras se pueden conseguir en tiempo constante, añadiendo alguna información extra a la representación, tal como se sugirió en la implementación enlazada de listas (véase la Sección 7.1.3).

Se podría añadir también en cada celda un puntero al padre, aunque lo más conveniente es usar el puntero infrautilizado *sig_hermano* del hermano más a la derecha de cada lista, para apuntar (con algún *bit* extra que lo identifique como puntero especial) al padre de todos los hermanos. Con ello, el acceso al padre desde cualquier hermano se consigue, en el caso peor, en un tiempo en $\Theta(n)$.

Los recorridos de árboles ordenados y binarios especificados algebraicamente en las figuras 6.10 y 6.12 pueden convertirse trivialmente en procedimientos recursivos. En la figura 7.8 se presentan tales procedimientos implementados de forma abstracta sobre las operaciones visibles del árbol, esto es, sin hacer uso de la representación interna. Sólo presentamos *preorden* para árboles ordenados y *preordenb* para árboles binarios. Los restantes recorridos son inmediatos. En lugar de incorporar el elemento en curso a la lista de los elementos recorridos, se ha introducido una acción abstracta *visitar* elemento.

Mediante transformaciones sistemáticas de recursivo a iterativo no explicadas en este libro, es posible transformar el procedimiento recursivo múltiple *preordenb* de la figura 7.8 en el procedimiento iterativo presentado a continuación en dicha figura.

```
accion preorden (a : ent/sal arbol)
    var i : natural fvar
    visitar(raiz(a));
    para i desde 1 hasta num_hijos (a) hacer
          preorden (subarbol (a, i))
    fpara
faccion

accion preordenb (a : ent/sal arbin)
    caso  vacio (a)  → nada
    []    ¬vacio (a)→ visitar (raiz (a));
                      preordenb (izq (a));
                      preordenb (der (a))
    fcaso
faccion

accion preordenb (a : ent/sal arbin)
    var p : pila de arbin; x : arbin fvar
    p := apilar (pvacia, a);
    mientras ¬vacia (p) hacer
          x := cima (p); p := desapilar (p); visitar (raiz (x));
          si ¬vacio (der (x)) entonces p := apilar (der (x)) fsi ;
          si ¬vacio (izq (x)) entonces p := apilar (izq (x)) fsi
    fmientras
faccion
{R ≡ preorden (a) = s}
```

Figura 7.8. Recorridos de árboles ordenados y binarios

Nótese que, como fue anticipado en la Sección 6.2.1, aparece una pila como variable auxiliar. Se trata de una pila de árboles binarios —que, al nivel de la implementación, será una pila de punteros— donde se almacenan los subárboles que aún quedan por recorrer. El invariante del bucle es el siguiente:

$$Inv \stackrel{\text{def}}{=} preorden\ (a) = s +\!\!+\ preordPila\ (p)$$

donde *preorden* es la operación especificada algebraicamente en la figura 6.12 y s es la lista de elementos visitados. A estos efectos, la operación *visitar* (e) ha de interpretarse como la asignación $s := s +\!\!+ [e]$. Inicialmente, s es la lista vacía. La operación *preordPila* puede especificarse con las dos ecuaciones siguientes:

$$preordPila\,(pvacia) \stackrel{e}{=} [\,]$$
$$preordPila\,(apilar\,(p, a)) \stackrel{e}{=} preorden\,(a) +\!\!+ preordPila\,(p)$$

Ejercicio 7.3.

Con el invariante y la especificación proporcionadas, verificar formalmente el procedimiento iterativo *preordenb* de la figura 7.8. ■

7.2.2 Árboles de búsqueda equilibrados

La implementación recursiva de las operaciones *insert* y *esta?*, utilizando la representación enlazada de árboles binarios dada en la Sección 7.2.1, sigue la misma estrategia de búsqueda dicotómica que se aprecia en las ecuaciones de la figura 6.13. Ambos algoritmos se presentan en la figura 7.9.

```
accion insert (a : ent/sal arbin; x : elem)
   caso  a = nil  → nuevo (a); a↑.e := x; a↑.izq := nil ; a↑.der := nil
   []    a ≠ nil  → caso  x < a↑.e → insert (a↑.izq, x)
                    []    x = a↑.e → nada
                    []    x > a↑.e → insert (a↑.der, x)
                    fcaso
   fcaso
faccion

fun esta? (a : arbin; x : elem) dev (b : bool) =
   caso  a = nil  → falso
   []    a ≠ nil  → caso  x < a↑.e → esta? (a↑.izq, x)
                    []    x = a↑.e → cierto
                    []    x > a↑.e → esta? (a↑.der, x)
                    fcaso
   fcaso
ffun
```

Figura 7.9. Operaciones *insert* y *esta?* sobre árboles de búsqueda

La longitud de búsqueda, en el caso peor, es la altura del árbol. Por tanto, si el árbol tiene n elementos y está equilibrado, es de esperar un coste en tiempo de $\Theta(\log n)$ para cada una de las operaciones. Este bajo coste hace atractivos a los árboles de búsqueda como tipo de datos a utilizar en la implementación de tablas y de conjuntos (véase la Sección 7.3). Asimismo, se pueden utilizar como base de un algoritmo de ordenación llamado *treesort*: dado un vector desordenado, se crea un árbol de búsqueda insertando sus elementos uno a uno en el mismo, a partir del árbol vacío. A continuación, se recorre el árbol en *inorden* y se obtienen los elementos ordenados. Si se puede garantizar que el árbol construido está equilibrado, se obtendrá un algoritmo de ordenación de coste en $\Theta(n \log n)$. Utilizando la implementación enlazada de árboles binarios dada en la Sección 7.2.1, la implementación recursiva de $borrar$, siguiendo el análisis por casos que reflejan las ecuaciones de la figura 6.14 y suponiendo equilibrado el árbol, tiene también un coste en $\Theta(\log n)$. El algoritmo puede verse en la figura 7.10.

La eficiencia de estas operaciones depende críticamente de poder mantener el árbol de búsqueda aproximadamente equilibrado mientras se realizan las inserciones y los borrados, sea cual sea el orden en que se presenten los elementos. De no ser así, en el peor caso, el árbol construido degenera en una lista (todos los subárboles derechos, o todos los subárboles izquierdos, serían vacíos), y el coste de la inserción o de la búsqueda pasaría a estar en $\Theta(n)$. Existen diversas técnicas para equilibrar árboles de búsqueda y mantener, pese al trabajo adicional, un coste en $\Theta(\log n)$ para la inserción y el borrado.

Una de las más conocidas son los árboles AVL[1]. En un árbol AVL, se admite un *factor de desequilibrio* máximo de 1 entre las alturas de los subárboles izquierdo y derecho de cada subárbol.

Cuando, como consecuencia de una inserción o de un borrado, ese factor alcanza 2 o más, se procede a un reequilibrio de la parte afectada del árbol. El reequilibrio consiste en producir *rotaciones* en las que ciertos subárboles son cambiados de un nodo a otro nodo. Cada rotación preserva el invariante del árbol consistente en que cualesquiera que sean los cambios, éste sigue manteniendo la propiedad de árbol de búsqueda, es decir, su recorrido en inorden produce siempre la misma lista. El coste de cada rotación está en $\Theta(1)$ y las rotaciones afectan exclusivamente al camino del árbol recorrido durante la inserción o el borrado. Por tanto, el coste total del reequilibrio estará en $\Theta(\log n)$.

La versión de árboles AVL que presentamos aquí no es la convencional en la cual cada celda del árbol tiene un campo adicional con un factor de equilibrio que toma valores en el conjunto $\{-1, 0, 1\}$. En nuestro caso conservamos directamente

[1] Llamados así a partir de los nombres de sus autores Adelson-Velskii y Landis (1962).

```
accion borrar (a : ent/sal arbin; x : elem)
    caso  a = nil  → nada
    ▯     a ≠ nil  → caso   x < a↑.e → borrar (a↑.izq, x)
                     ▯      x = a↑.e → elimNodo (a)
                     ▯      x > a↑.e → borrar (a↑.der, x)
                     fcaso
    fcaso
faccion

accion elimNodo (a : ent/sal arbin)
var m : elem; p : arbin fvar
    caso  a↑.der = nil → p := a; a := a↑.izq;
                         desecha (p)
    ▯     a↑.der ≠ nil → m := min (a↑.der);
                         borrar (a↑.der, m);
                         a↑.e := m
    fcaso
faccion

fun min (a : arbin) dev (m : elem) =
    caso  a↑.izq = nil  → a↑.e
    ▯     a↑.izq ≠ nil  → min (a↑.izq)
    fcaso
ffun
```

Figura 7.10. Operación *borrar* sobre árboles de búsqueda

la altura del subárbol, es decir, nuestra representación de un árbol de búsqueda es la siguiente:

```
rep
    tipo arbin = ↑celda;
    tipo celda = tupla
                     e : elem; h : entero
                     izq, der : ↑celda
                 ftupla
frep
```

donde h representa la altura del subárbol. La operación básica es

$$unirAVL : arbin \;\; elem \;\; arbin \longrightarrow arbin$$

que toma dos árboles AVL i y d, cada uno de ellos de una altura arbitraria, y un elemento x, y produce un árbol a que satisface

$$inorden(a) = inorden(i) +\!\!+ \; [x] +\!\!+ \; inorden(d)$$

y que además está equilibrado. Necesita un coste en $\Theta(\log(n_i + n_d))$, siendo n_i y n_d respectivamente el número de elementos de i y de d.

En la figura 7.11 presentamos la especificación algebraica de la operación *unirAVL*.

La operación auxiliar *simple* "simplemente" une una raíz y dos árboles AVL cuyas diferencias de alturas son aceptables —es decir, se diferencian a lo sumo en una unidad—, forma con ellos un árbol AVL y registra su altura en el nodo raíz. A estos efectos, debe entenderse que la operación $\_ \bullet \_ \bullet \_ \bullet \_$ es la versión modificada de la generadora $\_ \bullet \_ \bullet \_$ de árboles binarios que reúne estos cuatro componentes.

Las operaciones auxiliares *equilI* y *equiD* se encargan de tratar desequilibrios de factor 2 a causa respectivamente de los subárboles izquierdo y derecho. Nótese que las implementaciones recursivas de estas dos operaciones tendrán presumiblemente coste constante, dado que el efecto de ambas puede expresarse totalmente en términos de *simple*.

Recomendamos al lector que estudie la citada especificación con la ayuda de dibujos a fin de entender el detalle de las rotaciones involucradas.

Ejercicio 7.4.

Convencerse mediante dibujos de que todas las rotaciones preservan la propiedad de árbol de búsqueda, supuesto que ésta se cumple en el árbol de partida. ■

Ejercicio 7.5.

Implementar recursivamente, utilizando la representación enlazada de árboles binarios, la operación *unirAVL* y todas sus auxiliares. ■

Finalmente y una vez se tiene *unirAVL*, las modificaciones a hacer a *insert* y *borrar* para conseguir una inserción y borrado que respeten la propiedad AVL son extremadamente simples: basta sustituir en la especificación algebraica de aquellas operaciones todos los términos de la forma $t_i \bullet t_r \bullet t_d$ por términos de la forma $unirAVL\ (t_i, t_r, t_d)$. La traslación de esta idea a las implementaciones recursivas de *insert* y *borrar*, no debería plantear especiales dificultades.

espec *UNIR_AVL*
usa *ENRIQ_ARBOLES_BUSQUEDA*
operaciones
$unirAVL : arbin\ elem\ arbin \longrightarrow arbin$
$simple, equiI, equiD : arbin\ elem\ arbin \longrightarrow arbin$
$h : arbin \longrightarrow natural$ {abreviatura para la operación $altura$}
ecuaciones
$abs(h(i) - h(d)) \leq 1 \stackrel{e}{=} T \Longrightarrow unirAVL(i, x, d) \stackrel{e}{=} simple(i, x, d)$
$h(i) \stackrel{e}{=} h(d) + 2 \Longrightarrow unirAVL(i, x, d) \stackrel{e}{=} equiI(i, x, d)$
$h(i) + 2 \stackrel{e}{=} h(d) \Longrightarrow unirAVL(i, x, d) \stackrel{e}{=} equiD(i, x, d)$
$h(i) > h(d) + 2 \stackrel{e}{=} T \Longrightarrow$
$unirAVL(i, x, d) \stackrel{e}{=} unirAVL(izq(i), raiz(i), unirAVL(der(i), x, d))$
$h(i) + 2 < h(d) \stackrel{e}{=} T \Longrightarrow$
$unirAVL(i, x, d) \stackrel{e}{=} unirAVL(unirAVL(i, x, izq(d)), raiz(d), der(d))$
$simple(i, x, d) \stackrel{e}{=} i \bullet x \bullet d \bullet (max(h(i), h(d)) + 1)$
$ii \stackrel{e}{=} izq(i) \wedge id \stackrel{e}{=} der(i) \wedge h(ii) \geq h(id) \stackrel{e}{=} T \Longrightarrow$
$equiI(i, x, d) \stackrel{e}{=} simple(ii, raiz(i), simple(id, x, d))$
$ii \stackrel{e}{=} izq(i) \wedge id \stackrel{e}{=} der(i) \wedge idi \stackrel{e}{=} izq(id) \wedge idd \stackrel{e}{=} der(id)$
$\wedge h(ii) < h(id) \stackrel{e}{=} T \Longrightarrow$
$equiI(i, x, d) \stackrel{e}{=} simple(simple(ii, raiz(i), idi), raiz(id), simple(idd, x, d))$
$dd \stackrel{e}{=} der(d) \wedge di \stackrel{e}{=} izq(d) \wedge h(di) \geq h(dd) \stackrel{e}{=} T \Longrightarrow$
$equiD(i, x, d) \stackrel{e}{=} simple(simple(i, x, di), raiz(d), dd)$
$dd \stackrel{e}{=} der(d) \wedge di \stackrel{e}{=} izq(d) \wedge dii \stackrel{e}{=} izq(di) \wedge did \stackrel{e}{=} der(di)$
$\wedge h(di) < h(dd) \stackrel{e}{=} T \Longrightarrow$
$equiD(i, x, d) \stackrel{e}{=} simple(simple(i, x, dii), raiz(di), simple(did, raiz(d), dd))$
fespec

Figura 7.11. Especificación algebraica de la operación *unirAVL*

Ejercicio 7.6.

Modificar las implementaciones recursivas de *insert* y *borrar*, insertando llamadas a la operación *unirAVL* en los lugares apropiados, para que mantengan equilibrado el árbol al que son aplicadas. ■

7.2.3 Colas de prioridad y montículos

La implementación de una cola de prioridad mediante un montículo se basa habitualmente en la implementación del árbol binario asociado al montículo, mediante la representación vectorial para árboles casi completos dada en la Sección 7.2.1. De este modo, si el montículo está previsto para un máximo de n elementos, la representación del mismo es:

rep
  tipo $monticulo =$ **tupla**
    v : **vector** $[1..n]$ **de** $elem$;
    k : $natural$
  ftupla
frep

donde k, $0 \leq k \leq n$, señala que los elementos válidos del montículo son los elementos $v[1], \ldots, v[k]$. Al ser un árbol casi completo, no puede haber elementos ausentes en el rango $1..k$. Con esta representación, en la que el esquema de numeración presentado en la sección 7.2.1 se ha incrementado aquí en uno, los elementos hijos de $v[i]$, si existen, son $v[2i]$ y $v[2i+1]$, y el padre de $v[i]$, si $i > 1$, es el elemento $v[i \textbf{ div } 2]$.

Las operaciones *cvacia*, *min* y *vacia?* se implementan en un tiempo constante: la condición $k = 0$ corresponde a un montículo vacío y, si no es vacío, en $v[1]$ se encuentra el elemento mínimo.

La operación *insert* sigue la siguiente secuencia:

- Añade, siempre que $k < n$, un nuevo elemento en la posición $k+1$ del vector, posición que corresponde a la hoja más a la derecha posible del último nivel del árbol.
- Incrementa en uno el valor de k. De este modo, el árbol conserva la propiedad de ser casi completo.
- Para preservar también la propiedad de montículo, se hace *flotar* el elemento en el montículo, intercambiándolo repetidamente con su padre hasta conseguir que, o bien el elemento es mayor o igual que su padre, o bien el elemento se ha convertido en la raíz.

Este proceso puede llevarse a cabo en un tiempo en $\Theta(\log k)$, ya que la operación *padre* se realiza en tiempo constante y, en el peor caso, ha de recorrerse el camino completo desde la hoja a la raíz. La implementación iterativa de ambas operaciones *insert* y *flotar* se muestra en la figura 7.12. El invariante que proponemos para el bucle de *flotar* es el siguiente:

$$Inv \stackrel{\text{def}}{=} \forall \alpha \in \{2..k\}. \alpha \neq j \rightarrow v[\alpha \textbf{ div } 2] \leq v[\alpha]$$

accion *insert* $(m :$ **ent/sal** $monticulo;\ x : elem)$
con m **hacer**
  si $k = n$ **entonces** *error*
  si no $k := k + 1;\ v[k] := x;$ *flotar* (v, k)
  fsi
fcon
faccion

accion *flotar* $(v :$ **ent/sal** $vector; k : natural)$
var $j : natural$ **fvar**
  $j := k;$
  mientras $j \neq 1 \wedge_c v[j$ **div** $2] > v[j]$ **hacer**
    permuta $(v, j$ **div** $2, j);$
    $j := j$ **div** 2
  fmientras
faccion

Figura 7.12. Implementación de *insert* y *flotar* de montículos

que, como puede apreciarse, es un debilitamiento de la postcondición: la condición de montículo se satisface excepto quizás para la relación que guardan el elemento j y su padre.

Ejercicio 7.7.

Con dicho invariante, y precondiciones y postcondiciones apropiadas, verificar formalmente la corrección de *flotar* e *insert*. ■

Ejercicio 7.8.

Especificar algebraicamente la operación *flotar* descrita informalmente más arriba. ■

La operación $elim\_min$ ha de suprimir la raíz del montículo. Como resultado, se obtienen dos montículos. Para unirlos de nuevo, se realiza la siguiente secuencia de operaciones:

- Se intercambian, siempre que $k > 1$, los contenidos de $v[1]$ y $v[k]$. Ello equivale a convertir en raíz la hoja más a la derecha del último nivel.

espec *MONTICULOS*
  usa *ARBOLES_BINARIOS*
  parametro formal
    operaciones
      $\_ \leq \_ : elem \;\; elem \longrightarrow bool$
    ecuaciones
      $\ldots \leq$ relacion de orden total...
  fparametro
  operaciones
    $hundir : arbin \longrightarrow arbin$
  operaciones auxiliares
    $mon\,,\;\; casi\_completo : arbin \longrightarrow bool$
  var
    $x, y, z : elem; iz, iz', de, de' : arbin$
  ecuaciones de definitud
    $Def(hundir(\triangle)), Def(hundir(\triangle \bullet x \bullet \triangle))$
    $Def(hundir((\triangle \bullet y \bullet \triangle) \bullet x \bullet \triangle)$
    $(casi\_completo(iz \bullet x \bullet de) \wedge mon(iz) \wedge mon(de)) \stackrel{e}{=} T \Longrightarrow$
      $Def(hundir(iz \bullet x \bullet de))$
  ecuaciones
    $hundir(\triangle) \stackrel{e}{=} \triangle$
    $hundir(\triangle \bullet x \bullet \triangle) \stackrel{e}{=} \triangle \bullet x \bullet \triangle$
    $(x \leq y) \stackrel{e}{=} T \Longrightarrow$
      $hundir((\triangle \bullet y \bullet \triangle) \bullet x \bullet \triangle) \stackrel{e}{=} (\triangle \bullet y \bullet \triangle) \bullet x \bullet \triangle$
    $(x \leq y) \stackrel{e}{=} F \Longrightarrow$
      $hundir((\triangle \bullet y \bullet \triangle) \bullet x \bullet \triangle) \stackrel{e}{=} (\triangle \bullet x \bullet \triangle) \bullet y \bullet \triangle$
    $(x \leq y \wedge x \leq z) \stackrel{e}{=} T \Longrightarrow$
      $hundir((iz \bullet y \bullet de) \bullet x \bullet (iz' \bullet z \bullet de')) \stackrel{e}{=}$
        $(iz \bullet y \bullet de) \bullet x \bullet (iz' \bullet z \bullet de')$
    $(y \leq x \wedge y \leq z) \stackrel{e}{=} T \Longrightarrow$
      $hundir((iz \bullet y \bullet de) \bullet x \bullet (iz' \bullet z \bullet de')) \stackrel{e}{=}$
        $hundir(iz \bullet x \bullet de) \bullet y \bullet (iz' \bullet z \bullet de')$
    $(z \leq x \wedge z \leq y) \stackrel{e}{=} T \Longrightarrow$
      $hundir((iz \bullet y \bullet de) \bullet x \bullet (iz' \bullet z \bullet de')) \stackrel{e}{=}$
        $(iz \bullet y \bullet de) \bullet z \bullet hundir(iz' \bullet z \bullet de')$
fespec

Figura 7.13. Especificación algebraica de la operación *hundir*

- Se decrementa en uno el valor de k. Con ello se ha conseguido un árbol casi completo con los elementos remanentes del montículo.
- Para preservar la ordenación, se *hunde* el elemento raíz, intercambiándolo repetidamente con el menor de sus hijos (siempre que éstos existan), hasta conseguir que, o bien el elemento se ha situado de modo que es menor o igual que sus dos hijos, o bien el elemento es una hoja.

Esta secuencia de operaciones puede realizarse también en un tiempo en $\Theta(\log k)$. Para precisar el efecto de la operación *hundir*, la hemos especificado algebraicamente en la figura 7.13 como una operación que, aplicada a un árbol binario, da otro árbol binario. Sólo está definida o bien cuando el árbol es trivial (observar los tres casos especificados), o bien cuando no es trivial y el resto del árbol, excluida la raíz, es un montículo. Para precisar el dominio de definición hemos usado las operaciones auxiliares, *mon* que nos dice si un árbol binario es o no un montículo, y *casi_completo*, que nos dice si un árbol binario es o no casi completo. En la figura 7.14 se proporcionan versiones iterativas de las operaciones *elim_min* y *hundir*. El invariante que proponemos para el bucle de *hundir* es el siguiente:

$$Inv \stackrel{\text{def}}{=} \forall \alpha \in \{2..k\}. \alpha \; \mathbf{div} \; 2 \neq j \rightarrow v[\alpha \; \mathbf{div} \; 2] \leq v[\alpha]$$

que, al igual que sucedía en el bucle de *flotar*, es un debilitamiento de la postcondición: la condición de montículo se satisface excepto quizás para la relación que guardan el elemento j y sus dos hijos.

Ejercicio 7.9.

Con dicho invariante, y precondiciones y postcondiciones apropiadas, verificar formalmente la corrección de *hundir* y *elim_min*. ■

Comparado con otras alternativas para implementar colas de prioridad con n elementos, el montículo resulta claramente ventajoso, tal como se expresa en la siguiente tabla:

	insert	*min*	*elim_min*
lista desordenada	$\Theta(1)$	$\Theta(n)$	$\Theta(n)$
lista ordenada	$\Theta(n)$	$\Theta(1)$	$\Theta(1)$
montículo	$\Theta(\log n)$	$\Theta(1)$	$\Theta(\log n)$

7.2.4 Ordenación por el método del montículo

Las propiedades de los montículos, descritas en la sección anterior, los hacen interesantes para basar en ellos el algoritmo de ordenación en memoria interna conocido como *ordenación por el método del montículo*, algoritmo de Williams o *heapsort*. La idea del mismo es muy sencilla: dado un vector de n elementos, en una primera fase, se construye con ellos un montículo de mínimos. A continuación, se extrae sucesivamente el mínimo del montículo hasta dejar éste vacío, y los elementos extraídos del montículo se van copiando en posiciones consecutivas del vector, quedando éste finalmente ordenado. Esta versión, cuyo programa puede verse en la figura 7.15, necesita un espacio adicional en $\Theta(n)$ para la variable c del tipo *cola de prioridad*. Tiene la ventaja de que se puede razonar sobre su corrección utilizando tan sólo las propiedades de las colas de prioridad. Éstas son las que se deducen de la especificación de la figura 6.15. El que c esté implementada o no mediante un montículo afecta al coste del algoritmo, pero no a su corrección. Dado que los costes de $insert$ y de $elim\_min$ están en $\Theta(\log m)$, siendo m el número de elementos del montículo, el coste del programa de la figura 7.15, utilizando un montículo para implementar c, es:

$$max(\sum_{m=0}^{n-1} \log m, \sum_{m=1}^{n} \log m) \in \Theta(n \log n)$$

Aunque la corrección del algoritmo es bastante evidente, para verificarlo formalmente necesitamos expresar con predicados su precondición Q, postcondición R y los invariantes P_1 y P_2 de ambos bucles. Proponemos los siguientes:

$$\begin{array}{lcl} Q & \stackrel{\text{def}}{=} & v = V \wedge n \geq 0 \\ R & \stackrel{\text{def}}{=} & bag(v[1..n]) = bag(V[1..n]) \wedge ord(v,1,n) \end{array}$$

$$\begin{array}{lcl} P_1 & \stackrel{\text{def}}{=} & bag(c) \cup bag(v[i..n]) = bag(V[1..n]) \wedge 1 \leq i \leq n+1 \\ P_2 & \stackrel{\text{def}}{=} & bag(v[1..i-1]) \cup bag(c) = bag(V[1..n]) \wedge 1 \leq i \leq n+1 \\ & & \wedge ord(v,1,i-1) \wedge (\neg vacia?(c) \rightarrow \forall \xi \in \{1..i-1\}.v[\xi] \leq min(c)) \end{array}$$

donde $ord(a,i,j)$ expresa que el subvector $a[i..j]$ está ordenado, y bag es una función que, dado un subvector o un montículo, construye el multiconjunto o bolsa de sus elementos. Por ejemplo, la expresión

$$bag(v[1..n]) = bag(V[1..n])$$

de la postcondición es equivalente a decir que el valor final de v es una permutación de los elementos existentes en el vector de partida V. Para expresar los invariantes se ha considerado, tal como se dijo en la Sección 4.1, que los bucles **para** se sustituyen por los bucles **mientras** equivalentes y, en consecuencia, el rango de i termina en $n+1$.

La demostración de corrección, aligerada de formalismo, consiste en los siguientes razonamientos:

1. P_1 es trivialmente cierto con $i = 1$ y $c = cvacia$.

accion *elim_min* (m : **ent/sal** $monticulo$)
con m **hacer**
  si $k = 0$ **entonces** *error*
  si no $v[1] := v[k];\ k := k - 1;\ hundir\ (v, 1, k)$
  fsi
fcon
faccion

accion *hundir* (v : **ent/sal** $vector$; j, k : $natural$)
var $m : natural$; *fin* : *bool* **fvar**
  fin := *falso*;
  mientras $2 * j \leq k \wedge \neg fin$ **hacer**
    caso $2 * j + 1 \leq k \wedge_c v[2 * j + 1] < v[2 * j] \rightarrow m := 2 * j + 1$
    $\square$ $2 * j + 1 > k \vee_c v[2 * j + 1] \geq v[2 * j] \rightarrow m := 2 * j$
    fcaso
    si $v[j] > v[m]$
      entonces $permutar\ (v, j, m);\ j := m$
      si no *fin* := *cierto*
    fsi
  fmientras
faccion

Figura 7.14. Implementación de *elim_min* y *hundir* de montículos

2. P_1 se mantiene invariante al incorporar el elemento $v[i]$ a c y sumar 1 a i.
3. Cuando $i = n + 1$, $bag(v[i..n]) = \emptyset$, y todos los elementos están en c. Al hacer la asignación inicial $i := 1$ del segundo bucle, se cumplen trivialmente todas las conjunciones de P_2, por ser vacío el rango $\{1..i - 1\}$.
4. Suponiendo que P_2 es cierto al comienzo de una iteración, extraer el elemento mínimo de c y copiarlo en $v[i]$, seguido de incrementar en uno i, mantiene invariantes los apartados de P_2:
   (a) los elementos inicialmente en V continúan repartidos entre (la nueva) c y $v[1..i - 1]$ (con la nueva i)
   (b) el elemento colocado en $i - 1$ (con la nueva i) mantiene la ordenación de $v[1..i - 1]$ porque los anteriores a él eran, según P_2, menores o iguales que cualquier elemento que estuviera en c

```
accion heapsort(v : ent/sal vector [1..n] de elem);
var c : colap; i : nat fvar
    c := cvacia;
    para i desde 1 hasta n hacer
        c := insert(c, v[i])
    fpara ;
    para i desde 1 hasta n hacer
        v[i] := min(c); c := elim_min(c)
    fpara
faccion
```

Figura 7.15. Versión abstracta del algoritmo *heapsort*

(c) el elemento colocado en $i-1$ (con la nueva i), es menor o igual que cualquier elemento que permanezca aun en c, ya que extrajimos el mínimo de ellos

5. La condición de terminación $i = n + 1$, junto con P_2, conducen directamente a R ya que, para conservar la cardinalidad de $bag(V[1..n])$, ha de cumplirse forzosamente $bag(c) = \emptyset$.

Es posible mejorar el coste en tiempo y en espacio del algoritmo *heapsort* si se trabaja directamente con la implementación del montículo en términos de un vector. De hecho, el propio vector a ordenar sirve para este propósito, con lo que el consumo en espacio del algoritmo pasa a ser $\Theta(1)$. Ello marca una diferencia con respecto a otros algoritmos de ordenación interna de eficiencia en tiempo $\Theta(n \log n)$:

- El algoritmo *mergesort* necesita un espacio adicional en $\Theta(n)$ para el vector donde se almacena la *fusión* de las dos porciones de vector ordenadas previamente.
- El algoritmo *quicksort* de la Sección 4.4.1 necesita un espacio, en promedio en $\Theta(\log n)$ y en el caso peor en $\Theta(n)$, para la pila de activación de las llamadas recursivas.

En la nueva versión, un primer bucle se dedica a convertir el vector de entrada en un montículo de máximos. Para ello se emplea la siguiente táctica: si n es el número de elementos del vector, es inmediato demostrar que los elementos

$$v[n \textbf{ div } 2 + 1], \ldots, v[n]$$

corresponden a hojas del futuro montículo. De hecho, son ya montículos de un elemento. Entonces, se procede a *hundir* los elementos $v[n\ \mathbf{div}\ 2]$ a $v[1]$, en ese orden, construyendo en sentido ascendente montículos de 2, 4, 8, etc. elementos, hasta llegar a formar un sólo montículo. Se puede demostrar que el coste de este bucle está en $\Theta(n)$ mediante el siguiente razonamiento: considerando el peor caso, que sería un árbol completo de altura $k = \lfloor \log n \rfloor$, hundir los nodos interiores de profundidad $k-1$, ocasiona $2\frac{n}{4}$ comparaciones, hundir los de profundidad $k-2$, ocasiona $4\frac{n}{8}$ comparaciones, los de profundidad $k-2$, $6\frac{n}{16}$, etc. El número total de comparaciones es, pues:

$$\sum_{i=1}^{\lfloor \log n \rfloor - 1} n.\frac{2i}{2^{i+1}} = n \sum_{i=1}^{\lfloor \log n \rfloor - 1} \frac{i}{2^i}$$

donde la cantidad $\sum_{i=1}^{\lfloor \log n \rfloor - 1} \frac{i}{2^i} \leq \sum_{i=1}^{\infty} \frac{i}{2^i}$ está acotada por una constante.

El segundo bucle es muy similar al de la primera versión, con la diferencia de que ahora se extrae sucesivamente el máximo del montículo y se coloca al final del vector. En todo momento de la iteración el vector está dividido en dos porciones: la $v[1..i]$, que corresponde al montículo remanente, y la $v[i+1,..n]$, que contiene los elementos extraídos del montículo y que está ordenada crecientemente. El coste de este segundo bucle está en $\Theta(n \log n)$. El algoritmo completo se presenta en la figura 7.16.

```
accion heapsort(v : ent/sal vector [1..n] de elem);
var i : nat fvar
    para i bajando desde n div 2 hasta 1 hacer
        hundir(v, i, n)
    fpara ;
    para i bajando desde n hasta 2 hacer
        permutar(v, 1, i);
        hundir(v, 1, i − 1)
    fpara
faccion
```

Figura 7.16. Versión definitiva del algoritmo *heapsort*

La acción $hundir(v, j, m)$ supone que el subvector $v[j..m]$ está organizado como un (conjunto de) montículo(s), en este caso, de máximos, y que el único elemento que puede no cumplir la propiedad de ordenación es $v[j]$. Tras "hundirlo" hasta el nivel apropiado, todo el subvector $v[j..m]$ cumple la propiedad. Su especificación formal es la siguiente:

$$\{MON(v,j+1,m) \wedge 1 \leq j \leq m \leq n \wedge v = V\}$$
accion $hundir(v :$ **ent/sal vector** $[1..n]$ **de** $elem; j, m : natural)$
$$\{MON(v,j,m) \wedge bag(v[j..m]) = bag(V[j..m])\}$$

donde el predicado *MON* expresa la propiedad de ordenación:

$$MON(v,j,m) \stackrel{\text{def}}{=} \forall \xi \in \{j..m \,\mathbf{div}\, 2\}.\ v[\xi] \geq v[2\xi] \wedge (2\xi + 1 \leq m \rightarrow v[\xi] \geq v[2\xi+1])$$

La acción $permuta(v,i,j)$ intercambia los valores $v[i]$ y $v[j]$ en el vector v.

Los invariantes propuestos para ambos bucles son los siguientes:

$$P_1 \stackrel{\text{def}}{=} bag(v[1..n]) = bag(V[1..n]) \wedge 1 \leq i \leq n+1 \wedge MON(v,i+1,n)$$
$$P_2 \stackrel{\text{def}}{=} bag(v[1..n]) = bag(V[1..n]) \wedge 1 \leq i \leq n+1 \wedge MON(v,1,i) \wedge ord(v,i+1,n) \wedge \forall \xi \in \{1..i\}.\forall \eta \in \{i+1..n\}.v[\xi] \leq v[\eta]$$

El razonamiento de corrección sigue unas pautas muy semejantes a las que se siguieron para la versión abstracta del algoritmo. Se deja como ejercicio para el lector.

El algoritmo *heapsort* fue el primero desarrollado cuyo coste en el caso peor está en $\Theta(n \log n)$. Su coste promedio está también en dicha clase de complejidad. Además, como se ha dicho, no necesita espacio adicional. Sin embargo, su constante multiplicativa es ligeramente superior a la del algoritmo *quicksort*. Dado que su primera fase tiene un coste lineal, es, no obstante, un algoritmo muy recomendable cuando sólo se pretenden obtener los k menores (o mayores) elementos de un vector, siendo k bastante menor que n.

7.3 TABLAS Y CONJUNTOS

Implementación de tablas

Existen numerosas implementaciones posibles para tablas, demasiadas para poder entrar aquí en los detalles involucrados. Mencionaremos brevemente las más relevantes y las diferencias que presentan en el coste de las operaciones:

de acceso directo Implementación sobre un vector $v[1..max]$ de valores asociados. Sólo es posible cuando existe una función inyectiva

$$codifica : \mathcal{D}_{claves} \longrightarrow (1..max)$$

del dominio de las claves en el subrango de los enteros $(1..max)$, y este subrango es razonablemente pequeño. Cada clave tiene un lugar fijo y único en el vector.

alfabética Implementación sobre un vector $v[1..max]$ de pares $\langle k, v\rangle$ ordenados alfabéticamente por la clave k. Exige la existencia de una relación de orden total en las claves, lo cual es normalmente posible. Útil para tablas poco dinámicas (pocas inserciones y borrados y muchas consultas).

árbol de búsqueda Los pares $\langle k, v\rangle$ se almacenan en los nodos de un árbol de búsqueda (normalmente equilibrado) ordenado según las claves k. Útil para tablas muy dinámicas.

tabla dispersa o *hash* Se detalla a continuación su funcionamiento. Es la implementación que suele presentar más ventajas, aunque algunas variantes no admiten una implementación razonable de la operación $borrar$.

La tabla siguiente resume el coste de las operaciones para cada una de las implementaciones mencionadas. A efectos de la misma, la operación *modif* se ha desdoblado en dos: *insertar*, que expresa el coste de *modif* cuando la clave insertada no estaba presente en la tabla y ha de ser incluida, y *cambiar*, que expresa el coste de *modif* cuando la clave ya estaba en la tabla y sólo se ha de cambiar el valor asociado.

Implementación	insertar	cambiar	valor	borrar
acceso directo	$\Theta(1)$	$\Theta(1)$	$\Theta(1)$	$\Theta(1)$
alfabética	$\Theta(n)$	$\Theta(\log n)$	$\Theta(\log n)$	$\Theta(n)$
árbol búsqueda	$\Theta(\log n)$	$\Theta(\log n)$	$\Theta(\log n)$	$\Theta(\log n)$
dispersa$^{(*)}$	$\Theta(1)$	$\Theta(1)$	$\Theta(1)$	$\Theta(1)$

$^{(*)}$*Nota: En este caso los costes se refieren al caso promedio.*

Muy frecuentemente, no es posible encontrar una función inyectiva del dominio de las claves en un subrango de los enteros $(1..max)$ razonablemente pequeño, por lo que las tablas de acceso directo son aplicables rara vez. Sin embargo, casi siempre es posible encontrar una función tal

$$h : \mathcal{D} \longrightarrow (1..max)$$

si permitimos que h pueda ser *no inyectiva*. Relajando aquella restricción, podemos escoger además una función que distribuya las claves esperadas del modo más uniforme posible en el rango $(1..max)$. De esta forma, la probabilidad de que para dos claves distintas $k_1 \neq k_2$ se cumpla $h(k_1) = h(k_2)$ será bastante baja. Cuando se da esa situación diremos que se ha producido una *colisión*.

Las tablas dispersas están basadas en estas ideas. La función h se denomina *función de localización*[2] y se utiliza para calcular la *entrada primaria*, esto es, la posición dentro del vector $v[1..max]$ de pares $\langle clave, valor \rangle$ que, en primera instancia, le corresponde a cada clave k. Si estamos en una operación de inserción y la entrada primaria para un par $\langle k, v \rangle$ está desocupada, se copia el par en dicha posición del vector y se da por concluida la inserción. En caso de estar ocupada por otro par, se aplica un *algoritmo de recolocación* que calcula sucesivas *entradas secundarias* para dicha clave. Se recorre esta secuencia hasta dar con un lugar libre, donde se inserta el par.

La operación de búsqueda sigue el mismo camino que la inserción: la clave deseada se busca, en primer lugar, en la entrada primaria proporcionada por la función h. Si no se encuentra allí, se continúa buscando en las sucesivas entradas secundarias proporcionadas por el algoritmo de recolocación hasta que, o bien se encuentra la clave, o bien se decide que no es posible encontrarla ya (p.e. porque aparece una entrada vacía) y que, por tanto, la clave no está en la tabla.

Los distintos tipos de tablas dispersas difieren en el lugar donde reubican a los pares que han sufrido una colisión, y en el algoritmo de recolocación. Las llamadas *cerradas* reubican a dichos pares en entradas distintas del vector principal, siguiendo la secuencia de direcciones alternativas dada por el algoritmo de recolocación. Las llamadas *abiertas* los reubican en *áreas de desbordamiento* disjuntas con el vector principal. Dichas áreas suelen ser listas enlazadas, una por cada entrada primaria. Las cerradas son más sencillas de programar, pero en ellas se producen más colisiones que en las abiertas, debido a la "invasión" de entradas primarias por pares que proceden de colisiones en otras entradas primarias. Los diferentes algoritmos de recolocación tratan de evitar este fenómeno, garantizando al mismo tiempo que, siempre que haya una entrada vacía, es posible alcanzarla siguiendo la secuencia de direcciones secundarias que generan. Para más detalles sobre estos algoritmos y sobre las técnicas para construir funciones de localización, el lector puede dirigirse a la bibliografía existente sobre el tema.

Es obvio que el coste de las operaciones de inserción y búsqueda aumenta con el número de colisiones. En el caso peor, ha de recorrerse toda la tabla primaria, o un área de desbordamiento, con una longitud de búsqueda del orden del número n de pares en la tabla. Es decir, el coste de las mismas, en el caso peor, está en $\Theta(n)$. Sin embargo, realizando hipótesis plausibles sobre la distribución de probabilidad de las claves, escogiendo una función de localización h que distribuya uniformemente las claves sobre el rango $(1..max)$ y, en el caso de las tablas cerradas, previendo que la tabla no se llenará completamente (los estudios teóricos calculan una tasa recomendable de llenado de no más del 80%), la longitud de búsqueda promedio se

[2]En inglés, *hashing function*.

sitúa entre 1 y 4, independientemente del número n de pares en la tabla, por lo que puede considerarse constante.

La operación de borrado no tiene una implementación clara en las tablas cerradas, debido a que, si simplemente se marca la entrada afectada como vacía, se interrumpen las secuencias generadas por el algoritmo de recolocación, y los pares que colisionaron con el que ahora es suprimido no serían alcanzables a partir de ese momento. La solución alternativa de crear un estado "borrado" distinto de "vacío" para las entradas afectadas por la operación $borrar$ tampoco es aceptable. Dado que una entrada nunca vuelve al estado vacío, al cabo de una corta vida de inserciones y supresiones en la tabla todas las entradas que no estuviesen ocupadas figurarían como "borradas". A efectos de búsqueda, es como si estuvieran ocupadas. Por tanto, la tasa de ocupación, en lo que respecta a la longitud de búsqueda, crecería por encima del 80%, dando lugar enseguida a costes cercanos a $\Theta(n)$. Es decir, desaparecería la ventaja de la tabla dispersa.

7.4 GRAFOS

Implementaciones de grafos

Existen numerosos algoritmos interesantes sobre grafos: por ejemplo, los dedicados a encontrar caminos de coste mínimo entre vértices, a decidir si un grafo es conexo o cíclico, a recorrer sus vértices, o a encontrar el árbol de recubrimiento de menor coste. La eficiencia de estos algoritmos depende de la implementación que escojamos para el tipo *grafo*.

Sin pérdida de generalidad, supondremos que el conjunto de vértices es el subrango de los enteros $(1..n)$. Existen dos representaciones básicas para un grafo:

matriz de adyacencia Un grafo g se representa mediante una matriz de booleanos

rep
  tipo $grafo =$ **matriz** $[1..n, 1..n]$ **de** *bool*
frep

en la que $g[i, j] = cierto$ si y sólo si existe la arista (i, j).

listas de adyacencia Un grafo g se representa mediante un vector de listas de vértices

rep
  tipo $grafo =$ **vector** $[1..n]$ **de** $lista(entero)$
frep

en el que $g[i]$ nos da la lista de los vértices adyacentes al vértice i. Puede utilizarse para las listas una representación vectorial o la representación enlazada, según se prevea vaya a ser el dinamismo de las mismas.

La representación mediante matriz de adyacencia necesita un espacio en $\Theta(n^2)$, lo cual puede ser inadecuado si el número a de aristas va a ser mucho menor que n^2. Si el grafo es no dirigido, sólo se necesita la mitad de la matriz puesto que, si se tuviera entera, sería simétrica.

La pregunta $(u, v) \in g$ puede contestarse, con esta representación, en un tiempo en $\Theta(1)$. En cambio, la consulta $vady(g, v)$ necesita un tiempo en $\Theta(n)$ pues ha de recorrerse una fila completa de la matriz.

La situación es inversa con la representación mediante listas de adyacencia: se accede a la lista de los vértices adyacentes a uno dado en tiempo constante. En cambio, consultar si una determinada arista (u, v) está presente en el grafo necesita recorrer la lista asociada al vértice u, lo que, en el caso peor, necesita un tiempo en $\Theta(n)$. El espacio ocupado por esta representación es del orden del máximo de n y a.

La eficiencia de los algoritmos que trabajan con grafos depende tanto del número de vértices n como del número de aristas a y de la representación escogida para el grafo. En ocasiones, no es obvio cuál es la magnitud que mide mejor el tamaño del problema. Es frecuente emplear simultáneamente ambas cantidades en las expresiones de coste de estos algoritmos. Por ejemplo, el algoritmo de Dijkstra para calcular los caminos de coste mínimo entre un vértice y todos los restantes de un grafo necesita un tiempo en $\mathcal{O}(n^2)$ si se emplea la representación mediante matriz de adyacencia, y un tiempo en $\mathcal{O}(a \log n)$ si se emplean listas de adyacencia.

7.5 PROBLEMAS ADICIONALES

Problema 7.1.

Implementar mediante un solo bucle la operación de invertir una lista especificada en el problema 6.2 usando la representación dada para las listas en la Sección 7.1.3 ■

Problema 7.2.

Implementar recursivamente la operación *espejo* sobre árboles binarios especificada en el problema 6.3, utilizando la representación enlazada. ■

Problema 7.3.

Programar recursivamente el resto de los recorridos de árboles ordenados y binarios especificados en las figuras 6.10 y 6.12 usando la representación enlazada. Proponer las versiones iterativas correspondientes utilizando pilas de árboles. ■

Problema 7.4.

Programar recursivamente un algoritmo *construye* que, dado un vector ordenado crecientemente crea a partir de él un árbol de búsqueda equilibrado de altura mínima. ■

7.6 NOTAS BIBLIOGRÁFICAS

Los libros históricos sobre estructuras de datos son los volúmenes I y III de la obra de D. Knuth [Knu68, Knu73] que en su tiempo representaron una recopilación enciclopédica de los conocimientos existentes hasta entonces, si bien hoy están totalmente desfasados.

Hay numerosos libros actuales donde el lector puede ampliar las estructuras de datos tratadas en este capítulo. Citamos entre ellos [HS76, Wir76, AHU83, DL86, TA86, Wir86] y [HS90].

De [Wir76] hay una excelente traducción castellana [Wir80], y de [AHU83], otra no tan excelente [AHU88].

La operación *unirAVL* de la Sección 7.2.2 está basada en un algoritmo programado en Haskell original del profesor Pedro Palao y publicado en [NPP95].

APENDICE A

Soluciones a los ejercicios y problemas

A.1 CAPÍTULO 1

Solución E.1.1

1. Sean $n_1, n_2 \in \mathcal{N}$ y $c_1, c_2 \in \mathcal{R}^+$ tales que $\forall n \geq n_1 . f(n) \leq c_1 g(n)$ y $\forall n \geq n_2 . g(n) \leq c_2 h(n)$. Definiendo $n_3 = max(n_1, n_2)$ y $c_3 = c_1 c_2$ se sigue que $\forall n \geq n_3 . f(n) \leq c_3 h(n)$, es decir, $f(n) \in \mathcal{O}(h(n))$.

2. $\Rightarrow$ Trivial a partir de que $f(n) \in \mathcal{O}(f(n))$ y $g(n) \in \mathcal{O}(g(n))$.

   $\Leftarrow$ Si $f(n) \in \mathcal{O}(g(n))$ entonces $\mathcal{O}(f(n)) \subseteq \mathcal{O}(g(n))$ ya que, por el apartado anterior, toda $h(n) \in \mathcal{O}(f(n))$ estará también en $\mathcal{O}(g(n))$. Análogamente, si $g(n) \in \mathcal{O}(f(n))$ entonces $\mathcal{O}(f(n)) \subseteq \mathcal{O}(g(n))$. En definitiva, $\mathcal{O}(f(n)) = \mathcal{O}(g(n))$.

3. $\Rightarrow$ Que $f(n) \in \mathcal{O}(g(n))$ se sigue trivialmente de la inclusión. Que $g(n) \notin \mathcal{O}(f(n))$ se sigue por reducción al absurdo: supongamos que $g(n) \in \mathcal{O}(f(n))$; entonces, según el apartado 2 tendríamos que $\mathcal{O}(f(n)) = \mathcal{O}(g(n))$, en contradicción con la hipótesis.

   $\Leftarrow$ De $f(n) \in \mathcal{O}(g(n))$ se sigue que $\mathcal{O}(f(n)) \subseteq \mathcal{O}(g(n))$. La inclusión es estricta porque al menos existe $g(n)$ que está en $\mathcal{O}(g(n))$ y no está en $\mathcal{O}(f(n))$.

Solución E.1.2 Según la definición de límite

$$\lim_{n\to\infty} \frac{f(n)}{g(n)} = 0 \stackrel{\text{def}}{=} \forall \epsilon > 0 . \exists n_\epsilon . \forall n \geq n_\epsilon . \frac{f(n)}{g(n)} \leq \epsilon$$

Fijado cualquier $\epsilon \in \mathcal{R}^+$, se cumple la definición de $f(n) \in \mathcal{O}(g(n))$.

La inclusión es estricta porque $g(n) \notin \mathcal{O}(f(n))$. En efecto, supongamos que existen $c \in \mathcal{R}^+, n_c \in \mathcal{N}$ tales que $\forall n \geq n_c . g(n) \leq cf(n)$. Tendríamos entonces que

$$\forall n \geq n_c . \frac{f(n)}{g(n)} \geq \frac{1}{c}$$

Escogiendo $\epsilon = \frac{1}{c}$, ello contradice la hipótesis de que $\lim_{n\to\infty} \frac{f(n)}{g(n)} = 0$.

Solución E.1.3

$\mathcal{O}(1) \subset \mathcal{O}(\log n)$ Implicado por $\lim_{n\to\infty} \frac{1}{\log n} = 0.$

$\mathcal{O}(\log n) \subset \mathcal{O}(n)$ Implicado por $\lim_{n\to\infty} \frac{\log n}{n} = 0.$

$\mathcal{O}(n^a) \subset \mathcal{O}(n^{a+1})$ Implicado por $\lim_{n\to\infty} \frac{n^a}{n^{a+1}} = 0.$

$\mathcal{O}(n^a) \subset \mathcal{O}(2^n)$ Aplicando la regla de l'Hôpital repetidamente, tenemos

$$\lim_{n\to\infty} \frac{n^a}{2^n} = \lim_{n\to\infty} \frac{an^{a-1}}{2^n \, ln\, 2} = \ldots = \lim_{n\to\infty} \frac{a!}{2^n \, (ln\, 2)^a} = k \lim_{n\to\infty} \frac{1}{2^n} = 0$$

$\mathcal{O}(2^n) \subset \mathcal{O}(n!)$ Implicado por

$$\lim_{n\to\infty} \frac{2^n}{n!} = \lim_{n\to\infty} \frac{2.2.2 \ldots 2}{1.2.3 \ldots n} \leq \lim_{n\to\infty} \frac{2}{n} = 0$$

Solución E.1.4

$$\begin{array}{rcl} f(n) \in \mathcal{O}(g(n)) & \Leftrightarrow & \exists c \in \mathcal{R}^+ . \exists n_c \in \mathcal{N} . \forall n \geq n_c . f(n) \leq cg(n) \\ & \Leftrightarrow & \exists \frac{1}{c} \in \mathcal{R}^+ . \exists n_c \in \mathcal{N} . \forall n \geq n_c . g(n) \geq \frac{1}{c} f(n) \\ & \Leftrightarrow & g(n) \in \Omega(f(n)) \end{array}$$

Solución E.1.5

$$\begin{array}{rcl} \lim_{n\to\infty} \frac{f(n)}{g(n)} = k > 0 & \Leftrightarrow & \forall \epsilon > 0 . \exists n_\epsilon . \forall n \geq n_\epsilon . \left| \ \frac{f(n)}{g(n)} - k \ \right| \leq \epsilon \\ & \Rightarrow & 0 < k - \epsilon \leq \frac{f(n)}{g(n)} \leq k + \epsilon, \text{ para algún } \epsilon \text{ y } n \geq n_\epsilon \\ & \Rightarrow & \exists c_1, c_2 \in \mathcal{R}^+, \exists n_\epsilon . \forall n \geq n_\epsilon . c_1 g(n) \leq f(n) \\ & & \leq c_2 g(n) \\ & \Leftrightarrow & f(n) \in \Theta(g(n)) \quad \text{(ver problema 1.1)} \end{array}$$

Solución E.1.6 Regla de la Suma

($\subseteq$) Sea $h(n) = h_1(n) + h_2(n) \in \Theta(f(n)) + \Theta(g(n))$. Por el problema 1.1 tenemos:

$$\begin{array}{lcl} h_1(n) \in \Theta(f(n)) & \Leftrightarrow & \exists c_1, c_1', n_1.\forall n \geq n_1.c_1 f(n) \leq h_1(n) \leq c_1' f(n) \\ h_2(n) \in \Theta(g(n)) & \Leftrightarrow & \exists c_2, c_2', n_2.\forall n \geq n_2.c_2 g(n) \leq h_2(n) \leq c_2' g(n) \end{array}$$

Tomando $d = min(c_1, c_2)$, $d' = max(c_1', c_2')$ y $n_0 = max(n_1, n_2)$ tenemos:

$$\forall n \geq n_0.d\,(f(n) + g(n)) \leq h_1(n) + h_2(n) \leq d'(f(n) + g(n))$$

lo cual implica $h(n) \in \Theta(f(n) + g(n))$. Por otro lado, sabiendo que $f(n) \leq max(f(n), g(n)) \leq f(n) + g(n)$, y similarmente para $g(n)$, tenemos también:

$$\begin{array}{l} \forall n \geq n_1.d\,f(n) \leq h_1(n) \leq c_1' max(f(n), g(n)) \\ \forall n \geq n_2.d\,g(n) \leq h_2(n) \leq c_2' max(f(n), g(n)) \end{array}$$

Es decir, definiendo $d'' = c_1' + c_2'$, tenemos:

$$\forall n \geq n_0.d\,max(f(n), g(n)) \leq d\,(f(n) + g(n)) \leq d'' max(f(n), g(n))$$

lo cual implica $h(n) \in \Theta(max(f(n), g(n)))$.

($\supseteq$) De $h(n) \in \Theta(max(f(n), g(n)))$ se deduce que $\exists c_1, c_2, n_0$ tales que:

$$\begin{array}{ll} & \forall n \geq n_0.c_1 max(f(n), g(n)) \leq h(n) \leq c_2 max(f(n), g(n)) \\ \Rightarrow & \forall n \geq n_0.\frac{c_1}{2} f(n) + \frac{c_1}{2} g(n) \leq h(n) \leq c_2 f(n) + c_2 g(n) \\ \Rightarrow & \exists h_1(n) \in \Theta(f(n)), h_2(n) \in \Theta(g(n)).h(n) = h_1(n) + h_2(n) \\ \Rightarrow & h(n) \in \Theta(f(n)) + \Theta(g(n)) \end{array}$$

Solución E.1.7 Regla del Producto

($\subseteq$) Sea $h(n) = h_1(n).h_2(n) \in \Theta(f(n)).\Theta(g(n))$. Por el problema 1.1 tenemos:

$$\begin{array}{lcl} h_1(n) \in \Theta(f(n)) & \Leftrightarrow & \exists c_1, c_1', n_1.\forall n \geq n_1.c_1 f(n) \leq h_1(n) \leq c_1' f(n) \\ h_2(n) \in \Theta(g(n)) & \Leftrightarrow & \exists c_2, c_2', n_2.\forall n \geq n_2.c_2 g(n) \leq h_2(n) \leq c_2' g(n) \end{array}$$

Tomando $d = min(c_1, c_2)$, $d' = max(c_1', c_2')$ y $n_0 = max(n_1, n_2)$ tenemos:

$$\forall n \geq n_0.d^2.f(n).g(n) \leq h_1(n).h_2(n) \leq d'^2.f(n).g(n)$$

lo cual implica $h(n) \in \Theta(f(n).g(n))$.

($\supseteq$) De $h(n) \in \Theta(f(n).g(n))$ se deduce que $\exists c_1, c_2, n_0$ tales que:

$$\begin{array}{ll} & \forall n \geq n_0.c_1.f(n).g(n) \leq h(n) \leq c_2.f(n).g(n) \\ \Rightarrow & \forall n \geq n_0.d_1.f(n).e_1.g(n) \leq h(n) \leq d_2.f(n).e_2.g(n) \\ & \text{escogiendo } d_1, d_2, e_1, e_2 \text{ de forma que } c_1 = d_1 e_1 \text{ y } c_2 = d_2 e_2 \\ \Rightarrow & \exists h_1(n) \in \Theta(f(n)), h_2(n) \in \Theta(g(n)).h(n) = h_1(n).h_2(n) \\ \Rightarrow & h(n) \in \Theta(f(n)).\Theta(g(n)) \end{array}$$

Solución P.1.2 Sea

$$f(n) \stackrel{\text{def}}{=} \begin{cases} n^2, & \text{si } n \text{ es par} \\ n^5, & \text{si } n \text{ es impar} \end{cases}$$

Para esta función, la menor cota superior es n^5 y la mayor cota inferior es n^2. Es decir $f(n) \in \mathcal{O}(n^5)$ y $f(n) \notin \Omega(n^5)$.

Solución P.1.4

1. Trivial considerando que $\log_a n = \log_a b. \log_b n$
2. Por una parte,

$$\sum_{i=1}^{n} i^k \leq \sum_{i=1}^{n} n^k = n^{k+1} \in \mathcal{O}(n^{k+1})$$

Por otra parte,

$$\sum_{i=1}^{n} i^k \geq \sum_{i=n\,\mathbf{div}\,2}^{n} i^k \geq \sum_{i=n\,\mathbf{div}\,2}^{n} (n\,\mathbf{div}\,2)^k \geq (n\,\mathbf{div}\,2)^{k+1} \in \Omega(n^{k+1})$$

Solución P.1.6 Expresamos en segundos ambas funciones:

$$f_1(n) = 3600n^2 \qquad \text{y} \qquad f_2(n) = n^3$$

Además de en $n = 0$, se cortan en el valor $n_0 = 3600$ que es la otra solución de la ecuación $3600n^2 = n^3$. Es decir, para todo $n \geq 3600$ $f_1(n) \leq f_2(n)$.

Solución P.1.8

(a) Sabiendo que el coste del cuerpo del bucle está en $\Theta(1)$, el número de iteraciones está en $\Theta(n)$, y aplicando la regla del producto tenemos que $t(n) \in \Theta(1 \times n) = \Theta(n)$.

(b) El coste del cuerpo está en $\Theta(i)$, es decir, $\exists, c_1, c_2.c_1 i \leq t(i) \leq c_2 i$. La suma de estos costes cuando i varía desde 0 hasta $n-1$ está, según el problema P.1.4, en $\Theta(n^2)$.

A.2 CAPÍTULO 2

Solución E.2.1 Todo estado que satisface $x > 0$ también satisface $x \geq 0$. Otra forma de razonar es constatar que la implicación es de la forma $A \Rightarrow A \vee B$ que es un predicado universalmente válido. En cambio, $x \geq 0 \not\Rightarrow x > 0$ porque el estado $x = 0$ satisface el antecedente pero no el consecuente.

Solución E.2.2

$P_2 \longrightarrow P_1 \longrightarrow P_3$
$P_2 \longrightarrow P_5 \longrightarrow P_4$
incomparables: $(P_1, P_5), (P_1, P_4), (P_3, P_5), (P_3, P_4)$

Solución P.2.2

1. $ord(a, i, j) \stackrel{\text{def}}{=} \forall \alpha \in \{i..j-1\}.a[\alpha] \leq a[\alpha + 1]$
2. $ord(a, 7, 6)$ tiene sentido y especifica que un vector con cero elementos está ordenado. $ord(a, 7, 7)$ también lo tiene y especifica que un vector con un elemento entá ordenado. En ambos casos, el cuantificador universal del predicado ord tiene rango vacío por lo que es trivialmente cierto.
3. $ord'(a, i, j) \stackrel{\text{def}}{=} 1 \leq i \leq 1000 \wedge 1 \leq j \leq 1000 \wedge ord(a, i, j)$

Solución P.2.4

$\{Q \equiv 0 \leq n \leq 1000\}$
fun $ordenado$ $(a : vect; n : entero)$ **dev** $(b : booleano)$
$\{R \equiv b = ord(a, 1, n)\}$

Solución P.2.6

$\{Q \equiv 1 \leq n \leq 1000 \wedge ord(a, 1, n-1) \wedge a = A\}$
accion $insertar$ $(a :$ **ent/sal** $vect;\ n : entero)$
$\{R \equiv perm(a, A, n) \wedge ord(a, 1, n)\}$

Solución P.2.8

$\{Q \equiv n \geq 1\}$
fun $guay$ $(n : entero)$ **dev** $(b : booleano)$
$\{R \equiv b = \exists \alpha \in \mathcal{N}.n = \sum_{\beta=1}^{\alpha} \beta\}$

Solución P.2.10

$\{Q \equiv n \geq 0\}$
fun $gaspariforme$ $(a : vect;\ n : entero)$ **dev** $(b : booleano)$
$\{R \equiv b = (\forall \alpha \in \{1..n\}. \sum_{\beta=1}^{\alpha} a[\beta] \geq 0) \wedge (\sum_{\alpha=1}^{n} a[\alpha] = 0)\}$

Solución P.2.12

$\{Q \equiv 0 \leq n \leq 1000 \wedge a = A\}$
accion $espejo$ $(a :$ **ent/sal** $vect;\ n : entero)$
$\{R \equiv \forall \alpha \in \{1..n\}.a[\alpha] = A[n - \alpha + 1]\}$

Solución P.2.14

$$
\begin{array}{lcl}
perm(c,n) & \stackrel{\text{def}}{=} & \forall\alpha \in \{1..n\}.frec(\alpha,c,n) = 1 \\
c_1 \succeq c_2 & \stackrel{\text{def}}{=} & \exists\alpha \in \{1..n\}.(\forall\beta \in \{1..\alpha\}.c_1[\beta] = c_2[\beta] \\
 & & \wedge(\alpha < n \rightarrow c_1[\alpha+1] > c_2[\alpha+1])) \\
c_1 \succ c_2 & \stackrel{\text{def}}{=} & c_1 \succeq c_2 \wedge c_1 \neq c_2 \\
c_1 \preceq c_2 & \stackrel{\text{def}}{=} & \neg(c_1 \succ c_2) \\
c_1 \prec c_2 & \stackrel{\text{def}}{=} & c_1 \preceq c_2 \wedge c_1 \neq c_2
\end{array}
$$

Solución P.2.16

$\{Q \equiv 1 \leq n \wedge perm(a,n) \wedge (\exists c.perm(c,n) \wedge c \succ a) \wedge a = A\}$
accion *siguiente* (a : **ent/sal** *vect*; n : *entero*)
$\{R \equiv perm(a,n) \wedge a \succ A \wedge (\forall c.perm(c,n) \wedge c \succ A \rightarrow a \preceq c)\}$

A.3 CAPÍTULO 3

Solución E.3.1

reflexiva $\forall c \in Cadenas.longitud(c) \leq longitud(c)$

transitiva

$$\begin{aligned}\forall c_1, c_2, c_3 \in Cadenas.longitud(c_1) &\leq longitud(c_2) \wedge longitud(c_2)\\ &\leq longitud(c_3) \Rightarrow longitud(c_1)\\ &\leq longitud(c_3)\end{aligned}$$

no orden parcial En general,

$$longitud(c_1) \leq longitud(c_2) \wedge longitud(c_2) \leq longitud(c_1) \not\Rightarrow c_1 = c_2$$

Solución E.3.2

transitiva Aplicando la definición, $x \prec y \wedge y \prec z \Leftrightarrow x \preceq y \wedge \neg(y \preceq x) \wedge y \preceq z \wedge \neg(z \preceq y)$ lo cual implica $x \preceq z$. Por otra parte, ha de ser $\neg(z \preceq x)$ ya que en caso contrario se tendría por transitividad que $z \preceq y$ e $y \preceq x$ en contradicción con la hipótesis.

antirreflexiva Afirmando $x \prec x$ se llega a la contradicción $x \preceq x \wedge \neg(x \preceq x)$.

Solución E.3.3

1. Los enteros $(\mathcal{Z}, \leq)$ con la relación de orden habitual no tienen elementos minimales.
2. El preorden $(\mathcal{N} \times \mathcal{N}, \preceq)$ definiendo $(a, b) \preceq (a', b') \stackrel{\text{def}}{=} b \leq b'$ tiene como elementos minimales todas las parejas de la forma $(a, 0)$ para cualquier $a \in \mathcal{N}$.

Solución E.3.4

reflexiva $(a, a) \preceq (a, a) \Leftrightarrow a - a \leq a - a \Leftrightarrow 0 \leq 0$.

transitiva

$$\begin{aligned} & (a'', b'') \preceq (a', b') \wedge (a', b') \preceq (a, b)\\ \Leftrightarrow\ & b'' - a'' \leq b' - a' \leq b - a\\ \Rightarrow\ & b'' - a'' \leq b - a\\ \Leftrightarrow\ & (a'', b'') \preceq (a, b)\end{aligned}$$

sucesión $(0, 0) \succ (1, 0) \succ (2, 0) \ldots$

Solución E.3.5

$\Rightarrow$ Si $(\mathcal{D}, \preceq)$ es un *pbf*, no existen cadenas infinitas estrictamente decrecientes en $\mathcal{D}$. Si existiera un subconjunto $\varnothing \subset A \subseteq \mathcal{D}$ en el que $\forall a \in A.\exists a'.a' \prec a$ podríamos formar en A la sucesión infinita $a \succ a' \succ a'' \succ \ldots$.

$\Leftarrow$ Si $(\mathcal{D}, \preceq)$ no es un *pbf* a pesar de cumplirse la hipótesis, podríamos formar en $\mathcal{D}$ una sucesión infinita $x_0 \succ x_1 \succ \ldots$. Entonces, el subconjunto $\{x_i\}_{i \geq 0}$ consistente en dicha sucesión no tendría elemento minimal.

Solución E.3.6

1. Todas las parejas de la forma $(0, b)$.
2. Todas las parejas de la forma $(a, 0)$.
3. El único elemento minimal es la pareja $(0, 0)$.
4. El único elemento minimal es la pareja $(0, 0)$.

Solución E.3.7

reflexiva $(a, a) \preceq_{lex} (a, a) \Leftrightarrow (a < a) \vee (a = a \wedge a \leq a) \Leftrightarrow \mathit{cierto}$

transitiva
$$\begin{array}{ll} & (a'', b'') \preceq_{lex} (a', b') \wedge (a', b') \preceq_{lex} (a, b) \\ \Leftrightarrow & (a'' < a' \vee (a'' = a' \wedge b'' \leq b')) \wedge (a' < a \vee (a' = a \wedge b' \leq b)) \\ \Rightarrow & a'' < a \vee (a'' = a' = a \wedge b'' \leq b' \leq b) \\ \Rightarrow & (a'', b'') \preceq_{lex} (a, b) \end{array}$$

sucesiones Por ejemplo, las infinitas parejas de la forma $(1, n)$ son predecesores estrictos de la pareja $(2, 3)$. Sin embargo no es posible una sucesión infinita decreciente a partir de $(2, 3)$. Al llegar a $(2, 0)$ hay que elegir algún predecesor estricto de la forma $(1, n)$, por ejemplo $(1, 3.000.000)$. A partir de aqui, la cadena decreciente más larga hasta $(1, 0)$ es finita. El razonamiento se puede iterar. El único elemento sin predecesores estrictos es $(0, 0)$.

Solución E.3.8

Caso base La cadena vacía ϵ, único elemento minimal del preorden, cumple

$$\mathit{longitud}(\epsilon) \geq 0$$

Paso de inducción Si todo $c' \in \mathit{Cadenas}$ tal que $\mathit{longitud}(c') < \mathit{longitud}(c)$ cumple la hipótesis de inducción, es decir, que $\mathit{longitud}(c') \geq 0$, entonces c cumple

$$\mathit{longitud}(c) > 0$$

lo cual implica $\mathit{longitud}(c) \geq 0$.

Solución E.3.10 La especificación propuesta es: precondición $Q \equiv 1 \leq i \leq j + 1 \leq n + 1$, postcondición $R \equiv s = \sum_{\xi=i}^{j} a[\xi]$.

1. $i > j \vee i = j \vee i < j \equiv \mathit{cierto}$.
2. $i < j \wedge i \leq m \leq j \Rightarrow 1 \leq i \leq m < m + 1 \leq j + 1 \leq n + 1 \Rightarrow Q_1 \wedge Q_2$.
3. $i > j \Rightarrow 0 = \sum_{\xi=i}^{j} a[\xi]$ y $i = j \Rightarrow a[i] = \sum_{\xi=i}^{j} a[\xi]$.
4. $i < j \wedge i \leq m \leq j \wedge s_1' = \sum_{\xi=i}^{m} a[\xi] \wedge s_2' \sum_{\xi=m+1}^{j} a[\xi] \Rightarrow s_1' + s_2' = \sum_{\xi=i}^{j} a[\xi]$
5. $t \stackrel{\text{def}}{=} j - i + 1$. Obviamente $Q \Rightarrow t \geq 0$.
6. $i < j \wedge m = (i+)$ **div** $2 \Rightarrow m - i + 1 < j - i + 1 \wedge j - (m + 1) + 1 < j - i + 1$.

7. El coste es la solución a la recurrencia $T(n) = 2T(n\mathbf{div}2)+k$, siendo $n \stackrel{\text{def}}{=} (j-i+1)$, es decir, $T(n) \in \Theta(n)$.

Solución E.3.15 Definimos $R_{debil}(a,b,s,i) \stackrel{\text{def}}{=} s = \sum_{\xi=1}^{i-1} a[\xi]$. Entonces,

$$R_{debil}(a,b,s,i) \wedge (i = n+1) \Rightarrow R(a,b,s)$$

La función original se calcula mediante $prodesc(a,b) = iiprodesc(a,b,0,1)$. El diseño resultante es:

$\{Q' \equiv s = \sum_{\xi=1}^{i-1} a[\xi].b[\xi] \wedge 1 \leq i \leq n+1\}$
fun $iiprodesc\ (a,b : vect; s,i : entero)$ **dev** $(p : entero)$ $=$
caso $i = n+1 \rightarrow s$
$\square$ $i < n+1 \rightarrow iiprodesc(a,b,s+a[i+1]*b[i+1],i+1)$
fcaso
ffun
$\{R' \equiv p = \sum_{\xi=1}^{n} a[\xi].b[\xi]\}$

Solución E.3.19 Tomamos $Q(n,a) \equiv n < (a+1)^2$ e inicializamos $a = n$ ya que $n < (n+1)^2$. Es decir,

$$raiz(n) = iraiz_2'(n,n)$$

El diseño exige ahora decrementar a hasta que cumpla $a^2 \leq n$.

$\{Q' \equiv n \geq 0 \wedge n < (a+1)^2\}$
fun $iraiz_2'\ (n,a : entero)$ **dev** $(r : entero)$ $=$
caso $a^2 \leq n \rightarrow a$
$\square$ $a^2 > n \rightarrow iraiz_2'\ (n,a-1)$
fcaso
ffun
$\{R' \equiv r^2 \leq n \wedge n < (r+1)^2\}$

El coste es proporcional a $n - n^{\frac{1}{2}}$, es decir, $T(n) \in \Theta(n)$. Claramente es una solución peor que la de *iraiz*$_2$ cuyo coste está en $\Theta(n^{\frac{1}{2}})$.

Solución E.3.22 Estudiando el caso no trivial de *iprodesc*, resulta la generalización

$$iiprodesc\ (a,b,j,u) \stackrel{\text{def}}{=} u + iprodesc\ (a,b,j)$$

cuyo caso particular $u = 0$ nos da de nuevo $iprodesc\ (a,b,j)$. Los pasos de desplegado y plegado son:

$$
\begin{array}{l}
iiprodesc\,(a,b,j,u) = \\
u + \textbf{caso}\ \ j = n+1 \rightarrow 0 \\
\quad\ \ \Box \quad j < n+1 \rightarrow a[j] * b[j] + iprodesc\,(a,b,j+1) \\
\quad\ \ \textbf{fcaso} \\
= \\
\quad\ \ \textbf{caso}\ \ j = n+1 \rightarrow u + 0 \\
\quad\ \ \Box \quad j < n+1 \rightarrow u + a[j] * b[j] + iprodesc\,(a,b,j+1) \\
\quad\ \ \textbf{fcaso} \\
= \\
\quad\ \ \textbf{caso}\ \ j = n+1 \rightarrow u \\
\quad\ \ \Box \quad j < n+1 \rightarrow iiprodesc\,(a,b,j+1,u + a[j] * b[j]) \\
\quad\ \ \textbf{fcaso}
\end{array}
$$

El programa obtenido no corresponde exactamente al de la figura 3.7 ya que allí la i se inicializaba a 0 y su rango era $0 \leq i \leq n$.

En cambio, es idéntico al obtenido como resultado del problema 3.15.

Solución P.3.2

$$
\begin{array}{l}
\{Q \equiv a \geq 0 \wedge b \geq 0 \wedge a = min(a,b)\} \\
\textbf{fun}\ prod\ (a, b : entero)\ \textbf{dev}\ (p : entero)\ = \\
\textbf{caso}\ \ a = 0 \rightarrow 0 \\
\ \Box \quad a > 0 \rightarrow \textbf{sea}\ pp = prod\ (a\ \textbf{div}\ 2, 2b)\ \textbf{en} \\
\qquad\qquad\qquad \textbf{caso}\ par(a)\ \rightarrow pp \\
\qquad\qquad\qquad \Box\ \ \neg par(a) \rightarrow pp + b \\
\qquad\qquad\qquad \textbf{fcaso} \\
\textbf{fcaso} \\
\textbf{ffun} \\
\{R \equiv p = a.b\}
\end{array}
$$

Al convertir a iterativo necesitamos almacenar los valores de a en una pila ya que la inversa de dividir por dos con truncación no es calculable.

```
fun prod (a_ini, b_ini : entero) dev (p : entero)
var a, b, : entero , pila : pila de entero fvar
    a := a_ini; b := b_ini; pila := apilar (pvacia, a);
    mientras a > 0 hacer
        a := a div 2; b := 2 * b; pila := apilar (pila, a)
    fmientras ;
    p := 0; pila := desapilar (pila);
    mientras ¬vacia (pila) hacer
        a := cima (pila); b := b div 2;
        si ¬par (a) entonces p := p + b fsi ;
        pila := desapilar (pila)
    fmientras ;
    dev p
ffun
```

Se puede conseguir una versión iterativa sin pila y un solo bucle a partir de la versión recursiva final que resulta de desplegar y plegar la función recursiva no final *prod*. Usar la generalización $iprod\ (a, b, u) \stackrel{\text{def}}{=} u + prod\ (a, b)$.

Solución P.3.4

$\{Q \equiv a \geq 0 \wedge 1 < b < 10\}$
fun $cambioBase\ (a, b : entero)$ **dev** $(x : entero) =$
caso $a = 0 \rightarrow 0$
$\square$ $a > 0 \rightarrow 10 * cambioBase\ (a\ \textbf{div}\ b, b) + x\ \textbf{mod}\ b$
fcaso
ffun
$\{R \equiv a = \sum_{k=0}^{n-1} x_k.b^k\}$

Siendo x_k la k-ésima cifra decimal de x, comenzando con $k = 0$ para las unidades, y n el número total de cifras significativas de x.

Solución P.3.6

$\{Q \equiv i > 0\}$
fun $msim\ (a : matriz; ientero)$ **dev** $(b : bool) =$
caso $i = 1 \rightarrow$ *cierto*
$\square$ $i > 1 \rightarrow bsim\ (a, i, 1) \wedge_c msim\ (a, i - 1)$
fcaso
ffun
$\{R \equiv b = (\ a[1..i, 1..i]$ es simétrica$)\}$

$\{Q \equiv 0 < j \leq i\}$
fun $bsim\ (a : matriz; i, jentero)$ **dev** $(b : entero) =$
caso $j = i \rightarrow$ *cierto*
$\square$ $j < i \rightarrow a[i, j] = a[j, i] \wedge_c bsim\ (a, i, j + 1)$
fcaso
ffun
$\{R \equiv b =$ (la porción $a[i, j..i]$ es simétrica a la porción $a[j..i, i]$)$\}$

Los dos $\wedge_c$ (y-condicionales) se pueden implementar mediante la instrucción **caso**, dando lugar a dos funciones recursivas finales. La transformación a iterativo se deja al lector.

Solución P.3.8

$\{Q \equiv n \geq 0 \wedge 1 \leq i \leq n\ \textbf{div}\ 2 + 1\}$
fun $capicua\ (a : vector; n, i : entero)$ **dev** $(b : bool) =$
caso $i > n\ \textbf{div}\ 2 \rightarrow$ *cierto*
$\square$ $i \leq n\ \textbf{div}\ 2 \rightarrow a[i] = a[n - i + 1] \wedge_c capicua\ (a, n, i + 1)$
fcaso
ffun
$\{R \equiv b = \forall \xi \in \{i..n\}.a[\xi] = a[n - \xi + 1]\}$

La versión optimizada consiste en implementar el $\wedge_c$ (y-condicional) por medio de la instrucción **caso**, consiguiendo además recursión final.

Las parejas distintas se convierten en casos triviales.

$\{Q \equiv n \geq 0 \wedge 1 \leq i \leq n \textbf{ div } 2 + 1\}$
fun *capicua* $(a : vector; n, i : entero)$ **dev** $(b : bool)$ =
caso $i > n$ **div** $2 \rightarrow$ *cierto*
$\square$ $i \leq n$ **div** $2 \rightarrow$ **caso** $a[i] \neq a[n-i+1] \rightarrow$ *falso*
$\square$ $a[i] = a[n-i+1] \rightarrow capicua\,(a, n, i+1)$
fcaso
fcaso
ffun
$\{R \equiv b = \forall\xi \in \{i..n\}.a[\xi] = a[n-\xi+1]\}$

Solución P.3.10 Damos directamente la inmersión, que es una función que investiga la porción $a[i..j]$ del vector:

$\{Q \equiv 1 \leq i \leq j+1 \leq n+1 \wedge ordenEstricto\,(a, i, j)\}$
fun *coincide* $(a : vector; i, j : entero)$ **dev** $(b : bool)$ =
caso $i > j \rightarrow$ *falso*
$\square$ $i \leq j \rightarrow$ **sea** $m = (i+j)$ **div** 2 **en**
caso $a[m] > m \rightarrow coincide\,(a, i, m-1)$
$\square$ $a[m] = m \rightarrow$ *cierto*
$\square$ $a[m] < m \rightarrow coincide\,(a, m+1, j)$
fcaso
fcaso
ffun
$\{R \equiv b = \exists\xi \in \{i..j\}.a[\xi] = \xi\}$

Donde $ordenEstricto\,(a, i, j) \stackrel{\text{def}}{=} \forall\beta \in \{i..j-1\}.a[\beta] < a[\beta+1]$. El coste está en $\Theta(\log(j-i+1))$ ya que la porción a investigar se divide por 2 en cada llamada. La corrección de este diseño se basa en la siguiente implicación:

$$ordenEstricto\,(a, i, j) \wedge 1 \leq m \leq j \wedge a[m] > m \Rightarrow \forall\xi \in \{m..j\}.a[\xi] > \xi$$

y en otra implicación similar para la mitad inferior del vector.

A.4 CAPÍTULO 4

Solución E.4.1 Para simplificar la presentación, suponemos $Dom\ (B) = cierto$.

$1 \Rightarrow 2$ Suponiendo correcta la primera regla, veamos que la segunda lo es. Supongamos demostrado el antecedente de la segunda, esto es $\{Q_1\}S_1\{R\}$ y $\{Q_2\}S_2\{R\}$. Definimos entonces $Q \stackrel{\text{def}}{=} (Q_1 \wedge B) \vee (Q_2 \wedge \neg B)$. Tenemos las siguientes equivalencias:

$$\begin{aligned} Q \wedge B \equiv\ & ((Q_1 \wedge B) \vee (Q_2 \wedge \neg B)) \wedge B \\ \equiv\ & (Q_1 \wedge B \wedge B) \vee (Q_2 \wedge \neg B \wedge B) \\ \equiv\ & Q_1 \wedge B \\ Q \wedge \neg B \equiv\ & \dots \\ \equiv\ & Q_2 \wedge \neg B \end{aligned}$$

Obviamente, $Q \wedge B \Rightarrow Q_1$, luego se satisface $\{Q \wedge B\}S_1\{R\}$. Similarmente, se satisface $\{Q \wedge \neg B\}S_2\{R\}$. Al ser correcta la primera regla, se satisface su consecuente, es decir $\{Q\}$ **si** B **entonces** S_1 **si no** S_2 **fsi** $\{R\}$, que es exactamente el de la segunda.

$1 \Leftarrow 2$ Suponemos ahora que la segunda regla es correcta y que hemos demostrado el antecedente de la primera, es decir, $\{Q \wedge B\}S_1\{R\}$ y $\{Q \wedge \neg B\}S_2\{R\}$. Definimos $Q_1 \stackrel{\text{def}}{=} Q \wedge B$ y $Q_2 \stackrel{\text{def}}{=} Q \wedge \neg B$ con lo cual se satisface el antecedente de la segunda regla y por tanto su consecuente, o sea, $\{(Q_1 \wedge B) \vee (Q_2 \wedge \neg B)\}$ **si** B **entonces** S_1 **si no** S_2 **fsi** $\{R\}$. Por otra parte, se cumplen las siguientes equivalencias:

$$\begin{aligned} & (Q_1 \wedge B) \vee (Q_2 \wedge \neg B) \\ \equiv\ & (Q \wedge B \wedge B) \vee (Q \wedge \neg B \wedge \neg B) \\ \equiv\ & Q \wedge (B \vee \neg B) \\ \equiv\ & Q \end{aligned}$$

Es decir, se satisface el consecuente de la primera regla.

Solución E.4.4

1. Invariante: $P \stackrel{\text{def}}{=} distintos(a, 1, i-1, x) \wedge existe(a, i, n, x) \wedge 1 \leq i \leq n$. Función limitadora: $t \stackrel{\text{def}}{=} n - i$, donde:

$$\begin{aligned} distintos(a, j, k, x) &\stackrel{\text{def}}{=} \forall \xi \in \{j..k\}.a[\xi] \neq x \\ existe(a, j, k, x) &\stackrel{\text{def}}{=} \exists \xi \in \{j..k\}.a[\xi] = x \end{aligned}$$

2. $Q \wedge \neg B \Rightarrow distintos(a, 1, i-1, x) \wedge a[i] = x \Rightarrow R$

3. $\{Q\}i := 1\{P\}$, trivial al ser

$$P_i^1 \equiv distintos(a, 1, 0, x) \wedge existe(a, 1, n, x) \wedge 1 \leq 1 \leq n \Leftarrow Q$$

4. $\{P \wedge B\} i := i + 1 \{P\}$. La única dificultad de esta demostración es ver que la propiedad $i \leq n$ se mantiene invariante a pesar de incrementar i en 1. La implicación es la siguiente:

$$\begin{array}{ll} & i \leq n \wedge \mathit{distintos}(a, 1, i-1, x) \wedge a[i] \neq x \wedge \mathit{existe}(a, i, n, x) \\ \Rightarrow & i < n \\ \equiv & i \leq n \end{array}$$

5. $P \Rightarrow i \leq n \Rightarrow n - i \geq 0$. Además, $n - i$ decrece en cada iteración.

Solución E.4.5

1. El invariante es el mismo para los tres bucles:

$$\begin{array}{lll} P & \stackrel{\text{def}}{=} & (\forall \xi \in \{c+1..i-1\}.v[\xi] \leq v[c]) \\ & & \wedge (\forall \xi \in \{d+1..f\}.v[\xi] \geq v[c]) \\ & & \wedge (c+1 \leq i \leq d+1 \leq f+1) \end{array}$$

2. La verificación formal se deja al lector
3. El coste está en $\Theta(f - c)$ porque cada elemento de $v[c+1..f]$ es investigado por la acción una sola vez en alguno de los dos bucles interiores. El resto del coste es constante e independiente de la magnitud $f - c$.

Solución P.4.2 Primeramente propagamos la postcondición hacia atrás a través de la última asignación:

$$R^{i \leq n}_{encontrado} \equiv i \leq n = (\exists \beta \in \{1..n\}.a[\beta] = x \wedge (\forall \xi \in \{1..\beta - 1\}.a[\xi] \neq x)$$

1. El invariante propuesto es el siguiente:

$$P \stackrel{\text{def}}{=} \mathit{distintos}(a, 1, i-1, x) \wedge 1 \leq i \leq n+1$$

donde *distintos* es el predicado definido en la solución del ejercicio E.4.4. La función limitadora es $t \stackrel{\text{def}}{=} n - i + 1$.

2. $$\begin{array}{ll} & P \wedge \neg B \\ \equiv & P \wedge (i > n \vee_c a[i] = x) \\ \equiv & (P \wedge i > n) \vee (P \wedge i \leq n \wedge a[i] = x) \\ \Rightarrow & \mathit{distintos}(a, 1, n, x) \wedge (\mathit{falso} = \exists \beta \in \{1..n\}.a[\beta] = x \wedge \ldots) \\ & \vee (1 \leq i \leq n \wedge \mathit{distintos}(a, 1, i-1, x) \wedge a[i] = x) \\ \Rightarrow & R^{i \leq n}_{encontrado} \end{array}$$

3. El resto de los apartados no ofrece dificultad.

Solución P.4.4 1. El invariante propuesto es el siguiente:

$$\begin{array}{ll} P \stackrel{\text{def}}{=} & (n < 2 \wedge a = A) \vee \\ & (2 \leq i \leq n+1 \wedge \mathit{ord}(a, 1, i-1) \wedge \mathit{perm}(a, A, i-1)) \end{array}$$

donde *ord* y *perm* son los predicados definidos en el capítulo 2. La función limitadora es $t \stackrel{\text{def}}{=} n - i + 1$.

2. El programa derivado, anotado con predicados intermedios, es el siguiente:

$\{Q \equiv n \geq 0 \land a = A\}$
accion $ordenar$ $(a :$ **ent/sal** $vector; n : entero)$
var $i : entero$ **fvar**
  $i := 2;$
  mientras $i \leq n$ **hacer** $\{P\}$
    $\{2 \leq i \leq n \land ord\ (a, 1, i-1) \land perm\ (a, A, i-1)\}$
   $insertar(a, i);$
    $\{ord\ (a, 1, i) \land perm\ (a, A, i)\}$
   $i := i + 1$
    $\{2 \leq i \leq n+1 \land ord\ (a, 1, i-1) \land perm\ (a, A, i-1)\}$
  fmientras ;
faccion
$\{ord(a, 1, n) \land perm(a, A, n)\}$

Solución P.4.6

1. El invariante propuesto es el siguiente:

$$P \stackrel{\text{def}}{=} \begin{array}{l} 2 \leq i \leq n+1 \land m = masLargo\ (v, 1, i-1) \land \\ (x, l) = enCurso\ (v, 1, i-1) \end{array}$$

donde

$$masLargo\ (v, 1, i-1)$$

especifica la longitud del rellano más largo en $v[1..i-1]$ y $enCurso\ (v, 1, i-1)$ devuelve el elemento $v[i-1]$ y la longitud del último rellano de $v[1..i-1]$, es decir, del rellano formado por elementos iguales a $v[i-1]$. La función limitadora es

$$t \stackrel{\text{def}}{=} n - i + 1$$

2. El programa derivado, anotado con predicados intermedios, es el siguiente:

$\{Q \equiv n \geq 1 \land ord\ (v, 1, n)\}$
fun $rellano\ (v : vector; n : entero)$ **dev** $(m : entero)$
var $i, l : entero; x : elemento$ **fvar**
  $i := 2; x := v[1]; m := 1; l := 1;$
  mientras $i \leq n$ **hacer** $\{P\}$
    $\{2 \leq i \leq n \land m = masLargo\ (v, 1, i-1)$
     $\land\ (x, l) = enCurso\ (v, 1, i-1)\}$

si $v[i] = x$
entonces
  $l := l + 1; m := max\ (l, m)$
si no
  $l := 1; x := v[i]$
fsi
  $\{2 \leq i \leq n \wedge m = masLargo\ (v, 1, i)$
  $\wedge\ (x, l) = enCurso\ (v, 1, i)\}$
$i := i + 1$
  $\{2 \leq i \leq n + 1 \wedge m = masLargo\ (v, 1, i - 1)$
  $\wedge\ (x, l) = enCurso\ (v, 1, i - 1)\}$
fmientras ;
dev m
ffun
$\{R \equiv m = masLargo\ (v, 1, n)\}$

Solución P.4.8 La esencia de la solución es imaginar un estado intermedio del cómputo en el que se han creado zonas de bolas con los colores pedidos y existe una cuarta zona de bolas cuyo color no se ha investigado aún. Inicialmente, la zona no investigada es todo el vector y al final del bucle dicha zona es vacía.

1. El invariante propuesto es el siguiente:

$$P \stackrel{\text{def}}{=} \begin{array}{l} 1 \leq a \leq b \leq r + 1 \leq n + 1 \wedge azul\ (v, 1, a - 1) \wedge \\ blanco\ (v, a, b - 1) \wedge rojo\ (v, r + 1, n) \wedge perm\ (v, V, n) \end{array}$$

   La zona no investigada es $v[b..r]$. El bucle tratará de aproximar ambos límites, es decir, la función limitadora será

$$t \stackrel{\text{def}}{=} r - b + 1$$

   Cuando se satisfaga

$$b = r + 1$$

   la zona no investigada será vacía y se cumplirá la postcondición.

2. Avanzar hacia la terminación quiere decir disminuir al menos en uno la zona no investigada, es decir, consultar el color de una bola. Elegimos la que está en $v[b]$. Dependiendo del color de la bola, la forma de restablecer el invariante será distinta, pero todas ellas triviales.

3. El programa derivado es el siguiente:

$\{Q \equiv n \geq 0 \wedge v = V\}$
accion *holandesa* $(v : vector; n : entero)$
var $a, b, r : entero$ **fvar**
  $a := 1;\; b := 1;\; r := n;$
  mientras $b \leq r$ **hacer** $\{P\}$
    caso $color(b) = blanco \rightarrow b := b + 1$
    $\square$ $color(b) = azul \rightarrow permuta\ (a, b);\; a := a + 1;\; b := b + 1$
    $\square$ $color(b) = rojo \rightarrow permuta\ (b, r);\; r := r - 1$
    fcaso
  fmientras ;
faccion
$\{R \equiv 1 \leq a \leq b \leq n + 1 \wedge azul\ (v, 1, a - 1) \wedge$
  $blanco\ (v, a, b - 1) \wedge rojo\ (v, b, n) \wedge perm\ (v, V, n)\}$

Solución P.4.10

1. El invariante expresa que se han investigado hasta $i - 1$ naturales y todos ellos han fallado, es decir, n es mayor que la suma de todos ellos. En una variable s se lleva la suma acumulada hasta i naturales. Esa suma será la próxima a investigar: si $s = n$, el número es guay; si $s < n$, la iteración debe seguir para acercar s a n; y si $s > n$, la iteración debe concluir indicando que n no es guay, ya que esta condición se satisfaría igualmente para las sumas posteriores.

$$P \stackrel{\text{def}}{=} i \geq 1 \wedge (\sum_{\beta=1}^{i-1} \beta) < n \wedge s = \sum_{\beta=1}^{i} \beta$$

2. $P \wedge s = n \Rightarrow \exists \alpha \in \mathcal{N}.n = \sum_{\beta=1}^{\alpha} \beta$. Por otro lado, $P \wedge s > n \Rightarrow \forall \alpha \in \mathcal{N}.n \neq \sum_{\beta=1}^{\alpha} \beta$ ya que, según P, las sumas anteriores a i son menores que n, y según $s > n$, la suma i-ésima y todas las posteriores son mayores que n.

3. La función limitadora es $t \stackrel{\text{def}}{=} n - s$. El resto de los apartados es trivial. El programa finalmente derivado es:

$\{Q \equiv n \geq 1\}$
fun *guay* $(n : entero)$ **dev** $(b : booleano)$
var $i, s : entero$ **fvar**
  $i := 1;\; s := 1;$
  mientras $s < n$ **hacer** $\{P\}$
    $i := i + 1;\; s := s + i$
  fmientras ;
  $b := (s = n);$ **dev** b
ffun
$\{R \equiv b = \exists \alpha \in \mathcal{N}.n = \sum_{\beta=1}^{\alpha} \beta\}$

Solución P.4.12 El problema y la solución están tomados de [Dij76]. Supongamos una permutación cualquiera de $\{1..9\}$: $p \stackrel{\text{def}}{=} 495368721$. La primera en el orden $\preceq$ es obviamente

123456789 y la última 987654321. La siguiente a p se caracteriza porque la parte izquierda de p se preserva y, a partir de un cierto i, $1 \leq i \leq n$, p_i y los valores a su derecha son permutados de un modo distinto. Conjeturamos que dicha i es el mayor índice que satisface $p_i < p_{i+1}$. En efecto,

- Según la definición de i, la secuencia $p_{i+1}, \ldots, p_n$ es estrictamente decreciente, es decir, la última en el orden $\preceq$ de los elementos $\{p_{i+1}, \ldots, p_n\}$. Luego no existe $j > i$ tal que p_j tenga sucesor en $\{p_{j+1}, \ldots, p_n\}$.

- Tampoco i puede ser menor que el elegido porque i es el que preserva la parte izquierda más larga de p. Cualquier otro $j < i$ hará que p_j incremente su valor y, por tanto, la permutación calculada no será la menor de las mayores que p sino cualquier otra mayor que p.

Aplicado a nuestro ejemplo, tenemos

$$p = 4953\boxed{6}8721$$

La parte preservada es 4953 y ahora 6 debe aumentar de valor permutándose con alguno de los elementos situados a su derecha dado que la parte izquierda no debe cambiar. ¿Con cuál? Dado que p_i ha de incrementarse lo menos posible el elemento seleccionado p_k ha de ser el menor del conjunto

$$\{p_{i+1}, \ldots, p_n\}$$

que sea mayor que p_i. En nuestro ejemplo será $p_k = 7$. Tenemos hasta el momento la siguiente secuencia de transformaciones:

$$495368721 \longrightarrow 4953\boxed{6}8721 \longrightarrow 4953\boxed{6}8\boxed{7}21 \longrightarrow 4953\boxed{7}8\boxed{6}21$$

Llamando p', a la permutación obtenida tras intercambiar p_i y p_k, conjeturamos ahora que la "cola" $[p'_{i+1}..p'_n]$ es estrictamente decreciente. En efecto:

- La cola $[p_{i+1}..p_k..p_n]$ ya lo era y hemos cambiado p_k por un elemento menor p_i, luego éste mantendrá el orden con los que están situados a su izquierda.

- También lo mantendrá con los que están a su derecha ya que, al ser p_k el menor de los mayores que p_i, todos los elementos menores que p_k son ya menores que p_i.

El último paso es elegir la permutación más baja posible de la cola $[p'_{i+1}..p'_n]$ que no es otra que la que tiene dichos elementos en orden creciente. Al estar en orden decreciente, simplemente se trata de invertir la cola. En nuestro ejemplo:

$$4593\boxed{7}8\boxed{6}21 \longrightarrow 4593\boxed{7}1268$$

El programa derivado, con anotaciones, es entonces el siguiente:

$\{Q \equiv 1 \leq n \wedge perm(p, n) \wedge (\exists p'.perm(p', n) \wedge p' \succ p) \wedge p = P\}$
accion *siguiente* (p : **ent/sal** *vect*; n : *entero*)
var i, k : *entero* **fvar**
  $\{\exists \xi \in \{1..n-1\}.p_\xi < p_{\xi+1}\}$
  Determinar i
  $\{p = P \wedge 1 \leq i < n \wedge p_i < p_{i+1} \wedge (\forall \xi \in \{i+1..n-1\}.p_\xi > p_{\xi+1})\}$
  Determinar k
  $\{p = P \wedge 1 \leq i < k \leq n \wedge p_i < p_k \wedge (\forall \xi \in \{k+1..n\}.p_\xi < p_i)\}$
  Permutar p_i y p_k
  $\{perm(p, n) \wedge (\forall \xi \in \{i+1..n-1\}.p_\xi > p_{\xi+1})\}$
  Invertir $[p_{i+1}..p_n]$
faccion
$\{R \equiv perm(p, n) \wedge p \succ P \wedge (\forall p'.perm(p', n) \wedge p' \succ P \rightarrow p \preceq p')\}$

Cada una de las acciones, excepto `Permutar`, da lugar a un simple bucle. Las dos primeras son un caso particular de la búsqueda lineal acotada estudiada en el problema E.4.4, y la última es la acción *espejo* especificada en el problema P.2.12. Los detalles de las tres se dejan al lector.

A.5 CAPÍTULO 5

Solución E.5.9

1. Aplicando las ecuaciones 1 y 4, en ese orden, tenemos:

$$elim\ (\textit{añad}\ (\textit{añad}\ (\varnothing, 2), 2), 2) \stackrel{e}{=} elim\ (\textit{añad}\ (\varnothing, 2), 2) \stackrel{e}{=} \varnothing$$

2. Aplicando las ecuaciones 4 y 1, en ese orden, tenemos:

$$elim\ (\textit{añad}\ (\textit{añad}\ (\varnothing, 2), 2), 2) \stackrel{e}{=} \textit{añad}\ (\textit{añad}\ (\varnothing, 2), 2) \stackrel{e}{=} \textit{añad}\ (\varnothing, 2)$$

Luego, *añad* $(\varnothing, 2)$ es congruente con $\varnothing$, y por extensión también lo sería cualquier conjunto unitario. Iterando el razonamiento, los conjuntos de dos elementos serían congruentes a los conjuntos unitarios, y así sucesivamente.

Solución P.5.2

espec *RESTA*
  usa *NAT3*
  operaciones
    parcial $pred : natural \longrightarrow natural$
    parcial $\_ - \_ : natural\ \ natural \longrightarrow natural$
  var
    $x, y : natural$
  ecuaciones de definitud
    $Def\ (pred(suc(x)))$
    $x \geq y \stackrel{e}{=} T \Longrightarrow Def\ (x - y)$
  ecuaciones
    $pred(suc(x)) \stackrel{e}{=} x$
    $x - 0 \stackrel{e}{=} x$
    $x - suc(y) \stackrel{d}{=} pred(x - y)$
fespec

Para la demostración inductiva, hacemos un análisis por casos sobre z:

$$z = 0 \left\{ \begin{array}{ll} & x - (y + 0) \\ \stackrel{d}{=} & \{\text{Ecuaciones de } +\} \\ & x - y \\ \stackrel{d}{=} & \{\text{Ecuación 2}\} \\ & (x - y) - 0 \end{array} \right.$$

$$z = suc(z') \begin{cases} & x - (y + suc(z')) \\ \stackrel{\text{d}}{=} & \{\text{Ecuaciones de } +\} \\ & x - suc(y + z') \\ \stackrel{\text{d}}{=} & \{\text{Ecuación 3}\} \\ & pred(x - y + z') \\ \stackrel{\text{d}}{=} & \{\text{Hipótesis de inducción}\} \\ & pred((x - y) - z') \\ \stackrel{\text{d}}{=} & \{\text{Ecuación 3}\} \\ & (x - y) - suc(z') \end{cases}$$

Solución P.5.4

$$x < y \stackrel{\text{e}}{=} neg?(x - y)$$
$$x \leq y \stackrel{\text{e}}{=} neg?(pred(x - y))$$
$$x = y \stackrel{\text{e}}{=} x \leq y \wedge \neg(x < y)$$

Solución P.5.6

espec *MERGE*
 usa *LISTAS*
 operaciones
  parcial $merge : lista \ lista \longrightarrow lista$
 var
  $x_1, x_2 : elem; l_1, l_2 : lista$
 ecuaciones de definitud
  $ord\ (l_1) \wedge ord\ (l_2) \stackrel{\text{e}}{=} T \Longrightarrow Def\ (merge\ (l_1, l_2))$
 ecuaciones
  $merge\ ([\,], l_2) \stackrel{\text{d}}{=} l_2$
  $merge\ (l_1, [\,]) \stackrel{\text{d}}{=} l_1$
  $x_1 \leq x_2 \stackrel{\text{e}}{=} T \Longrightarrow merge\ (x_1 : l_1, x_2 : l_2) \stackrel{\text{d}}{=} x_1 : merge\ (l_1, x_2 : l_2)$
  $x_1 \leq x_2 \stackrel{\text{e}}{=} F \Longrightarrow merge\ (x_1 : l_1, x_2 : l_2) \stackrel{\text{d}}{=} x_2 : merge\ (x_1 : l_1, l_2)$
fespec

Solución P.5.8

espec *VECTOR_2*
 usa *VECTOR*
 operaciones
  parcial $permuta : vector \ ent \ ent \longrightarrow elem$
  parcial $invertir : vector \longrightarrow vector$
  parcial $iinvertir : vector \ ent \longrightarrow vector$
  $asignados : vector \longrightarrow bool$
 var
  $i, j : ent; a : vector$

ecuaciones de definitud

$Def\ (val(a,i)) \wedge Def\ (val(a,j)) \Longrightarrow Def\ (permuta(v,i,j))$
$asignados(a,c,f) \Longrightarrow Def\ (invertir(a))$
$asignados(a,i,f) \Longrightarrow Def\ (iinvertir(a,i))$

ecuaciones

$i > j \stackrel{e}{=} T \Longrightarrow asignados(a,i,j) \stackrel{e}{=} T$
$i > j \stackrel{e}{=} F \Longrightarrow asignados(a,i,j) \stackrel{e}{=} existe(a,i) \wedge asignados(a,i+1,j)$
$permuta(a,i,j) \stackrel{d}{=} asig(asig(a,i,val(a,j)),j,val(a,i))$
$invertir(a) \stackrel{d}{=} iinvertir(a,c)$
$i > (c+f)\ \mathbf{div}\ 2 \stackrel{e}{=} T \Longrightarrow iinvertir(a,i) \stackrel{d}{=} a$
$i > (c+f)\ \mathbf{div}\ 2 \stackrel{e}{=} F \Longrightarrow$
$\quad iinvertir(a,i) \stackrel{d}{=} permuta(iinvertir(a,i+1),i,f-(i-c))$

fespec

A.6 CAPÍTULO 6

Solución E.6.3

espec *CASI_COMPLETO*
usa *ARBOLES_BINARIOS*
operaciones
$completo, casi\_completo : arbin \longrightarrow bool$
var
$i, d : arbin; x : elem$
ecuaciones

$$completo\ (\ \triangle\ ) \stackrel{e}{=} T$$
$$completo\ (i \bullet x \bullet d) \stackrel{e}{=} altura\ (i) = altura\ (d) \wedge completo\ (i) \wedge completo\ (d)$$
$$casi\_completo\ (\ \triangle\ ) \stackrel{e}{=} T$$
$$casi\_completo\ (i \bullet x \bullet d) \stackrel{e}{=}$$
$$(completo\ (i) \wedge casi\_completo\ (d) \wedge altura\ (i) = altura\ (d))$$
$$\vee\ (casi\_completo\ (i) \wedge completo\ (d) \wedge altura\ (i) = altura\ (d) + 1)$$

fespec

Solución P.6.2

$$inv\ ([\,]) \stackrel{e}{=} [\,]$$
$$inv\ (x : xs) \stackrel{e}{=} inv\ (xs) +\!\!+ [x]$$

Solución P.6.4

espec *TREESORT*
usa *ENRIQ_ARBOLES_BINARIOS, ARBOLES_BUSQUEDA, LISTAS*
operaciones
$treesort : lista \longrightarrow lista$
$crear : lista \longrightarrow arbin$
var
$x : elem, xs : lista$
ecuaciones

$$treesort\ (xs) \stackrel{e}{=} inorden\ (crear\ (xs))$$
$$crear\ ([\,]) \stackrel{e}{=} \triangle$$
$$crear\ (x : xs) \stackrel{e}{=} insert\ (crear\ (xs), x)$$

fespec

La especificación dada para *crear* inserta los elementos en el árbol de derecha a izquierda.

A.7 CAPÍTULO 7

Solución P.7.2

accion *espejo* $(a:$ **ent/sal** $arbin)$
caso $a = nil \rightarrow$ **nada**
▯ $a \neq nil \rightarrow$ *espejo* $(a\uparrow.izq)$;
espejo $(a\uparrow.der)$;
$\langle a\uparrow.izq, a\uparrow.der\rangle := \langle a\uparrow.der, a\uparrow.izq\rangle$
fcaso
faccion

Solución P.7.4

accion *construye* $(v : vect;\ i, j : entero;\ a :$ **sal** $arbin)$
var $m : entero$ **fvar**
caso $i > j \rightarrow$ a:=*nil*
▯ $i \leq j \rightarrow m := (i + j)$ **div** 2;
nuevo (a); $a\uparrow.e := v[m]$;
construye $(v, i, m, a\uparrow.izq)$;
construye $(v, m+1, j, a\uparrow.der)$;
fcaso
faccion

La llamada inicial es *construye* $(v, 1, n, a)$ si el tipo *vect* está definido como **vector** $[1..n]$ **de** *elem*.

Bibiografía

[AC89] E. Astesiano and M. Cerioli. On the Existence of Initial Models for Partial (Higher Order) Conditional Specifications. In *TAPSOFT'89 Proceedings*. Springer-Verlag, 1989. LNCS no. 351.

[AHU83] A. V. Aho, J. E. Hopcroft, and J. D. Ullman. *Data Structures and Algorithms*. Addison-Wesley, 1983.

[AHU88] A. V. Aho, J. E. Hopcroft, and J. D. Ullman. *Estructuras de Datos y Algoritmos*. Addison-Wesley, 1988.

[AK82] J. Arsac and Y. Kodratoff. Some Techniques for Recursion Removal from Recursive Functions. *ACM Trans. on Programming Languages and Systems*, 4,2:295–322, 1982.

[Bac86] R. C. Backhouse. *Program Construction and Verification*. Prentice-Hall, 1986.

[Bar84] J. G. P. Barnes. *Programming in Ada*. International Computing Press, 1984.

[BB87] G. Brassard and P. Bratley. *Algorithmique. Conception et Analyse*. Masson, 1987. Existe traducción al castellano, Ed. Masson, 1990.

[BB90] G. Brassard and P. Bratley. *Algorítmica. Concepción y Análisis*. Masson, 1990.

[BB96] G. Brassard and P. Bratley. *Fundamentals of Algorithmics*. Prentice-Hall, 1996.

[BB97] G. Brassard and P. Bratley. *Fundamentos de Algoritmia*. Prentice-Hall, 1997.

[BD77] R. M. Burstall and J. Darlington. A Transformation System for Developing Recursive Programs. *Journal of the ACM*, 24(1):44–67, January 1977.

[BKB80] M. Broy and B. Krieg-Brückner. Derivation of Invariant Assertions During Program Development by Transformation. *ACM Trans. on Programming Languages and Systems*, 2,3:321–337, 1980.

[BMPW86] M. Broy, B. Möller, P. Pepper, and M. Wirsing. Algebraic Implementations Preserve Program Correctness. *Science of Computer Programming*, 7:35–37, 1986.

[BW82] M. Broy and M. Wirsing. Partial Abstract Types. *Acta Informatica*, 18:47–64, 1982.

[BW84] M. Broy and M. Wirsing. A Systematic Study of Models of Abstract Data Types. *Theoretical Computer Science*, 33:139–174, 1984.

[BW88] R. Bird and P. Wadler. *Introduction to Functional Programming*. Prentice-Hall, 1988.

[CMM87] M. Collado, R. Morales, and J. J. Moreno. *Estructuras de Datos. Realización en Pascal*. Diaz de Santos, 1987.

[Coh90] E. Cohen. *Programming in the 90's*. Springer-Verlag, 1990.

[Dah78] O.-J. Dahl. Can Program Proving be made Practical? Institute of Informatics. University of Oslo. Norway, 1978.

[DF88] E. W. Dijkstra and W. H. J. Feijen. *A Method of Programming*. Addison-Wesley, 1988.

[Dij75] E. W. Dijkstra. Guarded Commands, Nondeterminacy and Formal Derivation of Programs. *Comm. ACM*, 18(8):453–457, August 1975.

[Dij76] E. W. Dijkstra. *A Discipline of Programming*. Prentice-Hall, 1976.

[dISC90] A. Díaz de Ilarraza Sanchez and F. Lucio Carrasco. *Verificación de Programas y Metodología de la Programación*. Universidad del País Vasco, 1990.

[DL86] N. Dale and S. C. Lilly. *Pascal y Estructuras de Datos*. McGraw-Hill, 1986.

[DM87] W. Dosch and B. Möller. Seminar on functional programming. ETSIT, Madrid, October 1987.

[EKMP82] H. Ehrig, H. J. Kreowski, B. Mahr, and P. Padawitz. *Algebraic Implementation of Abstract Data Types*, volume 20 of *Theoretical Computer Science*, pages 209–263. North-Holland, 1982.

[EM85] H. Ehrig and B. Mahr. *Fundamentals of Algebraic Specification 1*, volume 6 of *EATCS Monographs on Theoretical Computer Science*. Springer-Verlag, 1985.

[FH88] A. J. Field and P. G. Harrison. *Functional Programming*. Addison-Wesley, 1988. Capítulo 17.

[Flo67] R. Floyd. Assigning Meaning to Programs. In *Actas del American Mathematical Society Symposium on Applied Mathematics*, pages 19–32, 1967.

[GHM78a] J. V. Guttag, E. Horowitz, and D. Musser. Abstract Data Types and Software Validation. *Comm. ACM*, 21(12):1048–1064, December 1978.

[GHM78b] J. V. Guttag, E. Horowitz, and D. Musser. *The Design of Data Type Specifications*, volume IV of *Current trends in programming methodology*, pages 60–79. Prentice-Hall, 1978. Data Structuring. R.T. Yeh (ed.).

[Gri81] D. Gries. *The Science of Programming*. Springer-Verlag, 1981.

[GTW78] J. A. Goguen, J. W. Thatcher, and E. G. Wagner. *An Initial Algebra Approach to the Specification, Correctness and Implementation of Abstract Data Types*, volume IV of *Current trends in programming methodology*, chapter 5, pages 80–149. Prentice-Hall, 1978. Data Structuring. R.T. Yeh (ed.).

[GTWW76] J. A. Goguen, J. W. Thatcher, E. G. Wagner, and J. B. Wright. A Junction Between Computer Science and Category Theory. Part I:IBM Research Report RC 4526. Part II: IBM Research Report RC 5908, 1973/76.

[Gut75] J. V. Guttag. The Specification and Application to Programming of Abstract Data Types. Ph.D. thesis. Univ. of Toronto. Dep. of Computer Science. Report CSRG-59, 1975.

[Har89] R. Harrison. *Abstract Data Types in Modula–2*. John Wiley, 1989.

[HL89] I. V. Horebeek and J. Lewi. *Algebraic Specifications in Software Engineering*. Springer-Verlag, 1989.

[Hoa69] C. A. R. Hoare. An Axiomatic Basis for Computer Programming. *Comm. ACM*, 12(10):89–100, 1969.

[Hoa72] C. A. R. Hoare. Proof of Correctness of Data Representations. *Acta Informatica*, 1:271–281, 1972.

[Hol91] I. Holyer. *Functional Programming with Miranda*. Pitman, 1991.

[HS76] E. Horowitz and S. Sahni. *Fundamentals of Data Structures*. Pitman, 1976.

[HS90] E. Horowitz and S. Sahni. *Fundamentals of Data Structures in PASCAL*. Computer Science Press, 3rd edition, 1990.

[HS94] E. Horowitz and S. Sahni. *Fundamentals of Data Structures in PASCAL*. Computer Science Press, 4th edition, 1994.

[Jon88] W. C. Jones. *Data Structures Using MODULA-2*. John Wiley & Sons, 1988.

[Kal90] A. Kaldewaij. *Programming: The Derivation of Algorithms*. Prentice-Hall, 1990.

[Knu68] D. E. Knuth. *The Art of Computer Programming: Fundamental Algorithms*, volume 1. Addison-Wesley, 1968. Existe traducción al castellano, Ed. Reverté, 1980.

[Knu73] D. E. Knuth. *The Art of Computer Programming: Sorting and Searching*, volume 3. Addison-Wesley, second edition, 1973.

[Knu76] D. E. Knuth. Big Omicron and Big Omega and Big Theta. *SIGACT News, ACM*, 8(2):18–24, 1976.

[LG86] B. H. Liskov and J. Guttag. *Abstraction and Specification in Software Development*. MIT Press, 1986.

[Lis72] B. H. Liskov. A Design Methodology for Reliable Software Systems. In *Fall Joint Computer Conference*, pages 191–199, 1972.

[Lis79] B. H. Liskov. *Modular Program Construction Using Abstraction*, pages 354–389. LNCS 86. Springer Verlag, 1979.

[LS84] J. Loeckx and K. Sieber. *The Foundations of Program Verification*. John Wiley & Sons Ltd., London, 1984.

[LSAS77] B. H. Liskov, A. Snyder, R. Atkinson, and C. Schaffert. Abstraction Mechanisms in CLU. *Comm. ACM*, 20(8):564–576, August 1977.

[Lue80] G. S. Lueker. Some Techniques for Solving Recurrences. *Computing Surveys*, 12(4):419–436, 1980.

[LZ74] B. H. Liskov and S. N. Zilles. Programming with Abstract Data Types. *ACM SIGPLAN Notices*, 9(4):50–60, 1974.

[LZ75] B. H. Liskov and S. N. Zilles. Specification Techniques for Data Abstraction. *IEEE Trans. on Software Engineering*, SE-1(1):7–18, March 1975.

[Man89] U. Manber. *Introduction to Algorithms. A Creative Approach*. Addison-Wesley, 1989.

[Mar86] J. J. Martin. *Data Types and Data Structures*. Prentice-Hall, 1986.

[Mor73] J. B. Morris. Types are not Sets. In *Actas ACM Symposium on Principles of Programming Languages*, 1973.

[Nau66] P. Naur. Proof of Algorithms by General Snapshots. *BIT*, 6:310–316, 1966.

[NHN78] R. Nakajima, M. Honda, and H. Nakahara. Describing and Verifying Programs with Abstract Data Types. In *Formal Description of Programming Concepts*. North Holland, 1978.

[NNOP88] M. Navarro, P. Nivela, F. Orejas, and R. Peña. Introducción a las especificaciones algebraicas y a la reescritura. Curso dado en Alcatel S.A., Madrid, Junio 1988.

[NOPS89] P. Nivela, F. Orejas, R. Peña, and A. Sánchez. Term Rewriting Techniques for Positive Partial Specifications. PROSPECTRA Report M.1.3-R-14.1. Barcelona, 1989.

[NPP95] M. Núñez, P. Palao, and R. Peña. A Second Year Course on Data Structures based on Functional Programming. In *LNCS 1022*, pages 65–84. Springer-Verlag, 1995. FPLE'95, Nijmegen (The Netherlands).

[ONS92] F. Orejas, M. Navarro, and A. Sánchez. *Implementation and Behavioural Equivalence: A Survey*, volume 665 of *LNCS*, pages 93–125. Springer-Verlag, 1992. 8th Workshop on Specifications of Abstract Data Types. 3rd COMPASS Workshop.

[Ore79] F. Orejas. On the Power of Conditional Specifications. *ACM SIGPLAN Notices*, 14(7), 1979.

[Ore80] F. Orejas. Verificación de programas con tipos de datos estructurados. *Revista de Informática y Automática*, 45, Julio-Setiembre 1980.

[Par72a] D. L. Parnas. On the Criteria to be used in Decomposing Systems into Modules. *Comm. ACM*, 15(12):1053–1058, December 1972.

[Par72b] D. L. Parnas. A Technique for Software Module Specification with Examples. *Comm. ACM*, 15(5):330–336, May 1972.

[Par74] D. L. Parnas. On a "Buzzword": Hierarchical Structure. In *IFIP Proceedings*, pages 336–339, 1974.

[RAL92] M. Rodríguez Artalejo and J. Leach. Notas de curso de matemática discreta. Escuela Superior de Informática. Universidad Complutense de Madrid, 1992.

[RBP89] C. Rosselló, J. L. Balcázar, and R. Peña. Deriving Specifications of Embeddings in Recursive Program Design. *Structured Programming*, 10/3:133–145, 1989.

[Rea89] C. Reade. *Elements of Functional Programming*. Addison-Wesley, 1989.

[Rei81] H. Reichel. Behavioural Equivalence—a Unifying Concept for Initial and Final Specification Methods. Proc. 3rd. Hungarian Comp. Sci. Conference, 1981.

[Ros89a] C. Rosselló. Resolución de recurrencias. Notas de curso sin publicar, 1989.

[Ros89b] C. Rosselló. Tecniques recursives de disseny: transformació d'algorismes (en catalán). *Report interno Dep. LSI, Univ. Pol. Cataluña*, LSI-89-28:1–21, 1989.

[Sch77] P. C. Scholl. Introduction a la recursivité et aux arbres. Technical report, Université Scientifique et Medicale de Grenoble. Institute de Programmation, Juillet 1977. Support de Cours.

[Sch84] P. C. Scholl. *Algorithmique et Représentation des Données. Recursivité et Arbres*. Masson, Paris, 1984.

[SO93] A.R. Sánchez Ortega. Implementación de especificaciones algebraicas. Tesis Doctoral. Facultad de Informática. Universidad del País Vasco, 1993.

[TA86] A. M. Tenenbaum and M. J. Augenstein. *Data Structures Using PASCAL*. Prentice-Hall, second edition, 1986.

[Tho96] S. Thompson. *Haskell: The Craft of Functional Programming*. Addison-Wesley, 1996.

[TWW76] J. W. Thatcher, E. G. Wagner, and J. B. Wright. Specifications of Abstract Data Types using Conditional Axioms. IBM Watson Research Center. Report RC-6214, 1976.

[Wan79] M. Wand. Final Algebra Semantics and Data Types Extensions. *Journal of Computer and System Sciences*, 19:27–44, 1979.

[Wik87] A. Wikström. *Functional Programming Using Standard ML*. Prentice-Hall, 1987.

[Wir76] N. Wirth. *Algorithms + Data Structures = Programs*. Prentice-Hall, 1976. Existe traducción al castellano. Ed. del Castillo 1980 (5 ed.).

[Wir80] N. Wirth. *Algoritmos + Estructuras de Datos = Programas*. Ed. del Castillo, 1980.

[Wir86] N. Wirth. *Algorithms and Data Structures*. Prentice-Hall, 1986. Existe traducción al castellano. Prentice-Hall Iberoamericana 1987.

[Wir90] M. Wirsing. Algebraic Specification. In J. van Leeuwen, editor, *Handbook of Theoretical Computer Science*. North Holland, 1990.

Índice Analítico